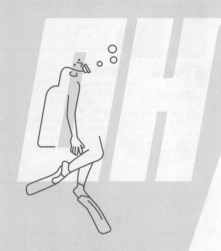

MATHING

개념
연산

중학 수학

1·2

수매씽 개념연산
알차게 활용하기

step 1

개념을 한눈에 쏙~!
개념 한바닥

❶ 개념을 학습하면서 생길 수 있는 궁금증을 해결할 수 있게 질문과 답변을 담았어요.

처음 배우는 개념에서는 정의와 약속을 꼭 확인해.

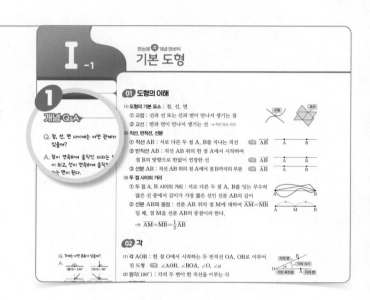

step 2

개념의 원리를 이해하기 쉽게!
VISUAL 개념연산

❷ 꼭 알아야 할 핵심 개념을 한 마디로 정리했어요.

❸ 자주 실수하는 부분을 미리 짚어 주었으니 실수하지 마세요.

❹ 문제 해결 과정을 따라가면서 문제 푸는 방법을 익힐 수 있게 했어요.

다양한 연산 문제를 풀다 보면 자연스럽게 연산 기본기가 올라갈 거야.

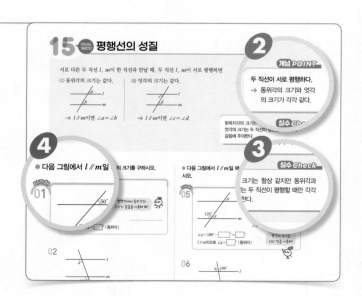

한눈에 쏙 개념 한바닥 | 중단원별로 핵심 개념을 한눈에 파악할 수 있습니다.
VISUAL 개념연산 | 도식화된 개념 설명을 통해 개념과 원리를 쉽게 이해할 수 있습니다.
10분 연산 TEST | 2회씩 제공되는 연산 TEST를 통해 계산 능력을 향상시킬 수 있습니다.
학교 시험 PREVIEW | 시험에 잘 나오는 실전 문제로 스스로 실력을 점검할 수 있습니다.

step
3

빠르고 정확하게!
10분 연산 TEST

10분 연산 TEST로
내 실력을 확인해 보자.
빠르게! 정확하게!

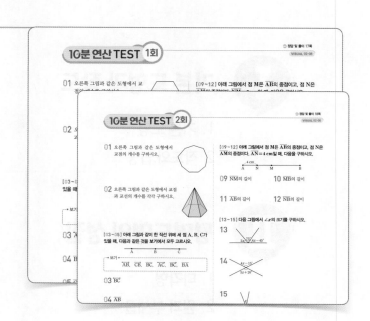

step
4

실전 문제로 자신감 쑥쑥!
학교 시험 PREVIEW

5 핵심 개념을 정확하게 이해하고 있는지
스스로 점검해 보세요.

6 틀리기 쉬운 문제들이니 실수하지 않도록
주의하여 풀어 보세요.

7 학교 시험에 잘 나오는 문제들을 선별하여
출제율을 표시했어요.

8 서술형 문제에 대비할 수 있게 채점 기준을
함께 제시했어요.

연산 문제가
학교 시험에 어떻게
나오는지 궁금하지?

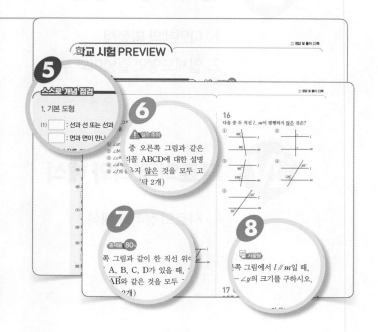

Contents

쉬운 개념 + 집중 연산 훈련
수매씽 개념연산

I

기본 도형과 작도

 기본 도형은 왜 배우나요?

도형의 기본 요소에는 점, 선, 면, 각이 있고,
가장 단순한 다각형에는 삼각형이 있어요.
기본 도형은 이후에 배울 평면도형과 입체도형을
이해하고, 탐구하는 데 기초가 돼요.

한눈에 쏙 개념 한바닥
기본 도형

개념 Q&A

Q. 점, 선, 면 사이에는 어떤 관계가 있을까?

A. 점이 연속하여 움직인 자리는 선이 되고, 선이 연속하여 움직인 자리는 면이 된다.

Q. $\overrightarrow{AB}$와 $\overrightarrow{BA}$는 같은 반직선일까?

A. 시작점과 뻗는 방향이 다르므로 두 반직선은 서로 다르다.

01 도형의 이해

(1) **도형의 기본 요소** : 점, 선, 면

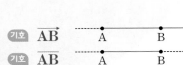

① **교점** : 선과 선 또는 선과 면이 만나서 생기는 점

② **교선** : 면과 면이 만나서 생기는 선 → 직선 또는 곡선

(2) **직선, 반직선, 선분**

① **직선 AB** : 서로 다른 두 점 A, B를 지나는 직선 기호 $\overleftrightarrow{AB}$

② **반직선 AB** : 직선 AB 위의 한 점 A에서 시작하여 점 B의 방향으로 한없이 연장한 선 기호 $\overrightarrow{AB}$

③ **선분 AB** : 직선 AB 위의 점 A에서 점 B까지의 부분 기호 $\overline{AB}$

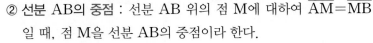

(3) **두 점 사이의 거리**

① **두 점 A, B 사이의 거리** : 서로 다른 두 점 A, B를 잇는 무수히 많은 선 중에서 길이가 가장 짧은 선인 선분 AB의 길이

② **선분 AB의 중점** : 선분 AB 위의 점 M에 대하여 $\overline{AM}=\overline{MB}$ 일 때, 점 M을 선분 AB의 중점이라 한다.

→ $\overline{AM}=\overline{MB}=\dfrac{1}{2}\overline{AB}$

02 각

Q. 각에는 어떤 종류가 있을까?

A.
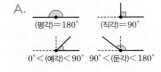
(평각)=180°   (직각)=90°
0°<(예각)<90°   90°<(둔각)<180°

(1) **각 AOB** : 한 점 O에서 시작하는 두 반직선 OA, OB로 이루어진 도형 기호 $\angle AOB$, $\angle BOA$, $\angle O$, $\angle a$

(2) **평각(180°)** : 각의 두 변이 한 직선을 이루는 각

(3) **맞꼭지각**

① **교각** : 서로 다른 두 직선이 한 점에서 만날 때 생기는 네 개의 각

→ $\angle a$, $\angle b$, $\angle c$, $\angle d$

② **맞꼭지각** : 교각 중 서로 마주 보는 두 각 → $\angle a$와 $\angle c$, $\angle b$와 $\angle d$

③ **맞꼭지각의 성질** : 맞꼭지각의 크기는 서로 같다. → $\angle a=\angle c$, $\angle b=\angle d$

Q. 서로 마주 보는 두 각은 항상 맞꼭지각일까?

A. 맞꼭지각은 두 직선이 한 점에서 만날 때 생기는 각 중 서로 마주 보는 두 각이므로 두 직선이 만나서 생긴 각이 아닌 각은 마주 보고 있어도 맞꼭지각이 아니다.

(4) **직교와 수선**

① **직교** : 두 직선 AB와 CD의 교각이 직각일 때, 이 두 직선은 직교한다 또는 서로 수직이다라고 한다. 기호 $\overleftrightarrow{AB}\perp\overleftrightarrow{CD}$

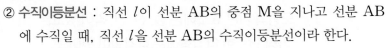

② **수직이등분선** : 직선 l이 선분 AB의 중점 M을 지나고 선분 AB에 수직일 때, 직선 l을 선분 AB의 수직이등분선이라 한다.

→ $l\perp\overline{AB}$, $\overline{AM}=\overline{BM}$

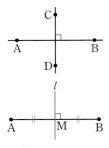

Q. 수선의 발은 여러 개일까?

A. 직선 밖의 한 점에서 직선에 내린 수선의 발은 한 개뿐이다.

③ **수선의 발** : 직선 l 위에 있지 않은 점 P에서 직선 l에 수선을 그어서 생기는 교점을 H라 할 때, 점 H를 점 P에서 직선 l에 내린 수선의 발이라 한다.

03 점, 직선, 평면의 위치 관계

(1) 점과 직선의 위치 관계

① 점 A는 직선 l 위에 있다. → 직선 l이 점 A를 지난다.

② 점 B는 직선 l 위에 있지 않다. → 직선 l이 점 B를 지나지 않는다.

(2) 두 직선의 위치 관계

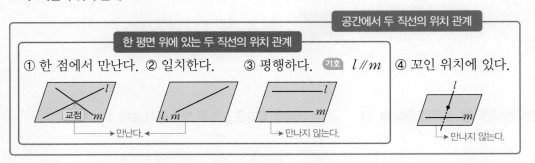

공간에서 두 직선의 위치 관계

한 평면 위에 있는 두 직선의 위치 관계

① 한 점에서 만난다. ② 일치한다. ③ 평행하다. 기호 $l /\!/ m$ ④ 꼬인 위치에 있다.

• ④와 같이 공간에서 두 직선이 만나지도 않고 평행하지도 않을 때, 두 직선은 **꼬인 위치**에 있다고 한다.

(3) 공간에서 직선과 평면의 위치 관계

① 한 점에서 만난다. ② 직선이 평면에 포함된다. ③ 평행하다. 기호 $l /\!/ P$

(4) 공간에서 두 평면의 위치 관계

① 한 직선에서 만난다. ② 일치한다. ③ 평행하다. 기호 $P /\!/ Q$

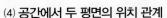

04 동위각과 엇각

(1) 동위각과 엇각

두 직선 l, m이 다른 한 직선 n과 만나서 생기는 8개의 각 중에서

① **동위각** : 서로 같은 위치에 있는 두 각

→ $\angle a$와 $\angle e$, $\angle b$와 $\angle f$, $\angle c$와 $\angle g$, $\angle d$와 $\angle h$

② **엇각** : 서로 엇갈린 위치에 있는 두 각 → $\angle b$와 $\angle h$, $\angle c$와 $\angle e$

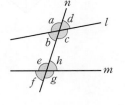

(2) 평행선의 성질 : 서로 다른 두 직선이 한 직선과 만날 때

① 두 직선이 서로 평행하면 동위각의 크기가 같다.

→ $l /\!/ m$이면 $\angle a = \angle b$

② 두 직선이 서로 평행하면 엇각의 크기가 같다.

→ $l /\!/ m$이면 $\angle b = \angle c$

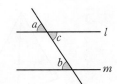

Q. 한 평면 위에서 꼬인 위치에 있는 두 직선은 없을까?

A. 한 평면 위에 있는 서로 다른 두 직선은 한 점에서 만나거나 평행하므로 꼬인 위치에 있지 않다.

Q. 수직인 두 평면은 어떻게 알 수 있을까?

A. 평면 P가 평면 Q에 수직인 직선 l을 포함할 때, 평면 P와 평면 Q는 서로 수직이다.

Q. 동위각, 엇각의 크기는 항상 같을까?

A. 동위각과 엇각은 한 직선과 만나는 서로 다른 두 직선이 평행하지 않아도 존재하지만 그 크기는 한 직선과 만나는 서로 다른 두 직선이 평행할 때만 같다.

Q. 두 직선이 평행할 조건은 무엇일까?

A. 동위각의 크기가 같거나 엇각의 크기가 같으면 두 직선은 서로 평행하다.

(1) **평면도형** : 한 평면 위에 있는 도형

→ 한 평면 위에 있다. → 평면도형

(2) **입체도형** : 한 평면 위에 있지 않은 도형

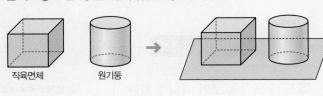

→ 한 평면 위에 있지 않다. → 입체도형

❋ 다음 그림의 도형이 평면도형이면 '평', 입체도형이면 '입'을 써넣으시오.

따라해
01

(　　　)

한 평면 위에 있는가?　　예 → 평면도형

아니요 → 입체도형

❋ 다음에 알맞은 도형을 보기에서 모두 찾으시오.

보기

ㄱ.　　　　　　　　　　ㄴ.

ㄷ.　　　　　　　　　　ㄹ.

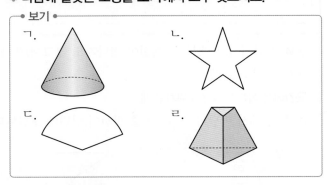

06 평면도형　　　　　　　_____

07 입체도형　　　　　　　_____

❋ 다음 중 옳은 것에는 ○표, 옳지 않은 것에는 ×표를 하시오.

08 도형의 기본 요소는 점, 선, 면이다. (　　　)

09 점이 움직인 자리인 선은 항상 직선이다.
(　　　)

10 삼각뿔은 평면도형이다. (　　　)

11 오각기둥은 입체도형이다. (　　　)

02　　　　　　　　**03**

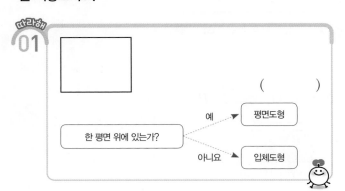

(　　　)　　　　　　(　　　)

04　　　　　　　　**05**

(　　　)　　　　　　(　　　)

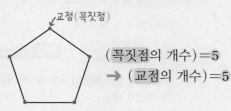

02 VISUAL 개념연산 교점과 교선

➡ 정답 및 풀이 15쪽

(1) **교점** : 선과 선 또는 선과 면이 만나서 생기는 점
(2) **교선** : 면과 면이 만나서 생기는 선

교점(꼭짓점)

(꼭짓점의 개수)＝5
➡ (교점의 개수)＝5

평면도형에서
(교점의 개수)＝(꼭짓점의 개수)

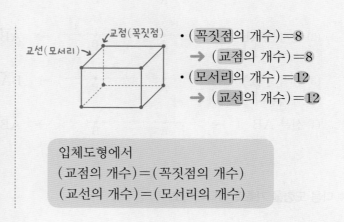

교점(꼭짓점)
교선(모서리)

• (꼭짓점의 개수)＝8
 ➡ (교점의 개수)＝8
• (모서리의 개수)＝12
 ➡ (교선의 개수)＝12

입체도형에서
(교점의 개수)＝(꼭짓점의 개수)
(교선의 개수)＝(모서리의 개수)

✿ 오른쪽 그림과 같은 삼각기둥에서 다음을 구하시오.

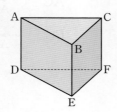

01 모서리 AB와 모서리 BC의 교점

_____

모서리 AB와 모서리 BC가 만나는 점은 점 ☐ 이므로 교점은 꼭짓점 ☐ 이다.

교점은 선과 선 또는 선과 면이 만나서 생기는 점이야.

02 모서리 DE와 모서리 BE의 교점 _____

03 모서리 CF와 면 DEF의 교점 _____

04 면 ADEB와 면 DEF의 교선 _____

면 ADEB와 면 DEF가 만나는 모서리는 모서리 ☐ 이므로 교선은 모서리 ☐ 이다.

교선은 면과 면이 만나서 생기는 선이야.

05 면 ABC와 면 BEFC의 교선 _____

✿ 다음 그림과 같은 도형에서 교점의 개수를 구하시오.

06

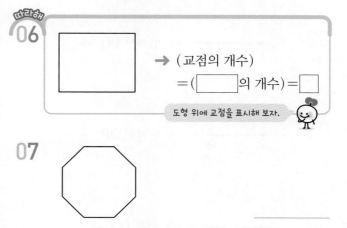

➡ (교점의 개수)
 ＝(☐ 의 개수)＝☐

도형 위에 교점을 표시해 보자.

07

✿ 다음 그림과 같은 도형에서 교점과 교선의 개수를 각각 구하시오.

08

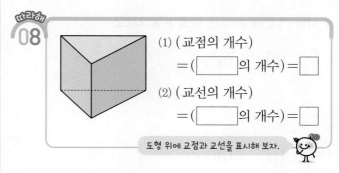

(1) (교점의 개수)
 ＝(☐ 의 개수)＝☐
(2) (교선의 개수)
 ＝(☐ 의 개수)＝☐

도형 위에 교점과 교선을 표시해 보자.

09

교점의 개수 : _____

교선의 개수 : _____

03 VISUAL 개념연산 직선, 반직선, 선분

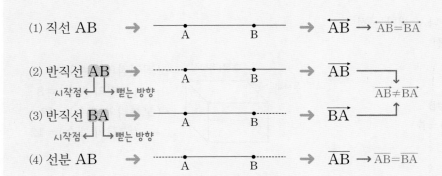

(1) 직선 AB → ●——●—— → $\overleftrightarrow{AB}$ → $\overleftrightarrow{AB}=\overleftrightarrow{BA}$

(2) 반직선 AB → ●——●—— → $\overrightarrow{AB}$

시작점 ← └ 뻗는 방향

$\overrightarrow{AB}\neq\overrightarrow{BA}$

(3) 반직선 BA → ●——●—— → $\overleftarrow{BA}$

시작점 ← └ 뻗는 방향

(4) 선분 AB → ●——●—— → $\overline{AB}$ → $\overline{AB}=\overline{BA}$

직선 AB를 ↔ A B ,
반직선 AB를 ● A B →
로 나타내기도 해!

실수 Check

시작점과 뻗는 방향이 모두 같아야 같은 반직선이 된다.

❈ 다음 도형을 기호로 나타내시오.

01 ●——●—— → 직선 PQ → _____
  P   Q

02 ●——●—— → 반직선 PQ → _____
  P   Q

03 ●——●—— → 반직선 QP → _____
  P   Q

04 ●——●—— → 선분 PQ → _____
  P   Q

❈ 다음 ◯ 안에 = 또는 ≠를 써넣으시오.

05 $\overleftrightarrow{PQ}$ ◯ $\overleftrightarrow{QP}$

06 $\overrightarrow{PQ}$ ◯ $\overrightarrow{QP}$

07 $\overline{PQ}$ ◯ $\overline{QP}$

❈ 다음 기호를 주어진 그림 위에 나타내고, ◯ 안에 = 또는 ≠를 써넣으시오.

08 $\overrightarrow{AC}$ ●——●——●—— → $\overrightarrow{AC}$ ◯ $\overrightarrow{BC}$
      A B C
  $\overrightarrow{BC}$ ●——●——●——
      A B C

09 $\overline{AB}$ ●——●——●—— → $\overline{AB}$ ◯ $\overline{BA}$
      A B C
  $\overline{BA}$ ●——●——●——
      A B C

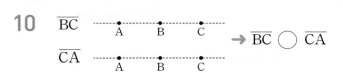

두 선분의 양 끝 점이 같은지 확인해 봐!

10 $\overline{BC}$ ●——●——●—— → $\overline{BC}$ ◯ $\overline{CA}$
      A B C
  $\overline{CA}$ ●——●——●——
      A B C

11 $\overrightarrow{AB}$ ●——●——●—— → $\overrightarrow{AB}$ ◯ $\overrightarrow{AC}$
      A B C
  $\overrightarrow{AC}$ ●——●——●——
      A B C

12 $\overrightarrow{BA}$ ●——●——●—— → $\overrightarrow{BA}$ ◯ $\overrightarrow{CA}$
      A B C
  $\overrightarrow{CA}$ ●——●——●——
      A B C

✿ 아래 그림과 같이 한 직선 위에 네 점 A, B, C, D가 있을 때, 다음과 같은 것을 보기에서 고르시오.

A   B   C   D

┌─ 보기 ─────────────────────────┐
$\overrightarrow{CB}$, $\overrightarrow{BC}$, $\overrightarrow{AB}$, $\overleftarrow{BC}$, $\overrightarrow{AC}$,
$\overline{CD}$, $\overline{DA}$, $\overline{DB}$, $\overleftarrow{CB}$, $\overline{BA}$
└───────────────────────────────┘

13 $\overrightarrow{AD}$ = _____

14 $\overrightarrow{AC}$ = _____

> 반직선은 시작점과 뻗는 방향이 모두 같은 것을 찾아야 해!

15 $\overrightarrow{BD}$ = _____

16 $\overline{AD}$ = _____

17 $\overrightarrow{CA}$ = _____

18 $\overline{BC}$ = _____

19 $\overline{CA}$ = _____

20 $\overrightarrow{DC}$ = _____

✿ 다음 주어진 점을 지나는 직선을 그리고, 그 개수를 구하시오.

21 한 점 A를 지나는 직선의 개수
•A

_____

22 두 점 A, B를 지나는 직선의 개수
•A   •B

_____

✿ 다음 그림에서 두 점을 지나는 직선, 반직선, 선분의 개수를 각각 구하시오.

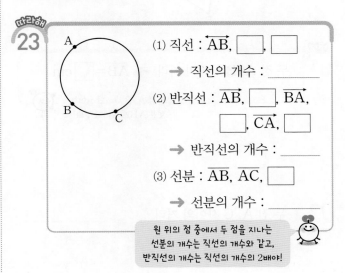

23

(1) 직선 : $\overleftrightarrow{AB}$, ☐, ☐

→ 직선의 개수 : _____

(2) 반직선 : $\overrightarrow{AB}$, ☐, $\overrightarrow{BA}$,

☐, $\overrightarrow{CA}$, ☐

→ 반직선의 개수 : _____

(3) 선분 : $\overline{AB}$, $\overline{AC}$, ☐

→ 선분의 개수 : _____

> 원 위의 점 중에서 두 점을 지나는 선분의 개수는 직선의 개수와 같고, 반직선의 개수는 직선의 개수의 2배야!

24

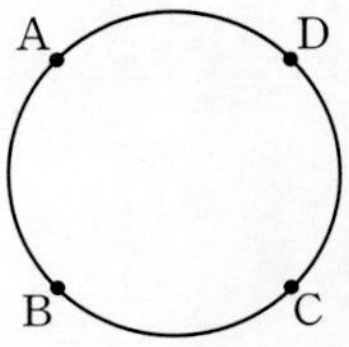

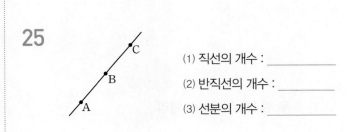

(1) 직선의 개수 : _____

(2) 반직선의 개수 : _____

(3) 선분의 개수 : _____

25

(1) 직선의 개수 : _____

(2) 반직선의 개수 : _____

(3) 선분의 개수 : _____

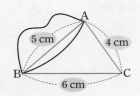
VISUAL 개념연산 두 점 사이의 거리

정답 및 풀이 16쪽

- (두 점 A, B 사이의 거리)=$\overline{AB}$=5 cm
  └→ 두 점 A, B를 잇는 많은 선 중
  길이가 가장 짧은 선인 선분 AB의 길이

- (두 점 A, C 사이의 거리)=$\overline{AC}$=4 cm

- (두 점 B, C 사이의 거리)=$\overline{BC}$=6 cm

$\overline{AB}$는 선분을 나타내기도 하고 선분의 길이를 나타내기도 해.

✿ 아래 그림에서 다음을 구하시오.

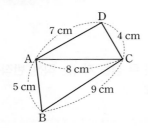

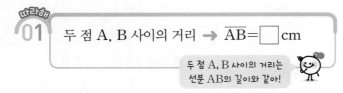

01 두 점 A, B 사이의 거리 → $\overline{AB}$=☐ cm

두 점 A, B 사이의 거리는 선분 AB의 길이와 같아!

02 두 점 A, C 사이의 거리 _____

03 두 점 C, D 사이의 거리 _____

04 두 점 B, C 사이의 거리 _____

05 두 점 D, A 사이의 거리 _____

✿ 아래 그림과 같은 사각형 ABCD에서 $\overline{AC}$, $\overline{BD}$의 교점을 E라 할 때, 다음을 구하시오.

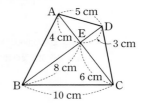

06 두 점 A, D 사이의 거리 _____

07 두 점 B, C 사이의 거리 _____

08 두 점 A, E 사이의 거리 _____

09 두 점 D, E 사이의 거리 _____

10 두 점 A, C 사이의 거리
→ $\overline{AC}$=$\overline{AE}$+☐=4+☐=☐ (cm)

주어진 선분의 길이를 이용해서 선분 AC의 길이를 구해 봐!

11 두 점 B, D 사이의 거리 _____

(1) 점 M이 $\overline{AB}$의 중점이면

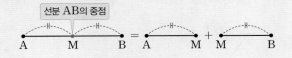

→ $\overline{AM}=\overline{MB}=\dfrac{1}{2}\overline{AB}$, $\overline{AB}=2\overline{AM}=2\overline{MB}$

(2) 두 점 M, N이 $\overline{AB}$의 삼등분점이면

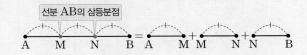

→ $\overline{AM}=\overline{MN}=\overline{NB}=\dfrac{1}{3}\overline{AB}$

$\overline{AB}=3\overline{AM}=3\overline{MN}=3\overline{NB}$

❋ 다음 그림에서 점 M은 $\overline{AB}$의 중점일 때, ☐ 안에 알맞은 수를 써넣으시오.

01

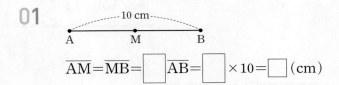

$\overline{AM}=\overline{MB}=\boxed{}\overline{AB}=\boxed{}\times10=\boxed{}$ (cm)

02

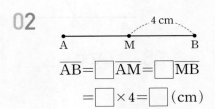

$\overline{AB}=\boxed{}\overline{AM}=\boxed{}\overline{MB}$

$=\boxed{}\times4=\boxed{}$ (cm)

❋ 다음 그림에서 두 점 M, N은 $\overline{AB}$의 삼등분점일 때, ☐ 안에 알맞은 수를 써넣으시오.

03

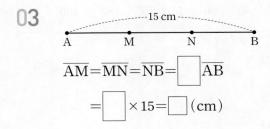

$\overline{AM}=\overline{MN}=\overline{NB}=\boxed{}\overline{AB}$

$=\boxed{}\times15=\boxed{}$ (cm)

04

$\overline{AB}=\boxed{}\overline{AM}=\boxed{}\overline{MN}=\boxed{}\overline{NB}$

$=\boxed{}\times2=\boxed{}$ (cm)

❋ 아래 그림에서 점 M은 $\overline{AB}$의 중점이고, 점 N은 $\overline{MB}$의 중점이다. $\overline{AB}=12\,\mathrm{cm}$일 때, 다음을 구하시오.

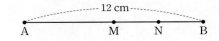

05 $\overline{AM}$의 길이

06 $\overline{MN}$의 길이

07 $\overline{AN}$의 길이

❋ 다음 그림에서 점 M은 $\overline{AC}$의 중점이고, 점 N은 $\overline{CB}$의 중점이다. $\overline{AB}=20\,\mathrm{cm}$일 때, ☐ 안에 알맞은 것을 써넣으시오.

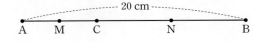

08 $\overline{AM}=\overline{MC}=\boxed{}\overline{AC}$

09 $\overline{CN}=\boxed{}=\dfrac{1}{2}\overline{CB}$

10 $\overline{MN}=\overline{MC}+\overline{CN}=\boxed{}\overline{AC}+\boxed{}\overline{CB}$

$=\boxed{}(\overline{AC}+\overline{CB})=\boxed{}\overline{AB}$

$=\dfrac{1}{2}\times\boxed{}=\boxed{}$ (cm)

$0° < (예각) < 90°$	$(직각) = 90°$	$90° < (둔각) < 180°$	$(평각) = 180°$
➔ ∠AOB는 예각	➔ ∠AOB는 직각	➔ ∠AOB는 둔각	➔ ∠AOB는 평각

∠AOB는 각 AOB를 나타내기도 하고, 그 각의 크기를 나타내기도 해.

참고 일반적으로 ∠AOB는 크기가 작은 쪽의 각을 말한다.
➔ ∠AOB = 120°

개념 POINT

➔ ∠AOB = ∠a

✽ 오른쪽 그림을 보고 다음 각을 세 점 A, B, C를 이용하여 나타내시오.

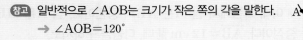

따라해
01 ∠a = ∠A = ∠BAC = ☐

각의 꼭짓점은 항상 가운데에 써.

02 ∠b = ∠B = _____ = _____

03 ∠c = ∠C = _____ = _____

✽ 오른쪽 그림을 보고 다음 각의 크기를 구하시오.

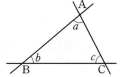

04 ∠BAC = _____

05 ∠ABC = _____

06 ∠ACD = _____

✽ 오른쪽 그림을 보고 다음 각을 예각, 직각, 둔각, 평각으로 분류 하시오.

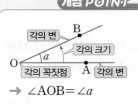

07 ∠AOB _____   **08** ∠AOC _____

09 ∠AOD _____   **10** ∠BOC _____

✽ 다음 각을 보기에서 모두 고르시오.

보기
135°, 40°, 90°, 5°, 75°, 180°, 100°

11 예각 _____

12 직각 _____

13 둔각 _____

14 평각 _____

✿ 다음 그림에서 ∠x의 크기를 구하시오.

15

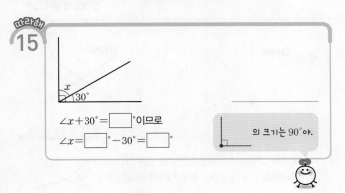

∠$x+30°=$ ☐ °이므로

∠$x=$ ☐ °$-30°=$ ☐ °

의 크기는 90°야.

16

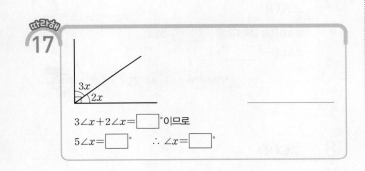

17

$3∠x+2∠x=$ ☐ °이므로

$5∠x=$ ☐ °   ∴ ∠$x=$ ☐ °

18

19

✿ 다음 그림에서 ∠x의 크기를 구하시오.

20

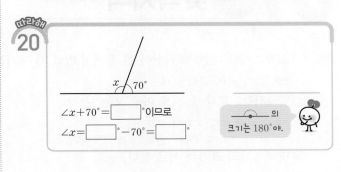

∠$x+70°=$ ☐ °이므로

∠$x=$ ☐ °$-70°=$ ☐ °

━━● ━━ 의 크기는 180°야.

21

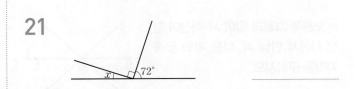

22

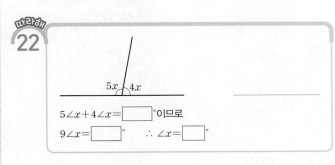

$5∠x+4∠x=$ ☐ °이므로

$9∠x=$ ☐ °   ∴ ∠$x=$ ☐ °

23

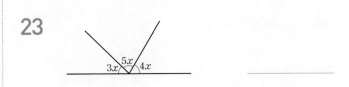

24

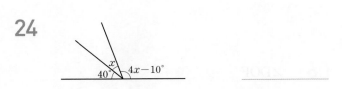

07 맞꼭지각

VISUAL 개념연산

정답 및 풀이 16쪽

(1) **교각** : 서로 다른 두 직선이 한 점에서 만날 때 생기는 네 개의 각

→ $\angle a$, $\angle b$, $\angle c$, $\angle d$

(2) **맞꼭지각** : 교각 중 서로 마주 보는 두 각

→ $\angle a$와 $\angle c$, $\angle b$와 $\angle d$

└→ $\angle a$의 맞꼭지각은 $\angle c$, $\angle c$의 맞꼭지각은 $\angle a$

(3) 맞꼭지각의 크기는 서로 같다.

→ $\angle a = \angle c$, $\angle b = \angle d$

실수 Check

오른쪽 그림은 두 직선이 만나는 경우가 아니므로 $\angle a$와 $\angle b$는 맞꼭지각이 아니다.

❈ 오른쪽 그림과 같이 세 직선이 한 점 O에서 만날 때, 다음 각의 맞꼭지각을 구하시오.

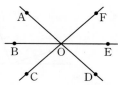

01 ∠AOB _____

 $\overleftrightarrow{AD}$, $\overleftrightarrow{BE}$가 만나서 생기는 각 중 ∠AOB와 마주 보는 각을 찾아.

02 ∠COD _____

03 ∠EOF _____

04 ∠BOF _____

05 ∠AOE _____

06 ∠DOF _____

❈ 오른쪽 그림과 같이 세 직선이 한 점 O에서 만날 때, 다음 각의 크기를 구하시오.

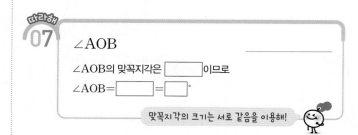

따라해 **07**

∠AOB _____

∠AOB의 맞꼭지각은 [   ]이므로

∠AOB = [   ] = [   ]°

맞꼭지각의 크기는 서로 같음을 이용해!

08 ∠COD _____

❈ 다음 그림에서 ∠x, ∠y의 크기를 각각 구하시오.

09

∠x = _____

∠y = _____

10

∠x = _____

∠y = _____

❋ 다음 그림에서 ∠x의 크기를 구하시오.

11

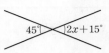
$45°$ $2x+15°$

12

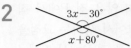
$3x-30°$
$x+80°$

❋ 다음 그림에서 ∠x, ∠y의 크기를 각각 구하시오.

13 따라해

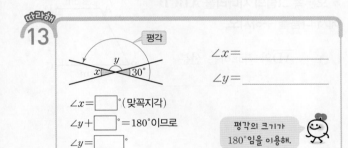

평각

y
x $30°$

∠$x=$ _____

∠$y=$ _____

∠$x=$ ☐ °(맞꼭지각)

∠$y+$ ☐ °$=180°$이므로

∠$y=$ ☐ °

평각의 크기가 $180°$임을 이용해.

14

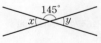
$145°$
x y

∠$x=$ _____

∠$y=$ _____

15

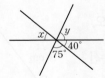
x y
$40°$
$75°$

∠$x=$ _____

∠$y=$ _____

16

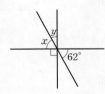
y
x
$62°$

∠$x=$ _____

∠$y=$ _____

❋ 다음 그림에서 ∠x의 크기를 구하시오.

17 따라해

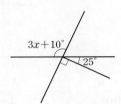
x $75°$
$130°$

a b
c
➡ ∠$a+$∠$b=$∠c

∠$x+75°=$ ☐ °이므로 ∠$x=$ ☐ °

18

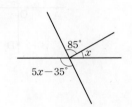
$3x+10°$
$25°$

19

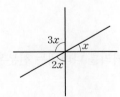
$85°$
x
$5x-35°$

❋ 다음 그림에서 ∠x의 크기를 구하시오.

20 따라해

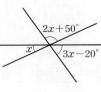
$80°$ x
$55°$

a
b c
➡ ∠$a+$∠$b+$∠$c=180°$

$80°+$ ☐ °$+$∠$x=$ ☐ °이므로

∠$x=$ ☐ °

21

$3x$ x
$2x$

22

$2x+50°$
x $3x-20°$

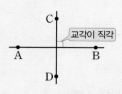

- 두 직선 AB와 CD는 **직교**한다.
  → $\overleftrightarrow{AB}\perp\overleftrightarrow{CD}$ └→ 서로 수직
- $\overleftrightarrow{AB}$의 수선은 $\overleftrightarrow{CD}$
  $\overleftrightarrow{CD}$의 수선은 $\overleftrightarrow{AB}$

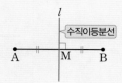

- 직선 l은 선분 AB의 **수직이등분선**이다.
  → $l\perp\overline{AB}$, $\overline{AM}=\overline{BM}$ └→수직 └→이등분

- 직선 l 위에 있지 않은 점 P에서 직선 l에 수선을 그어서 생기는 교점을 H라 할 때, 점 H를 점 P에서 직선 l에 내린 수선의 발이라 한다.

✿ 오른쪽 그림에서 ∠COB=90°, $\overline{AO}=\overline{BO}$일 때, □ 안에 알맞은 것을 써넣으시오.

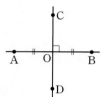

01 $\overleftrightarrow{AB}$ ☐ $\overleftrightarrow{CD}$

02 $\overleftrightarrow{AB}\perp\overleftrightarrow{CD}$, $\overline{AO}=\overline{BO}$이므로 $\overleftrightarrow{CD}$는 $\overline{AB}$의 ☐☐☐☐ 이다.

03 점 C에서 $\overleftrightarrow{AB}$에 내린 수선의 발은 점 ☐이다.

04 점 D와 $\overleftrightarrow{AB}$ 사이의 거리를 나타내는 선분은 ☐ 이다.

05 $\overline{AB}$=6 cm일 때, $\overline{AO}=$☐$=$☐ cm

✿ 오른쪽 그림의 사다리꼴 ABCD에서 다음을 구하시오.

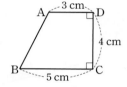

06 $\overline{AD}$와 직교하는 선분 ____

07 점 D에서 $\overline{BC}$에 내린 수선의 발 ____

08 점 D와 $\overline{BC}$ 사이의 거리 ____

(점 P와 직선 l 사이의 거리) $=\overline{PR}$

09 점 B와 $\overline{DC}$ 사이의 거리 ____

✿ 오른쪽 그림에서 다음을 구하시오.

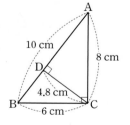

10 점 C에서 $\overline{AB}$에 내린 수선의 발 ____

11 점 C와 $\overline{AB}$ 사이의 거리 ____

12 점 A와 $\overline{BC}$ 사이의 거리 ____

10분 연산 TEST 1회

01 오른쪽 그림과 같은 도형에서 교점의 개수를 구하시오.

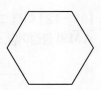

02 오른쪽 그림과 같은 도형에서 교점과 교선의 개수를 각각 구하시오.

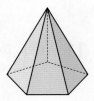

[03~05] 아래 그림과 같이 한 직선 위에 세 점 A, B, C가 있을 때, 다음과 같은 것을 보기에서 모두 고르시오.

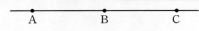

> • 보기 •
> $\overleftrightarrow{CA}$, $\overrightarrow{BC}$, $\overline{CA}$, $\overrightarrow{AC}$, $\overrightarrow{CB}$, $\overleftrightarrow{BC}$

03 $\overleftrightarrow{AB}$

04 $\overline{BC}$

05 $\overrightarrow{CB}$

[06~08] 오른쪽 그림과 같이 원 위에 5개의 점 A, B, C, D, E가 있을 때, 다음을 구하시오.

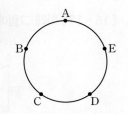

06 두 점을 지나는 직선의 개수

07 두 점을 지나는 반직선의 개수

08 두 점을 지나는 선분의 개수

[09~12] 아래 그림에서 점 M은 $\overline{AB}$의 중점이고, 점 N은 $\overline{AM}$의 중점이다. $\overline{NM}=5$ cm일 때, 다음을 구하시오.

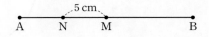

09 $\overline{AN}$의 길이

10 $\overline{MB}$의 길이

11 $\overline{AB}$의 길이

12 $\overline{NB}$의 길이

[13~15] 다음 그림에서 ∠x의 크기를 구하시오.

13

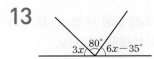

14

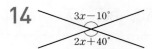

15

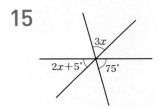

[16~17] 아래 그림에서 다음을 구하시오.

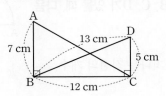

16 점 A와 $\overline{BC}$ 사이의 거리

17 점 B와 $\overline{CD}$ 사이의 거리

맞힌 개수 개/17개

10분 연산 TEST 2회

01 오른쪽 그림과 같은 도형에서 교점의 개수를 구하시오.

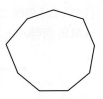

02 오른쪽 그림과 같은 도형에서 교점과 교선의 개수를 각각 구하시오.

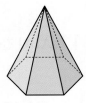

[03~05] 아래 그림과 같이 한 직선 위에 세 점 A, B, C가 있을 때, 다음과 같은 것을 보기에서 모두 고르시오.

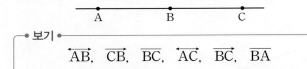

━●보기●━━━━━━━━━━━━━━━━━━━
$\overrightarrow{AB}$, $\overrightarrow{CB}$, $\overrightarrow{BC}$, $\overrightarrow{AC}$, $\overline{BC}$, $\overrightarrow{BA}$

03 $\overleftrightarrow{BC}$

04 $\overline{AB}$

05 $\overrightarrow{CA}$

[06~08] 오른쪽 그림과 같이 반원 위에 네 점 A, B, C, D가 있을 때, 다음을 구하시오.

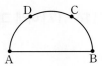

06 두 점을 지나는 직선의 개수

07 두 점을 지나는 반직선의 개수

08 두 점을 지나는 선분의 개수

[09~12] 아래 그림에서 점 M은 $\overline{AB}$의 중점이고, 점 N은 $\overline{AM}$의 중점이다. $\overline{AN}=4\,\text{cm}$일 때, 다음을 구하시오.

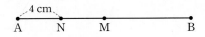

09 $\overline{NM}$의 길이

10 $\overline{MB}$의 길이

11 $\overline{AB}$의 길이

12 $\overline{NB}$의 길이

[13~15] 다음 그림에서 ∠x의 크기를 구하시오.

13

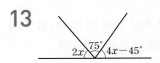

14

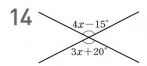

15

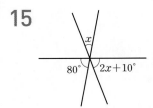

[16~17] 아래 그림에서 다음을 구하시오.

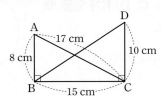

16 점 C와 $\overline{AB}$ 사이의 거리

17 점 D와 $\overline{BC}$ 사이의 거리

맞힌 개수 　개/17개

점과 직선, 점과 평면의 위치 관계

→ 정답 및 풀이 18쪽

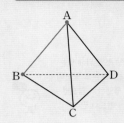

점과 직선의 위치 관계

- 모서리 AB 위에 있는 꼭짓점
  → 점 A, 점 B
  └→ 모서리 AB는 두 점 A, B를 지난다.

- 모서리 AB 위에 있지 않은 꼭짓점
  → 점 C, 점 D
  └→ 모서리 AB는 두 점 C, D를 지나지 않는다.
  (두 점 C, D는 모서리 AB 밖에 있다.)

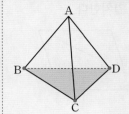

점과 평면의 위치 관계

- 면 BCD 위에 있는 꼭짓점
  → 점 B, 점 C, 점 D
  └→ 세 점 B, C, D는 면 BCD에 포함된다.

- 면 BCD 위에 있지 않은 꼭짓점
  → 점 A
  └→ 점 A는 면 BCD에 포함되지 않는다.
  (점 A는 면 BCD 밖에 있다.)

❋ 오른쪽 그림에 대한 다음 설명 중 옳은 것에는 ○표, 옳지 않은 것에는 ×표를 하시오.

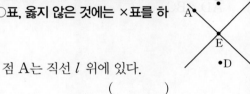

01 점 A는 직선 l 위에 있다.
( )

02 점 B는 직선 m 밖에 있다. ( )

점 P는 직선 n 위에 있지 않다.
→ 점 P는 직선 n 밖에 있다.
→ 직선 n은 점 P를 지나지 않는다.

03 직선 l은 점 C를 지나지 않는다. ( )

04 직선 m은 점 D를 지난다. ( )

05 점 E는 두 직선 l, m 위에 동시에 있다.
( )

❋ 오른쪽 그림과 같은 삼각기둥에서 다음을 모두 구하시오.

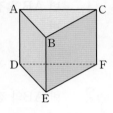

06 면 DEF 위에 있는 꼭짓점

_____

07 면 BEFC에 포함된 꼭짓점

_____

08 면 ADEB 위에 있지 않은 꼭짓점

_____

09 꼭짓점 A를 포함하는 면

_____

10 두 꼭짓점 A, C를 동시에 포함하는 면

_____

100 VISUAL 개념연산 평면에서 두 직선의 위치 관계

한 평면 위에 있는 두 직선 l, m의 위치 관계는 다음 세 가지 경우가 있다.

① 한 점에서 만난다.　　② 일치한다.　　　　③ 평행하다.　기호 $l /\!/ m$

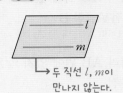

→ 두 직선 l, m이 만난다.

→ 두 직선 l, m이 만나지 않는다.

한 평면 위에 있는 서로 다른 두 직선이 평행하지 않으면 반드시 만나!

✽ 오른쪽 그림과 같은 평행사변형에서 다음을 모두 구하시오.

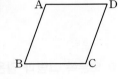

01 변 AB와 점 A에서 만나는 변 _____

02 변 AB와 점 B에서 만나는 변 _____

따라해
03 변 BC와 한 점에서 만나는 변 _____

변 BC와 점 B에서 만나는 변 → ☐

변 BC와 점 C에서 만나는 변 → ☐

04 변 AB와 평행한 변 _____

✽ 오른쪽 그림과 같은 직사각형에서 다음을 모두 구하시오.

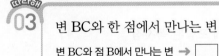

05 변 AD와 한 점에서 만나는 변 _____

06 변 DC와 수직으로 만나는 변 _____

07 변 AD와 평행한 변 _____

✽ 오른쪽 그림과 같은 사다리꼴에 대한 다음 설명 중 옳은 것에는 ○표, 옳지 않은 것에는 ×표를 하시오.

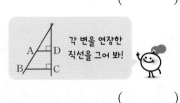

08 $\overleftrightarrow{AD} /\!/ \overleftrightarrow{BC}$ 　(　　)

09 $\overleftrightarrow{AB} /\!/ \overleftrightarrow{CD}$ 　　　　(　)

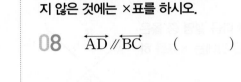
각 변을 연장한 직선을 그어 봐!

10 $\overleftrightarrow{BC} \perp \overleftrightarrow{CD}$ 　　　　(　)

✽ 오른쪽 그림과 같은 정육각형에 대한 다음 설명 중 옳은 것에는 ○표, 옳지 않은 것에는 ×표를 하시오.

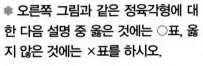

11 $\overleftrightarrow{AF} /\!/ \overleftrightarrow{CD}$ 　(　　)

12 $\overleftrightarrow{BC} /\!/ \overleftrightarrow{DE}$ 　　　　(　)

13 $\overleftrightarrow{CD} \perp \overleftrightarrow{DE}$ 　　　　(　)

11 공간에서 두 직선의 위치 관계

→ 정답 및 풀이 18쪽

공간에서 두 직선 l, m의 위치 관계는 다음 네 가지 경우가 있다.

① 한 점에서 만난다. ② 일치한다.   ③ 평행하다. ($l /\!/ m$) ④ 꼬인 위치에 있다.

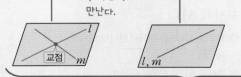

두 직선 l, m이 한 평면 위에 있다.

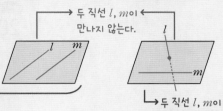

→ 두 직선 l, m이 한 평면 위에 있지 않다.

개념 POINT

꼬인 위치
두 직선이 만나지도 않고 평행하지도 않을 때, 두 직선은 꼬인 위치에 있다고 한다.

✽ 오른쪽 그림과 같은 직육면체에서 다음 두 모서리의 위치 관계를 구하시오.

01 모서리 AB와 모서리 BF
_____

02 모서리 AD와 모서리 CG _____

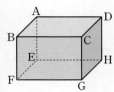

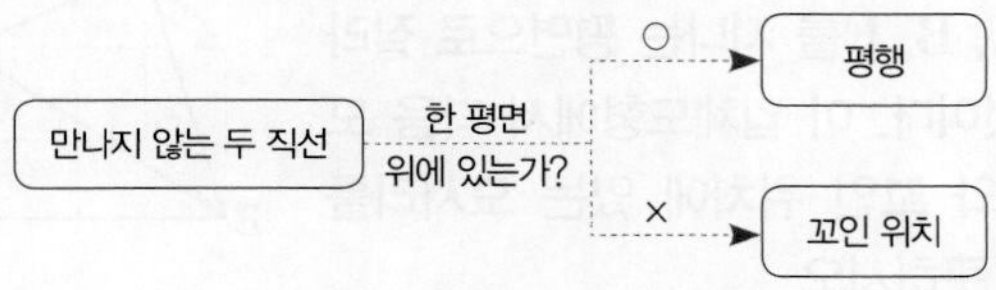

만나지 않는 두 직선 → 한 평면 위에 있는가? → ○ 평행 / × 꼬인 위치

03 모서리 BC와 모서리 EH _____

04 모서리 BF와 모서리 FG _____

05 모서리 CG와 모서리 DH _____

06 모서리 DH와 모서리 FG _____

✽ 오른쪽 그림과 같이 밑면이 정육각형인 육각기둥에 대한 다음 설명 중 옳은 것에는 ○표, 옳지 않은 것에는 ×표를 하시오.

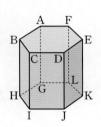

07 $\overline{\text{AF}}$와 $\overline{\text{IJ}}$는 평행하다.
(   )

08 $\overline{\text{BC}}$와 $\overline{\text{DJ}}$는 한 점에서 만난다.   (   )

09 $\overline{\text{BC}}$와 평행한 모서리는 3개이다.   (   )

10 $\overline{\text{CI}}$와 $\overline{\text{EF}}$는 꼬인 위치에 있다.   (   )

✽ 오른쪽 그림과 같이 밑면이 정사각형인 사각뿔에서 다음을 모두 구하시오.

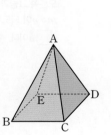

11 모서리 BC와 한 점에서 만나는 모서리
→ $\overline{\text{AB}}$, ☐, ☐, ☐

12 모서리 BC와 평행한 모서리 → ☐

13 모서리 BC와 꼬인 위치에 있는 모서리
→ ☐, ☐

$\overline{\text{BC}}$와 만나거나 평행한 모서리를 하나씩 제외해 봐!

※ 오른쪽 그림과 같은 직육면체에서 다음을 모두 구하시오.

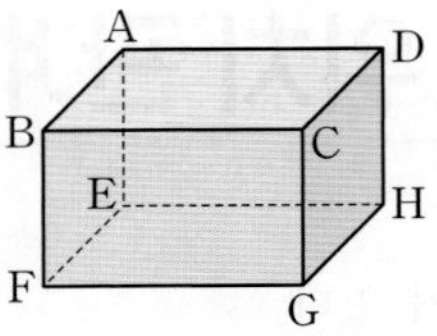

14 모서리 AE와 한 점에서 만나는 모서리

_____

15 모서리 AE와 평행한 모서리

_____

16 모서리 AE와 꼬인 위치에 있는 모서리

_____

※ 공간에서 서로 다른 세 직선 l, m, n에 대하여 다음 중 옳은 것에는 ○표, 옳지 않은 것에는 ×표를 하시오.

따라해
17 $l /\!/ m$, $m /\!/ n$이면 $l /\!/ n$이다. (   )

오른쪽 그림과 같이 직육면체 위에 $l /\!/ m$, $m /\!/ n$이 되도록 세 직선 l, m, n을 그리면 $l \boxed{} n$이다.

직육면체를 이용하여 위치 관계를 나타내 봐!

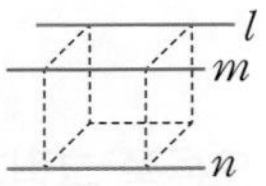

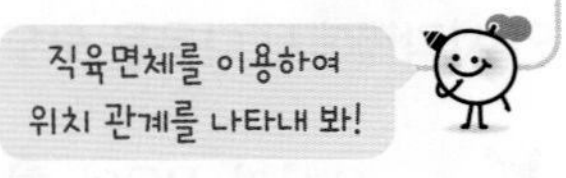

18 $l \perp m$, $m \perp n$이면 $l \perp n$이다. (   )

19 $l /\!/ m$, $m \perp n$이면 $l /\!/ n$이다. (   )

※ 오른쪽 그림과 같은 삼각뿔에서 다음 모서리와 꼬인 위치에 있는 모서리를 구하시오.

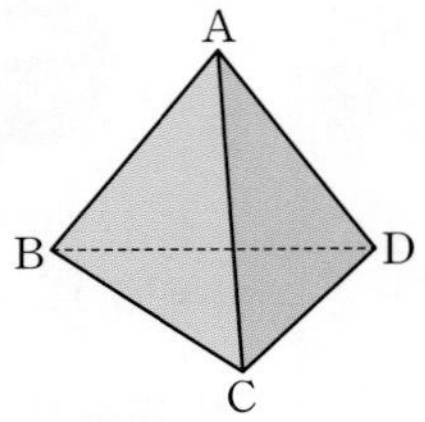

따라해
20 모서리 AB _____

❶ 모서리 AB와 한 점에서 만나는 모서리
→ $\overline{AC}$, $\boxed{}$, $\overline{BC}$, $\boxed{}$

❷ 모서리 AB와 평행한 모서리
→ 없다.

❸ 모서리 AB와 꼬인 위치에 있는 모서리
→ $\boxed{}$

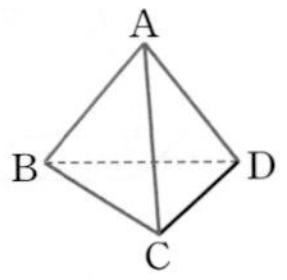

21 모서리 BC _____

22 모서리 BD _____

※ 오른쪽 그림은 직육면체를 세 꼭짓점 A, B, E를 지나는 평면으로 잘라낸 것이다. 이 입체도형에서 다음 모서리와 꼬인 위치에 있는 모서리를 모두 구하시오.

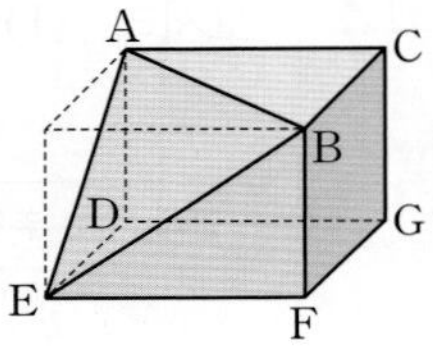

따라해
23 모서리 AC _____

❶ 모서리 AC와 한 점에서 만나는 모서리
→ $\overline{AB}$, $\overline{AD}$, $\boxed{}$, $\overline{BC}$, $\boxed{}$

❷ 모서리 AC와 평행한 모서리
→ $\overline{DG}$, $\boxed{}$

❸ 모서리 AC와 꼬인 위치에 있는 모서리
→ $\overline{BE}$, $\boxed{}$, $\boxed{}$, $\boxed{}$

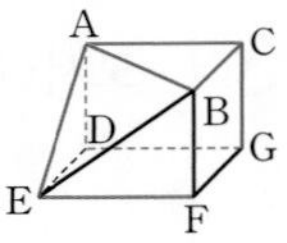

24 모서리 AE _____

25 모서리 BF _____

(1) 공간에서 직선 l과 평면 P의 위치 관계는 다음 세 가지 경우가 있다.

① 한 점에서 만난다.   ② 직선이 평면에 포함된다.   ③ 평행하다. 기호 $l // P$

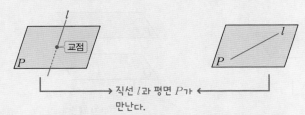 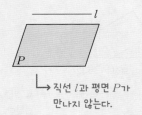

(2) 직선 l이 평면 P와 한 점 H에서 만나고 점 H를 지나는 평면 P 위의 모든 직선과 수직이다.

→ 직선 l과 평면 P는 직교한다. (서로 수직이다.) 기호 $l \perp P$

이때 직선 l을 평면 P의 수선이라 한다.

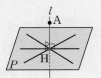

참고 평면 P 위에 있지 않은 한 점 A에서 평면 P에 내린 수선의 발 H까지의 거리가 점 A와 평면 P 사이의 거리이다.

✽ 오른쪽 그림과 같은 직육면체에서 다음을 모두 구하시오.

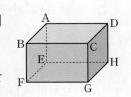

01 면 ABCD와 한 점에서 만나는 모서리

→ $\overline{AE}$, ☐, ☐, ☐

02 면 ABCD에 포함된 모서리

→ $\overline{AB}$, ☐, ☐, ☐

03 면 ABCD와 평행한 모서리

→ $\overline{EF}$, ☐, ☐, ☐

✽ 오른쪽 그림과 같이 밑면이 정오각형인 오각기둥에서 다음을 모두 구하시오.

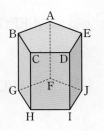

04 모서리 AF와 수직인 면

05 면 FGHIJ와 수직인 모서리

06 점 A에서 면 FGHIJ에 내린 수선의 발

✽ 오른쪽 그림과 같이 밑면이 직각삼각형인 삼각기둥에서 다음을 모두 구하시오.

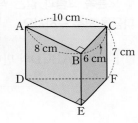

07 모서리 AB와 한 점에서 만나는 면

08 면 ADFC에 포함된 모서리

09 모서리 BC와 평행한 면

10 면 BEFC와 수직인 모서리

11 점 A와 면 BEFC 사이의 거리

12 점 B와 면 DEF 사이의 거리

13 VISUAL 개념연산 공간에서 두 평면의 위치 관계

(1) 공간에서 두 평면 P, Q의 위치 관계는 다음 세 가지 경우가 있다.

① 한 직선에서 만난다.　　② 일치한다.　　③ 평행하다. 기호 $P/\!/Q$

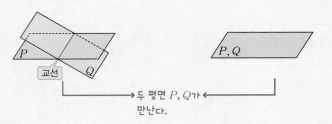 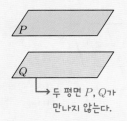

두 평면 P, Q가 만난다.　　두 평면 P, Q가 만나지 않는다.

(2) 평면 P가 평면 Q에 수직인 직선 l을 포함한다.

　→ 평면 P와 평면 Q는 직교한다. (서로 수직이다.) 기호 $P\perp Q$

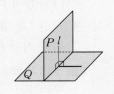

✿ 오른쪽 그림과 같은 직육면체에서 다음을 모두 구하시오.

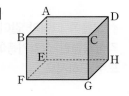

01 면 ABCD와 만나는 면

_____

02 면 ABCD와 평행한 면

_____

03 모서리 DH를 교선으로 하는 두 면

_____

✿ 오른쪽 그림과 같이 밑면이 직각삼각형인 삼각기둥에서 다음을 모두 구하시오.

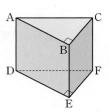

04 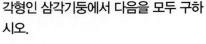 면 ADEB와 수직인 면

_____

(면 ADEB)$\perp\overline{BC}$이므로 $\overline{BC}$를 포함하는 면

→ 면 [　], 면 BEFC

(면 ADEB)$\perp\overline{EF}$이므로 $\overline{EF}$를 포함하는 면

→ 면 BEFC, 면 [　]

면 ADEB와 수직인 모서리를 포함하는 면을 찾아보자!

05 면 ABC와 면 ADFC의 교선

_____

06 모서리 AD를 교선으로 하는 두 면

_____

✿ 오른쪽 그림과 같은 정육면체에 대한 다음 설명 중 옳은 것에는 ○표, 옳지 않은 것에는 ×표를 하시오.

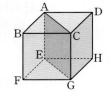

07 면 ABFE와 면 AEHD의 교선은 $\overline{AE}$이다. (　　)

08 면 EFGH와 면 CGHD는 평행하다. (　　)

09 면 ABCD와 평행한 면은 4개이다. (　　)

10 면 ABFE와 면 BFGC는 수직이다. (　　)

11 면 AEGC와 수직인 면은 면 ABCD, 면 EFGH이다. (　　)

10분 연산 TEST 1회

[01~02] 오른쪽 그림과 같은 사각 뿔에서 다음을 모두 구하시오.

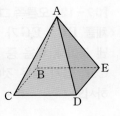

01 모서리 AC 위에 있는 꼭짓점

02 두 꼭짓점 B, C를 동시에 포함하는 면

[03~04] 오른쪽 그림과 같은 사다 리꼴에서 다음을 모두 구하시오.

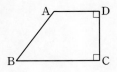

03 변 BC와 평행한 변

04 꼭짓점 C를 교점으로 하는 두 변

[05~08] 오른쪽 그림과 같은 직육면 체에서 다음을 모두 구하시오.

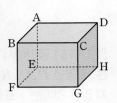

05 모서리 BF와 꼬인 위치에 있는 모서리

06 모서리 CG와 평행한 면

07 면 BFGC와 수직인 모서리

08 면 ABFE와 평행한 면

[09~12] 오른쪽 그림은 직육면체를 $\overline{AD}=\overline{BC}$가 되도록 잘라 낸 것이다. 다음 중 옳은 것에는 ○표, 옳지 않은 것에는 ×표를 하시오.

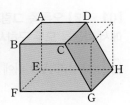

09 모서리 AD와 평행한 모서리는 3개이다. (   )

10 모서리 EF와 수직으로 만나는 면은 1개이다.
(   )

11 면 EFGH와 면 CGHD의 교선은 $\overline{GH}$이다.
(   )

12 면 ABFE와 평행한 면은 면 CGHD이다.
(   )

[13~16] 공간에서 서로 다른 세 직선 l, m, n과 서로 다른 세 평면 P, Q, R에 대하여 다음 중 옳은 것에는 ○표, 옳지 않은 것에는 ×표를 하시오.

13 $l \perp m$, $m /\!/ n$이면 $l \perp n$이다.   (   )

14 $l \perp P$, $m \perp P$이면 $l /\!/ m$이다.   (   )

15 $l \perp P$, $l \perp Q$이면 $P /\!/ Q$이다.   (   )

16 $P /\!/ Q$, $Q /\!/ R$이면 $P \perp R$이다.   (   )

맞힌 개수 [   ] 개/16개

10분 연산 TEST 2회

[01~02] 오른쪽 그림과 같은 사각뿔에서 다음을 모두 구하시오.

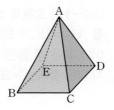

01 모서리 AD 위에 있는 꼭짓점

02 두 꼭짓점 D, E를 동시에 포함하는 면

[03~04] 오른쪽 그림과 같은 정사각형에서 다음을 모두 구하시오.

03 변 AB와 평행한 변

04 꼭짓점 B를 교점으로 하는 두 변

[05~08] 오른쪽 그림과 같은 직육면체에서 다음을 모두 구하시오.

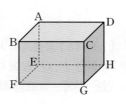

05 모서리 EH와 꼬인 위치에 있는 모서리

06 모서리 BC와 평행한 면

07 면 CGHD와 수직인 모서리

08 면 BFGC와 평행한 면

[09~12] 오른쪽 그림은 직육면체를 $\overline{BC}=\overline{FG}$가 되도록 잘라낸 것이다. 다음 중 옳은 것에는 ○표, 옳지 않은 것에는 ×표를 하시오.

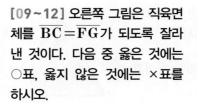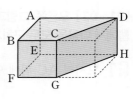

09 모서리 AB와 평행한 모서리는 3개이다.

(   )

10 모서리 FG와 수직으로 만나는 면은 1개이다.

(   )

11 면 AEHD와 면 CGHD의 교선은 $\overline{DH}$이다.

(   )

12 면 CGHD와 평행한 면은 면 ABFE이다.

(   )

[13~16] 공간에서 서로 다른 세 직선 l, m, n과 서로 다른 세 평면 P, Q, R에 대하여 다음 중 옳은 것에는 ○표, 옳지 않은 것에는 ×표를 하시오.

13 $l /\!/ m$, $l /\!/ n$이면 $m \perp n$이다. (   )

14 $l /\!/ P$, $m \perp P$이면 $l /\!/ m$이다. (   )

15 $l \perp P$, $P /\!/ Q$이면 $l /\!/ Q$이다. (   )

16 $P \perp Q$, $P /\!/ R$이면 $Q \perp R$이다. (   )

맞힌 개수   개 / 16개

14 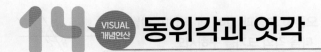 동위각과 엇각

➡ 정답 및 풀이 20쪽

(1) **동위각** : 서로 같은 위치에 있는 두 각 ➞ 알파벳 'F'를 이용한다.

➞ ∠a와 ∠e   ➞ ∠b와 ∠f   ➞ ∠c와 ∠g   ➞ ∠d와 ∠h

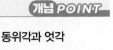

개념 POINT

동위각과 엇각

동위각 / 엇각

(2) **엇각** : 서로 엇갈린 위치에 있는 두 각 ➞ 알파벳 'Z'를 이용한다.

➞ ∠b와 ∠h   ➞ ∠c와 ∠e

실수 Check

엇각은 두 직선 사이에 있는 각이므로 ∠a와 ∠g, ∠d와 ∠f를 엇각으로 착각하지 않도록 주의한다.

❋ 오른쪽 그림과 같이 세 직선이 만날 때, 다음을 구하시오.

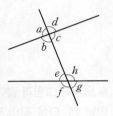

01 ∠a의 동위각

02 ∠c의 동위각

03 ∠f의 동위각

04 ∠h의 동위각

05 ∠c의 엇각

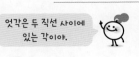

엇각은 두 직선 사이에 있는 각이야.

06 ∠h의 엇각

❋ 오른쪽 그림과 같이 세 직선이 만날 때, 다음을 구하시오.

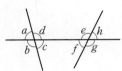

07 ∠b의 동위각

08 ∠d의 동위각

09 ∠g의 동위각

10 ∠e의 동위각

11 ∠d의 엇각

12 ∠e의 엇각

✿ 아래 그림을 보고 다음 각의 크기를 구할 때, ☐ 안에 알맞은 것을 써넣으시오.

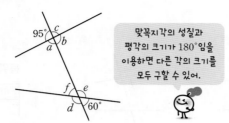

맞꼭지각의 성질과 평각의 크기가 180°임을 이용하면 다른 각의 크기를 모두 구할 수 있어.

13 ∠a의 동위각의 크기

→ ∠☐ = 180° − ☐° = ☐°
   ‾‾‾‾
   ↑
   ∠a의 동위각

14 ∠f의 엇각의 크기

→ ∠☐ = ☐° (맞꼭지각)
   ‾‾‾‾
   ↑
   ∠f의 엇각

✿ 아래 그림을 보고 다음 각의 크기를 구할 때, ☐ 안에 알맞은 것을 써넣으시오.

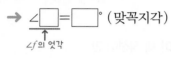

15 ∠e의 동위각의 크기

→ ∠☐ = ☐° (맞꼭지각)

16 ∠b의 엇각의 크기

→ ∠☐ = 180° − ☐° = ☐°

✿ 오른쪽 그림과 같이 세 직선이 만날 때, 다음 각의 크기를 구하시오.

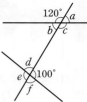

17 ∠d의 동위각

_____

18 ∠f의 동위각

_____

19 ∠b의 엇각

_____

20 ∠c의 엇각

_____

✿ 오른쪽 그림과 같이 세 직선이 만날 때, 다음 각의 크기를 구하시오.

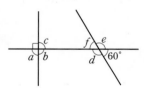

21 ∠f의 동위각

_____

22 ∠a의 동위각

_____

23 ∠b의 엇각

_____

24 ∠d의 엇각

_____

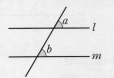 **VISUAL 개념연산** # 평행선의 성질

→ 정답 및 풀이 20쪽

서로 다른 두 직선 l, m이 한 직선과 만날 때, 두 직선 l, m이 서로 평행하면

(1) 동위각의 크기는 같다.

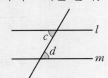

→ $l /\!/ m$이면 ∠$a=$∠b

(2) 엇각의 크기는 같다.

→ $l /\!/ m$이면 ∠$c=$∠d

개념 POINT

두 직선이 서로 **평행**하다.
→ **동위각**의 크기와 **엇각**의 크기가 각각 같다.

실수 Check

맞꼭지각의 크기는 항상 같지만 동위각과 엇각의 크기는 두 직선이 평행할 때만 각각 같음에 주의한다.

✱ 다음 그림에서 $l /\!/ m$일 때, ∠x의 크기를 구하시오.

따라해 01

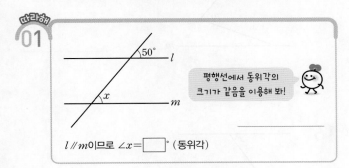

평행선에서 동위각의 크기가 같음을 이용해 봐!

$l /\!/ m$이므로 ∠$x=\boxed{}°$ (동위각)

02

_____

03

_____

04

평행선에서 엇각의 크기가 같음을 이용해서 식을 세워 봐.

_____

✱ 다음 그림에서 $l /\!/ m$일 때, ∠x, ∠y의 크기를 각각 구하시오.

따라해 05

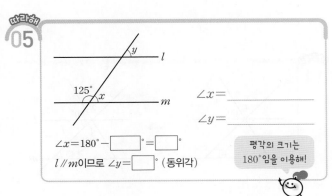

∠$x=$_____

∠$y=$_____

∠$x=180°-\boxed{}°=\boxed{}°$
$l /\!/ m$이므로 ∠$y=\boxed{}°$ (동위각)

평각의 크기는 180°임을 이용해!

06

∠$x=$_____

∠$y=$_____

07

∠$x=$_____

∠$y=$_____

08

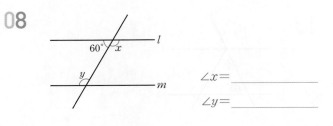

∠$x=$_____

∠$y=$_____

✿ 다음 그림에서 $l /\!/ m$일 때, $\angle x$의 크기를 구하시오.

따라해 09

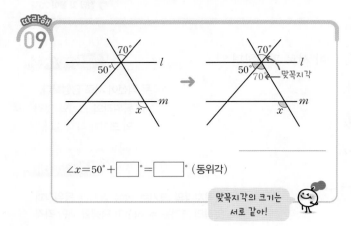

$\angle x = 50° + \boxed{}° = \boxed{}°$ (동위각)

> 맞꼭지각의 크기는 서로 같아!

10

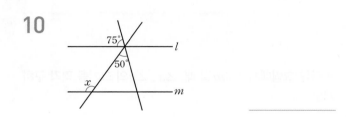

따라해 11

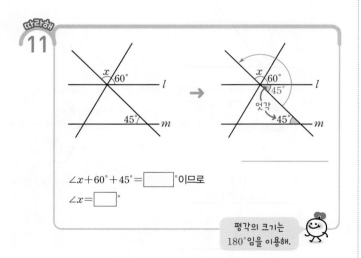

$\angle x + 60° + 45° = \boxed{}°$ 이므로

$\angle x = \boxed{}°$

> 평각의 크기는 180°임을 이용해.

12

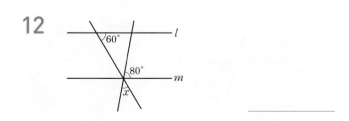

13

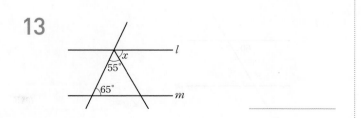

✿ 다음 그림에서 $l /\!/ m$일 때, $\angle x$의 크기를 구하시오.

따라해 14

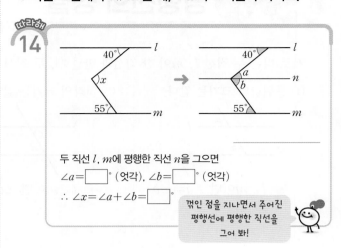

두 직선 l, m에 평행한 직선 n을 그으면

$\angle a = \boxed{}°$ (엇각), $\angle b = \boxed{}°$ (엇각)

$\therefore \angle x = \angle a + \angle b = \boxed{}°$

> 꺾인 점을 지나면서 주어진 평행선에 평행한 직선을 그어 봐!

15

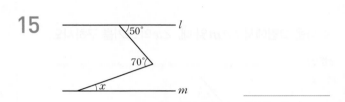

16

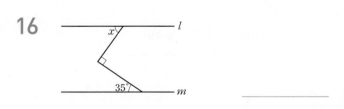

17

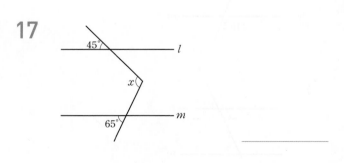

18

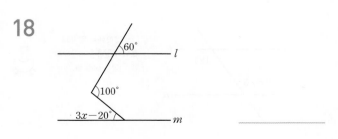

✿ 다음 그림에서 $l /\!/ m$일 때, $\angle x$의 크기를 구하시오.

19

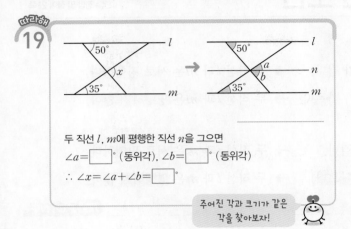

두 직선 l, m에 평행한 직선 n을 그으면

$\angle a=$ ☐ ° (동위각), $\angle b=$ ☐ ° (동위각)

∴ $\angle x=\angle a+\angle b=$ ☐ °

주어진 각과 크기가 같은 각을 찾아보자!

20

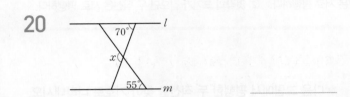

21

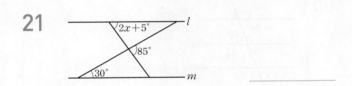

22

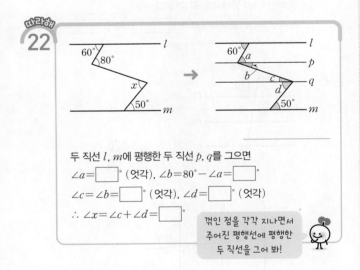

두 직선 l, m에 평행한 두 직선 p, q를 그으면

$\angle a=$ ☐ ° (엇각), $\angle b=80°-\angle a=$ ☐ °

$\angle c=\angle b=$ ☐ ° (엇각), $\angle d=$ ☐ ° (엇각)

∴ $\angle x=\angle c+\angle d=$ ☐ °

꺾인 점을 각각 지나면서 주어진 평행선에 평행한 두 직선을 그어 봐!

23

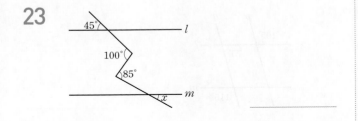

✿ 다음 그림과 같이 직사각형 모양의 종이를 접었을 때, $\angle x$의 크기를 구하시오.

24

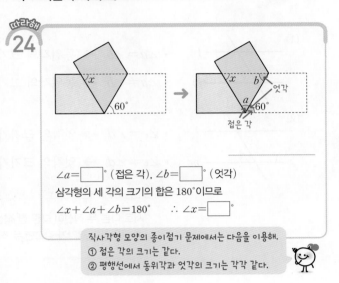

$\angle a=$ ☐ ° (접은 각), $\angle b=$ ☐ ° (엇각)

삼각형의 세 각의 크기의 합은 180°이므로

$\angle x+\angle a+\angle b=180°$ ∴ $\angle x=$ ☐ °

직사각형 모양의 종이접기 문제에서는 다음을 이용해.
① 접은 각의 크기는 같다.
② 평행선에서 동위각과 엇각의 크기는 각각 같다.

25

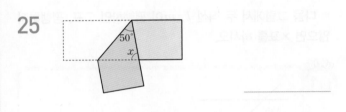

26

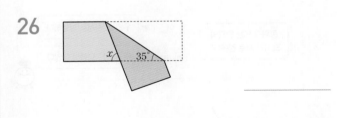

27

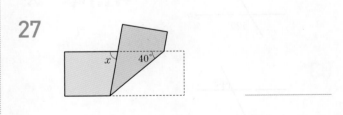

28

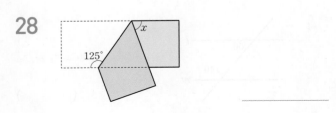

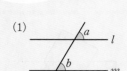

16 평행선이 되기 위한 조건

→ 정답 및 풀이 21쪽

(1)
$\angle a = \angle b$이면 $l /\!/ m$

- $\angle a = \angle b$ → 동위각의 크기가 **같다.** → 두 직선 l과 m은 서로 **평행하다.**
- $\angle a \neq \angle b$ → 동위각의 크기가 **다르다.** → 두 직선 l과 m은 **평행하지 않다.**

(2) 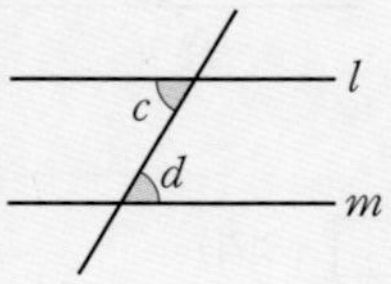
$\angle c = \angle d$이면 $l /\!/ m$

- $\angle c = \angle d$ → 엇각의 크기가 **같다.** → 두 직선 l과 m은 서로 **평행하다.**
- $\angle c \neq \angle d$ → 엇각의 크기가 **다르다.** → 두 직선 l과 m은 **평행하지 않다.**

개념 POINT

서로 다른 두 직선이 다른 한 직선과 만날 때
(1) 동위각의 크기가 같으면 두 직선은 서로 **평행하다.**   (2) 엇각의 크기가 같으면 두 직선은 서로 **평행하다.**

✿ 다음 그림에서 두 직선 l, m이 평행하면 ○표, 평행하지 않으면 ×표를 하시오.

따라해 01

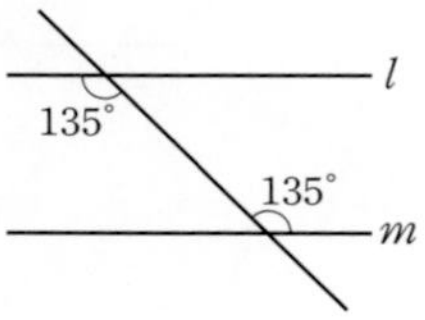

$135°$ / l
$135°$ / m

( )

동위각 또는 엇각의 크기가 서로 같은가? ---- 예 ▶ 두 직선은 서로 평행하다.
---- 아니요 ▶ 두 직선은 평행하지 않다.

02

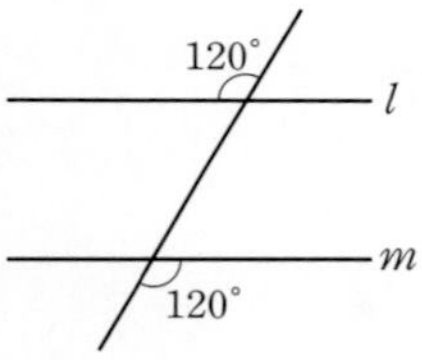

$120°$ / l
$120°$ / m

맞꼭지각의 크기는 항상 같음을 이용해.

( )

03

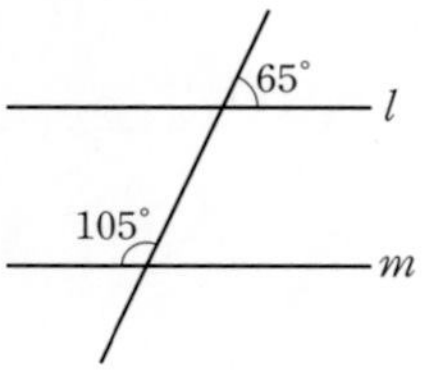

$65°$ / l
$105°$ / m

( )

04

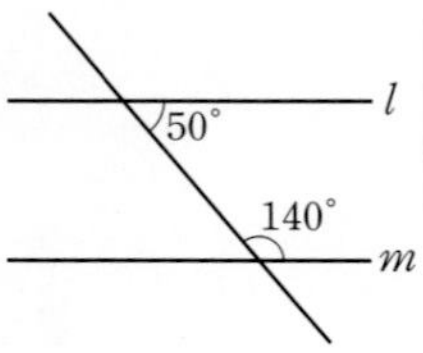

$50°$ / l
$140°$ / m

( )

✿ 다음 그림에서 평행한 두 직선을 찾아 기호로 나타내시오.

따라해 05

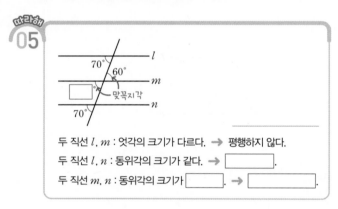

$70°$ $60°$ / l
m
맞꼭지각
$70°$ / n

두 직선 l, m : 엇각의 크기가 다르다. → 평행하지 않다.
두 직선 l, n : 동위각의 크기가 같다. → [   ].
두 직선 m, n : 동위각의 크기가 [   ]. → [   ]

06

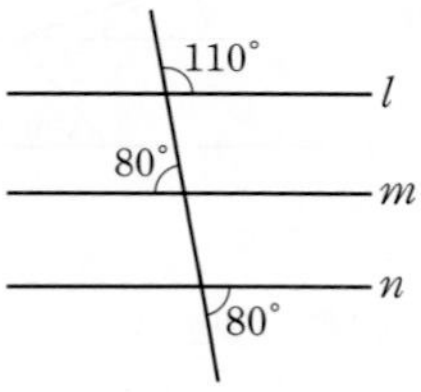

$110°$ / l
$80°$ / m
$80°$ / n

_____

07

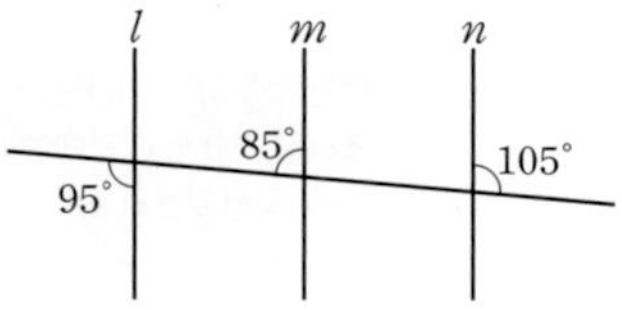

l m n
$95°$ $85°$ $105°$

_____

08

p q
$105°$
$75°$ / l
$115°$ / m

_____

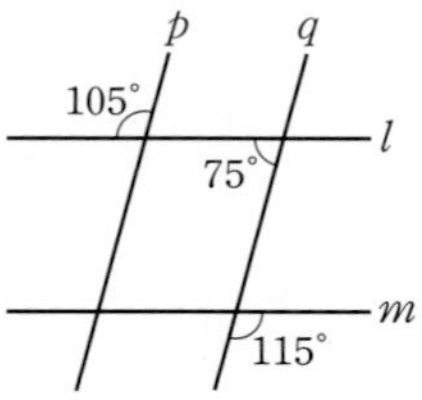

10분 연산 TEST 1회

[01~02] 오른쪽 그림과 같이 세 직선이 만날 때, 다음을 구하시오.

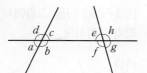

01 ∠a의 동위각

02 ∠e의 엇각

[03~05] 오른쪽 그림과 같이 세 직선이 만날 때, 다음 각의 크기를 구하시오.

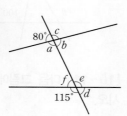

03 ∠a의 동위각

04 ∠f의 엇각

05 ∠e의 엇각

[06~07] 다음 그림에서 $l /\!/ m$일 때, ∠x의 크기를 구하시오.

06

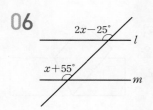

07

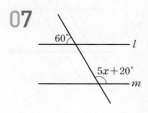

[08~09] 다음 그림에서 $l /\!/ m$일 때, ∠x, ∠y의 크기를 각각 구하시오.

08

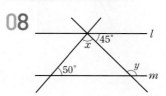

09

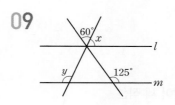

[10~11] 다음 그림에서 $l /\!/ m$일 때, ∠x의 크기를 구하시오.

10

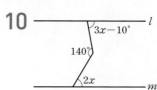

11

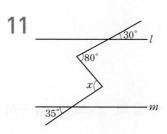

12 오른쪽 그림과 같이 직사각형 모양의 종이를 접었을 때, ∠x의 크기를 구하시오.

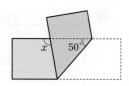

13 오른쪽 그림에 대하여 다음 물음에 답하시오.

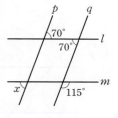

(1) 평행한 두 직선을 찾아 기호로 나타내시오.

(2) ∠x의 크기를 구하시오.

맞힌 개수 　　개 / 13개

10분 연산 TEST 2회

[01~02] 오른쪽 그림과 같이 세 직선이 만날 때, 다음을 구하시오.

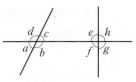

01 ∠b의 동위각

02 ∠c의 엇각

[03~05] 오른쪽 그림과 같이 세 직선이 만날 때, 다음 각의 크기를 구하시오.

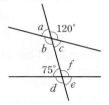

03 ∠f의 동위각

04 ∠b의 엇각

05 ∠c의 엇각

[06~07] 다음 그림에서 $l /\!/ m$일 때, ∠x의 크기를 구하시오.

06

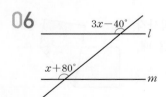

07

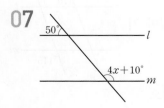

[08~09] 다음 그림에서 $l /\!/ m$일 때, ∠x, ∠y의 크기를 각각 구하시오.

08

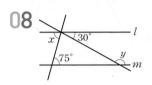

09

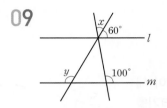

[10~11] 다음 그림에서 $l /\!/ m$일 때, ∠x의 크기를 구하시오.

10

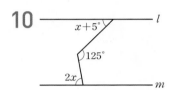

11

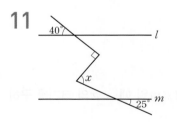

12 오른쪽 그림과 같이 직사각형 모양의 종이를 접었을 때, ∠x의 크기를 구하시오.

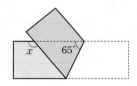

13 오른쪽 그림에 대하여 다음 물음에 답하시오.

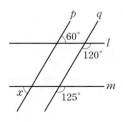

(1) 평행한 두 직선을 찾아 기호로 나타내시오.

(2) ∠x의 크기를 구하시오.

맞힌 개수 □개 / 13개

➜ 정답 및 풀이 23쪽

학교 시험 PREVIEW

스스로 개념 점검

1. 기본 도형

(1) ⬜ : 선과 선 또는 선과 면이 만나서 생기는 점

⬜ : 면과 면이 만나서 생기는 선

(2) 직선 AB를 기호로 ⬜ , 반직선 AB를 기호로 ⬜ , 선분 AB를 기호로 ⬜ 와 같이 나타낸다.

(3) 서로 다른 두 점 A, B를 잇는 무수히 많은 선 중에서 길이가 가장 짧은 선인 선분 AB의 길이를 두 점 A, B 사이의 ⬜ 라 한다.

(4) 선분 AB 위의 점 M에 대하여 $\overline{AM} = \overline{MB}$일 때, 점 M을 선분 AB의 ⬜ 이라 한다.

(5) 각 AOB는 기호로 ⬜ 와 같이 나타내며, 각의 크기가 180°인 각을 ⬜ 이라 한다.

(6) 서로 다른 두 직선이 한 점에서 만날 때 생기는 네 개의 각을 ⬜ 이라 하고, 이 중 서로 마주 보는 두 각을 ⬜ 이라 한다.

(7) 두 직선의 교각이 직각일 때, 이 두 직선은 ⬜ 한다 또는 서로 수직이다라고 하고 기호 ⬜ 를 사용하여 나타낸다.

(8) 직선 l이 선분 AB의 중점 M을 지나고 선분 AB에 수직일 때, 직선 l을 선분 AB의 ⬜ 이라 한다.

(9) 직선 l 위에 있지 않은 점 P에서 직선 l에 수선을 그어서 생기는 교점을 H라 할 때, 점 H를 점 P에서 직선 l에 내린 ⬜ 이라 한다.

(10) 한 평면 위에 있는 두 직선이 서로 평행할 때, 기호 ⬜ 를 사용하여 나타낸다. 또, 공간에서 두 직선이 만나지도 않고 평행하지도 않을 때, 두 직선은 ⬜ 에 있다고 한다.

(11) 서로 다른 두 직선이 한 직선과 만나서 생기는 8개의 각 중에서 서로 같은 위치에 있는 두 각을 ⬜ , 서로 엇갈린 위치에 있는 두 각을 ⬜ 이라 한다.

01

오른쪽 그림과 같은 삼각뿔에서 교점의 개수를 a, 교선의 개수를 b라 할 때, $a+b$의 값은?

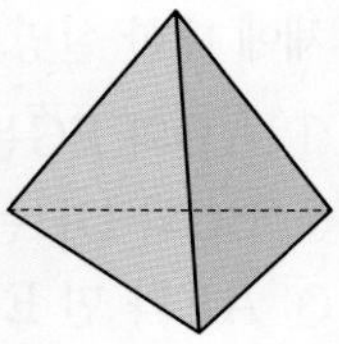

① 4   ② 6

③ 8   ④ 10

⑤ 12

02 출제율 80%

오른쪽 그림과 같이 한 직선 위에 네 점 A, B, C, D가 있을 때, 다음 중 $\overrightarrow{AB}$와 같은 것을 모두 고르면? (정답 2개)

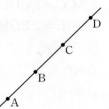

① $\overrightarrow{BA}$ ② $\overrightarrow{AC}$

③ $\overrightarrow{BD}$ ④ $\overrightarrow{CB}$

⑤ $\overrightarrow{AD}$

03

아래 그림에서 $\overline{AM} = \overline{MN} = \overline{NB}$일 때, 다음 중 옳지 않은 것은?

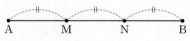

① $\overline{AN} = 2\overline{AM}$ ② $\overline{AN} = \overline{MB}$

③ $\overline{AB} = 3\overline{MN}$ ④ $\overline{NB} = \dfrac{1}{2}\overline{AN}$

⑤ $\overline{AM} = \dfrac{2}{3}\overline{MB}$

04

다음 그림에서 두 점 M, N은 각각 $\overline{AC}$, $\overline{CB}$의 중점이다. $\overline{MN} = 5$ cm일 때, $\overline{AB}$의 길이는?

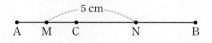

① 9 cm   ② 10 cm   ③ 11 cm

④ 12 cm   ⑤ 13 cm

05

오른쪽 그림에서 $\angle x$의 크기는?

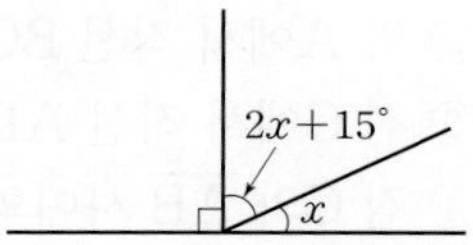

① 20°   ② 22°

③ 25°   ④ 28°

⑤ 30°

06

오른쪽 그림에서
∠AOC = ∠COD,
∠DOE = ∠EOB일 때, ∠COE
의 크기는?

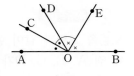

① 80°   ② 85°   ③ 90°

④ 95°   ⑤ 100°

07

오른쪽 그림에서 ∠AOC의 크기는?

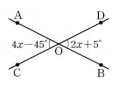

① 45°   ② 50°

③ 55°   ④ 60°

⑤ 65°

08

오른쪽 그림에서 ∠x의 크기는?

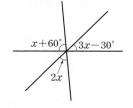

① 25°   ② 30°

③ 35°   ④ 40°

⑤ 45°

09 실수 주의

다음 중 오른쪽 그림과 같은
사다리꼴 ABCD에 대한 설명
으로 옳지 <u>않은</u> 것을 모두 고
르면? (정답 2개)

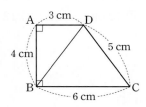

① $\overline{BC}$의 수선은 $\overline{AB}$이다.

② 점 A에서 직선 BC에 내린 수선의 발은 점 B이다.

③ 점 C에서 직선 AD에 내린 수선의 발은 점 D이다.

④ 점 C와 $\overline{AB}$ 사이의 거리는 6 cm이다.

⑤ 점 D와 $\overline{BC}$ 사이의 거리는 5 cm이다.

10

다음 중 오른쪽 그림에 대한 설명으로
옳지 <u>않은</u> 것은?

① 점 A는 직선 l 위에 있다.

② 점 D는 직선 l 위에 있지 않다.

③ 점 C는 직선 m 밖에 있다.

④ 두 직선 l, m의 교점은 점 C이다.

⑤ 점 B는 두 직선 l, m 중 어느 직선 위에도 있지 않다.

11

오른쪽 그림과 같은 삼각기둥에서
$\overline{AB}$와 한 점에서 만나는 모서리의
개수를 a, 면 ABC와 평행한 모서리
의 개수를 b라 할 때, $a+b$의 값은?

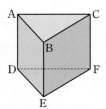

① 7   ② 8

③ 9   ④ 10

⑤ 11

12

다음 중 오른쪽 그림과 같은 직육면
체에 대한 설명으로 옳지 <u>않은</u> 것은?

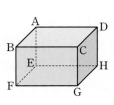

① $\overline{AD}$와 $\overline{FG}$는 평행하다.

② $\overline{BC}$와 $\overline{DH}$는 꼬인 위치에 있다.

③ $\overline{AE}$와 면 EFGH는 수직이다.

④ $\overline{BC}$와 평행한 면은 1개이다.

⑤ 면 BFGC와 수직인 면은 4개이다.

13

오른쪽 그림과 같이 세 직선이 만날 때, 다음 중 옳은 것을 모두 고르면?

(정답 2개)

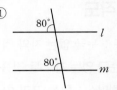

① ∠a와 ∠d는 엇각이다.
② ∠b와 ∠d는 동위각이다.
③ ∠c의 동위각의 크기는 70°이다.
④ ∠d의 엇각의 크기는 60°이다.
⑤ ∠f의 동위각의 크기는 120°이다.

14

오른쪽 그림에서 $l /\!/ m$일 때, ∠x의 크기는?

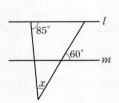

① 30°   ② 35°
③ 40°   ④ 45°
⑤ 50°

15

오른쪽 그림에서 $l /\!/ m$일 때, ∠x의 크기는?

① 90°   ② 95°
③ 100°   ④ 105°
⑤ 110°

16

다음 중 두 직선 l, m이 평행하지 <u>않은</u> 것은?

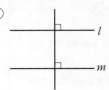
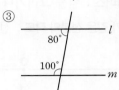
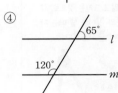
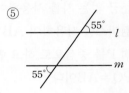

17 서술형

오른쪽 그림에서 $l /\!/ m$일 때, ∠x − ∠y의 크기를 구하시오.

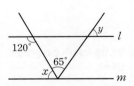

채점기준 1 ∠x의 크기 구하기

채점기준 2 ∠y의 크기 구하기

채점기준 3 ∠x − ∠y의 크기 구하기

한눈에 쏙 개념 한바닥
작도와 합동

01 작도

(1) **작도** : 눈금 없는 자와 컴퍼스만을 사용하여 도형을 그리는 것

① **눈금 없는 자** : 두 점을 이어 선분을 그리거나 선분을 연장하는 데 사용한다.

② **컴퍼스** : 원을 그리거나 주어진 선분의 길이를 재어 옮기는 데 사용한다.

(2) **길이가 같은 선분의 작도** : 선분 AB와 길이가 같은 선분 PQ의 작도 순서는 다음과 같다.

❶ 눈금 없는 자를 사용하여 직선 l을 긋고, 그 위에 한 점 P를 잡는다.

❷ 컴퍼스를 사용하여 $\overline{AB}$의 길이를 잰다.

❸ 점 P를 중심으로 하고 반지름의 길이가 $\overline{AB}$인 원을 그려 직선 l과의 교점을 Q라 하면 $\overline{PQ} = \overline{AB}$이다.

(3) **크기가 같은 각의 작도** : ∠XOY와 크기가 같고 $\overrightarrow{PQ}$를 한 변으로 하는 ∠DPC의 작도 순서는 다음과 같다.

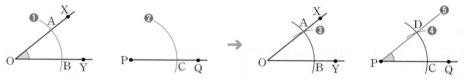

❶ 점 O를 중심으로 하는 원을 그려 $\overrightarrow{OX}$, $\overrightarrow{OY}$와의 교점을 각각 A, B라 한다.

❷ 점 P를 중심으로 하고 반지름의 길이가 $\overline{OA}$인 원을 그려 $\overrightarrow{PQ}$와의 교점을 C라 한다.

❸ 컴퍼스를 사용하여 $\overline{AB}$의 길이를 잰다.

❹ 점 C를 중심으로 하고 반지름의 길이가 $\overline{AB}$인 원을 그려 ❷에서 그린 원과의 교점을 D라 한다.

❺ 두 점 P와 D를 지나는 $\overrightarrow{PD}$를 그으면 ∠DPC=∠XOY이다.

(4) **평행선의 작도** : 직선 l 밖의 한 점 P를 지나고 직선 l에 평행한 직선의 작도 순서는 다음과 같다.

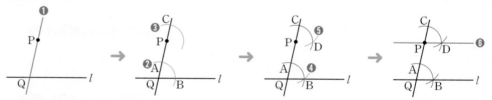

❶ 점 P를 지나는 직선을 그어 직선 l과의 교점을 Q라 한다.

❷ 점 Q를 중심으로 하는 원을 그려 직선 PQ, 직선 l과의 교점을 각각 A, B라 한다.

❸ 점 P를 중심으로 하고 반지름의 길이가 $\overline{QA}$인 원을 그려 직선 PQ와의 교점을 C라 한다.

❹ 컴퍼스를 사용하여 $\overline{AB}$의 길이를 잰다.

❺ 점 C를 중심으로 하고 반지름의 길이가 $\overline{AB}$인 원을 그려 ❸에서 그린 원과의 교점을 D라 한다.

❻ 두 점 P와 D를 지나는 $\overleftrightarrow{PD}$를 그으면 $\overleftrightarrow{PD}$ ∥ l이다.

02 삼각형의 작도

(1) **삼각형 ABC** : 세 꼭짓점이 A, B, C인 삼각형 `기호` △ABC

  ① **대변** : 한 각과 마주 보는 변

  ② **대각** : 한 변과 마주 보는 각

(2) 삼각형에서 한 변의 길이는 나머지 두 변의 길이의 합보다 작다.

(3) **삼각형의 작도** : 다음의 각 경우에 삼각형을 하나로 작도할 수 있다.

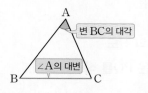

① 세 변의 길이가 주어질 때	② 두 변의 길이와 그 끼인각의 크기가 주어질 때	③ 한 변의 길이와 그 양 끝 각의 크기가 주어질 때

(4) **삼각형이 하나로 정해지는 경우** : 다음의 각 경우에 삼각형의 모양과 크기는 하나로 정해진다.

  ① 세 변의 길이가 주어질 때

  ② 두 변의 길이와 그 끼인각의 크기가 주어질 때

  ③ 한 변의 길이와 그 양 끝 각의 크기가 주어질 때

03 삼각형의 합동

(1) **도형의 합동** : △ABC와 △DEF가 서로 합동일 때, 이것을 기호 ≡를 사용하여 △ABC≡△DEF와 같이 나타낸다.

  → 대응점의 순서를 맞추어 쓴다.

  `참고` 합동인 두 도형에서 서로 포개어지는 꼭짓점과 꼭짓점, 변과 변, 각과 각은 서로 대응한다고 한다.

(2) **삼각형의 합동 조건** : 다음의 각 경우에 두 삼각형 ABC와 DEF는 서로 합동이다.

  ① 대응하는 세 변의 길이가 각각 같을 때 (SSS 합동)

    → $\overline{AB}=\overline{DE}$, $\overline{BC}=\overline{EF}$, $\overline{CA}=\overline{FD}$

  ② 대응하는 두 변의 길이가 각각 같고, 그 끼인각의 크기가 같을 때 (SAS 합동)

    → $\overline{AB}=\overline{DE}$, $\overline{BC}=\overline{EF}$, $\angle B=\angle E$

  ③ 대응하는 한 변의 길이가 같고, 그 양 끝 각의 크기가 각각 같을 때 (ASA 합동)

    → $\overline{BC}=\overline{EF}$, $\angle B=\angle E$, $\angle C=\angle F$

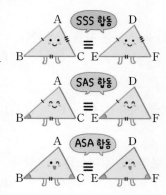

Q. 삼각형의 작도는 어떻게 할까?

A. 삼각형의 작도는 길이가 같은 선분의 작도와 크기가 같은 각의 작도를 이용한다.

Q. 삼각형이 하나로 정해지지 않는 경우는 어떤 것들이 있을까?

A. ① 가장 긴 변의 길이가 나머지 두 변의 길이의 합보다 크거나 같을 때
   ② 두 변의 길이와 그 끼인각이 아닌 다른 한 각의 크기가 주어질 때
   ③ 세 각의 크기가 주어질 때

Q. 합동인 도형의 성질에는 무엇이 있을까?

A. 두 도형이 서로 합동이면
   ① 대응변의 길이는 각각 같다.
   ② 대응각의 크기는 각각 같다.

Q. 넓이가 같은 두 도형은 항상 합동일까?

A. 서로 합동인 두 도형은 완전히 포개어지므로 두 도형의 넓이는 항상 같다. 하지만 두 도형의 넓이가 같다고 해서 항상 합동인 것은 아니다.

01 VISUAL 개념연산 길이가 같은 선분의 작도

(1) **작도** : 눈금 없는 자와 컴퍼스만을 사용하여 도형을 그리는 것

| 선분을 긋는다. 선분을 연장한다. | → 눈금 없는 자를 사용 | 원을 그린다. 선분의 길이를 재어 옮긴다. | → 컴퍼스를 사용 |

(2) 길이가 같은 선분의 작도

$\overline{AB}$와 길이가 같은 $\overline{PQ}$를 작도해 보자.

❶ 직선 *l*을 긋고, 점 P 잡기

❷ $\overline{AB}$의 길이 재기

❸ 중심이 P, 반지름의 길이가 $\overline{AB}$인 원 그리기

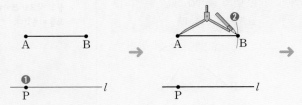

$\overline{AB}=\overline{PQ}$

---

01 다음 **보기**에서 작도할 때 사용하는 도구를 모두 고르시오. _____

> • 보기 •
> ㄱ. 각도기   ㄴ. 컴퍼스
> ㄷ. 눈금 없는 자   ㄹ. 삼각자

✿ 작도에 대한 다음 설명 중 옳은 것에는 ○표, 옳지 않은 것에는 ×표를 하시오.

02 두 점을 연결하여 선분을 그을 때, 눈금 없는 자를 사용한다. (   )

03 각의 크기를 잴 때, 각도기를 사용한다. (   )

04 선분의 길이를 잴 때, 눈금 없는 자를 사용한다. (   )

05 원을 그릴 때, 컴퍼스를 사용한다. (   )

06 선분의 길이를 재어 옮길 때, 컴퍼스를 사용한다. (   )

---

07 다음은 $\overline{AB}$와 길이가 같은 $\overline{CD}$를 작도하는 과정이다. □ 안에 알맞은 것을 써넣으시오.

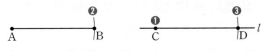

> ❶ 눈금 없는 자를 사용하여 직선 *l*을 긋고, 그 위에 한 점 □를 잡는다.
> ❷ 컴퍼스를 사용하여 □의 길이를 잰다.
> ❸ 점 □를 중심으로 하고 반지름의 길이가 □인 원을 그려 직선 *l*과의 교점을 □라 하면 $\overline{CD}=\overline{AB}$이다.

08 다음은 $\overline{AB}$를 점 B의 방향으로 연장하여 $\overline{AC}=2\overline{AB}$인 $\overline{AC}$를 작도하는 과정이다. 작도 순서를 바르게 나열하시오. _____

> ㉠ 컴퍼스를 사용하여 $\overline{AB}$의 길이를 잰다.
> ㉡ 점 B를 중심으로 하고 반지름의 길이가 $\overline{AB}$인 원을 그려 $\overrightarrow{AB}$와의 교점 중 점 A가 아닌 점을 C라 하면 $\overline{AC}=2\overline{AB}$이다.
> ㉢ 눈금 없는 자를 사용하여 $\overrightarrow{AB}$를 긋는다.

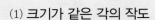

02 VISUAL 개념연산 크기가 같은 각의 작도

➔ 정답 및 풀이 24쪽

(1) 크기가 같은 각의 작도

∠XOY와 크기가 같고 $\overrightarrow{PQ}$를 한 변으로 하는 ∠DPC를 작도해 보자.

❶ 중심이 O인 원 그리기
❷ 중심이 P, 반지름의 길이가 $\overline{OA}$인 원 그리기

❸ $\overline{AB}$의 길이 재기
❹ 중심이 C, 반지름의 길이가 $\overline{AB}$인 원 그리기
❺ $\overrightarrow{PD}$ 긋기

개념 POINT

• $\overline{OA}=\overline{OB}=\overline{PC}=\overline{PD}$
• $\overline{AB}=\overline{CD}$

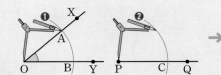 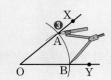 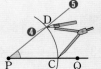 →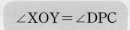

∠XOY = ∠DPC

(2) 평행선의 작도

직선 l 밖의 한 점 P를 지나고 직선 l에 평행한 직선을 작도해 보자.

방법1 '동위각의 크기가 같으면 두 직선은 평행하다.' 이용

방법2 '엇각의 크기가 같으면 두 직선은 평행하다.' 이용

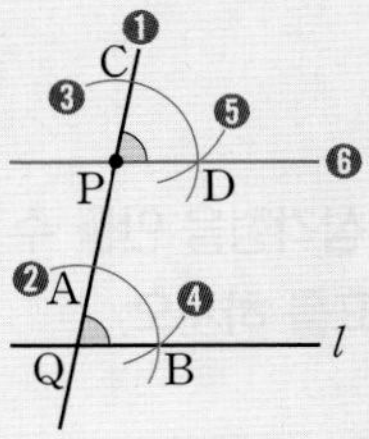

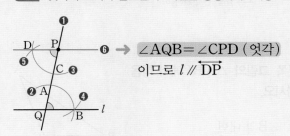

∠AQB=∠CPD (동위각) 이므로 l // $\overleftrightarrow{PD}$

∠AQB=∠CPD (엇각) 이므로 l // $\overrightarrow{DP}$

✤ 다음 그림은 ∠XOY와 크기가 같고 $\overline{AB}$를 한 변으로 하는 각을 작도하는 과정이다. □ 안에 알맞은 것을 써넣으시오.

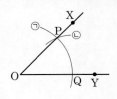 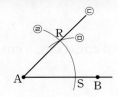

01 작도 순서 :

㉠ → □ → □ → □ → ㉢

02 $\overline{OP}=$□$=\overline{AR}=$□

반지름의 길이가 같게 그린 원을 찾아봐.

03 □$=\overline{RS}$

04 ∠XOY=□

✤ 오른쪽 그림은 직선 l 밖의 한 점 P를 지나고 직선 l에 평행한 직선을 작도하는 과정이다. □ 안에 알맞은 것을 써넣으시오.

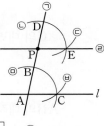

05 작도 순서 :

㉠ → □ → □ → □ → □ → ㉣

06 $\overline{AB}=$□$=\overline{PD}=$□

07 $\overline{BC}=$□

08 □$=∠DPE$

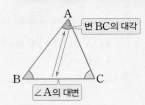

03 VISUAL 개념연산 삼각형의 세 변의 길이 사이의 관계

정답 및 풀이 24쪽

삼각형의 대변과 대각

변 BC의 대각

∠A와 $\overline{BC}$가 마주 본다. → (∠A의 대변)=$\overline{BC}$, ($\overline{BC}$의 대각)=∠A

∠B와 $\overline{AC}$가 마주 본다. → (∠B의 대변)=$\overline{AC}$, ($\overline{AC}$의 대각)=∠B

∠C와 $\overline{AB}$가 마주 본다. → (∠C의 대변)=$\overline{AB}$, ($\overline{AB}$의 대각)=∠C

∠A의 대변

대변은 한 각과 마주 보는 변이고, 대각은 한 변과 마주 보는 각이야.

삼각형의 세 변의 길이 사이의 관계

• 2, 3, 4 ⟶ 4<2+3 (=5) ⟶ 삼각형을 만들 수 있다.

• 2, 3, 5 ⟶ 5=2+3 ⟶ 삼각형을 만들 수 없다.

• 2, 3, 6 ⟶ 6>2+3 ⟶ 삼각형을 만들 수 없다.

가장 긴 변의 길이

개념 POINT

(가장 긴 변의 길이)
<(나머지 두 변의 길이의 합)
이어야 삼각형을 만들 수 있다.

❉ 오른쪽 그림의 △ABC에서 다음을 구하시오.

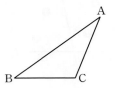

01 ∠B의 대변

_____

 ∠B와 마주 보는 변을 찾아.

02 ∠C의 대변 _____

03 $\overline{AB}$의 대각 _____

04 $\overline{BC}$의 대각 _____

❉ 오른쪽 그림의 △ABC에서 다음을 구하시오.

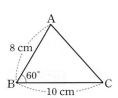

05 ∠A의 대변의 길이

_____

06 $\overline{AC}$의 대각의 크기 _____

❉ 세 변의 길이가 다음과 같을 때, 삼각형을 만들 수 있는 것에는 ○표, 만들 수 없는 것에는 ×표를 하시오.

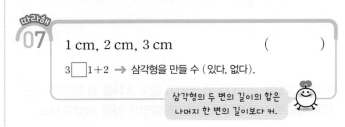

07 1 cm, 2 cm, 3 cm ( )

3 ☐ 1+2 → 삼각형을 만들 수 (있다, 없다).

삼각형의 두 변의 길이의 합은 나머지 한 변의 길이보다 커.

08 3 cm, 4 cm, 5 cm ( )

09 4 cm, 5 cm, 5 cm ( )

10 5 cm, 6 cm, 12 cm ( )

11 7 cm, 7 cm, 14 cm ( )

12 10 cm, 10 cm, 10 cm ( )

04 VISUAL 개념연산 삼각형의 작도

정답 및 풀이 24쪽

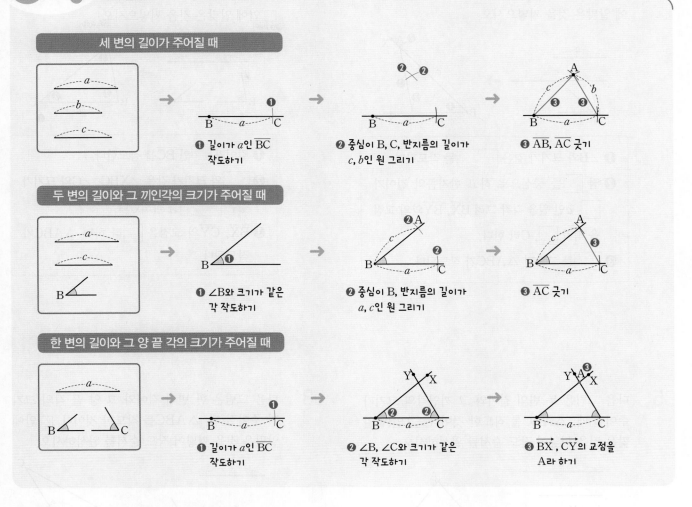

세 변의 길이가 주어질 때

❶ 길이가 a인 $\overline{BC}$ 작도하기

❷ 중심이 B, C, 반지름의 길이가 c, b인 원 그리기

❸ $\overline{AB}$, $\overline{AC}$ 긋기

두 변의 길이와 그 끼인각의 크기가 주어질 때

❶ ∠B와 크기가 같은 각 작도하기

❷ 중심이 B, 반지름의 길이가 a, c인 원 그리기

❸ $\overline{AC}$ 긋기

한 변의 길이와 그 양 끝 각의 크기가 주어질 때

❶ 길이가 a인 $\overline{BC}$ 작도하기

❷ ∠B, ∠C와 크기가 같은 각 작도하기

❸ $\overrightarrow{BX}$, $\overrightarrow{CY}$의 교점을 A라 하기

---

01 다음은 세 변의 길이가 a, b, c인 △ABC를 작도하는 과정이다. □ 안에 알맞은 것을 써넣으시오.

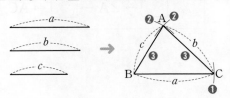

❶ 길이가 □인 $\overline{BC}$를 작도한다.

❷ 두 점 □, C를 중심으로 하고 반지름의 길이가 □, b인 원을 각각 그려 그 교점을 □라 한다.

❸ $\overline{AB}$, □를 그으면 △ABC가 작도된다.

02 다음 그림은 세 변의 길이가 주어질 때, △ABC를 작도한 것이다. □ 안에 알맞은 것을 써넣어 작도 순서를 완성하시오.

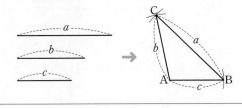

$$\overline{AB} \rightarrow \boxed{} \rightarrow \overline{BC}$$

03 세 변의 길이가 다음과 같은 △ABC를 작도하시오.

04 다음은 두 변의 길이가 a, c이고 그 끼인각의 크기가 ∠B인 △ABC를 작도하는 과정이다. □ 안에 알맞은 것을 써넣으시오.

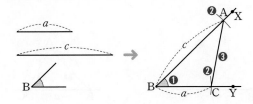

● ∠B와 크기가 같은 □를 작도한다.

② 점 □를 중심으로 하고 반지름의 길이가 □, a인 원을 각각 그려 $\overrightarrow{BX}$, $\overrightarrow{BY}$와의 교점을 각각 □, C라 한다.

③ □를 그으면 △ABC가 작도된다.

05 다음 그림은 두 변의 길이와 그 끼인각의 크기가 주어질 때, △ABC를 작도한 것이다. □ 안에 알맞은 것을 써넣어 작도 순서를 완성하시오.

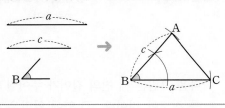

$$∠B → \boxed{} → \overline{AB} → \boxed{}$$

06 두 변의 길이와 그 끼인각의 크기가 다음과 같은 △ABC를 작도하시오.

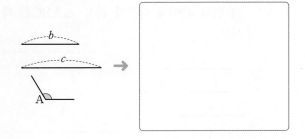

07 다음은 한 변의 길이가 a이고 그 양 끝 각의 크기가 ∠B, ∠C인 △ABC를 작도하는 과정이다. □ 안에 알맞은 것을 써넣으시오.

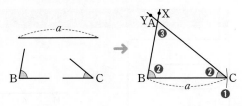

● 길이가 □인 $\overline{BC}$를 작도한다.

② □와 크기가 같은 ∠XBC, ∠C와 크기가 같은 □를 작도한다.

③ $\overrightarrow{BX}$, $\overrightarrow{CY}$의 교점을 □라 하면 △ABC가 작도된다.

08 다음 그림은 한 변의 길이와 그 양 끝 각의 크기가 주어질 때, △ABC를 작도한 것이다. □ 안에 알맞은 것을 써넣어 작도 순서를 완성하시오.

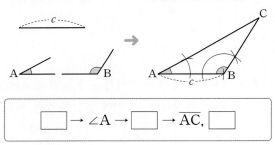

$$\boxed{} → ∠A → \boxed{} → \overline{AC}, \boxed{}$$

09 한 변의 길이와 그 양 끝 각의 크기가 다음과 같은 △ABC를 작도하시오.

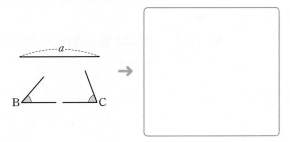

05 VISUAL 개념연산 삼각형이 하나로 정해지는 경우

	세 변의 길이가 주어질 때	두 변의 길이와 한 각의 크기가 주어질 때	한 변의 길이와 두 각의 크기가 주어질 때
하나로 정해지는 경우	$\overline{AB}=3$, $\overline{BC}=4$, $\overline{AC}=5$ → $5<3+4$	$\overline{AB}=3$, $\overline{BC}=4$, $\angle B=60°$	$\overline{BC}=3$, $\angle B=30°$, $\angle C=60°$
하나로 정해지지 않는 경우	$\overline{AB}=3$, $\overline{BC}=9$, $\overline{AC}=4$ 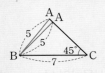 → $9>3+4$이므로 삼각형이 그려지지 않는다.	$\overline{AB}=5$, $\overline{BC}=7$, $\angle C=45°$ ∠C가 $\overline{AB}$, $\overline{BC}$의 끼인각이 아니다. → 삼각형이 2개 그려진다.	$\overline{AB}=3$, $\angle A=60°$, $\angle B=120°$ → 두 각의 크기의 합이 180°이므로 삼각형이 그려지지 않는다.

❀ 다음과 같은 조건이 주어질 때, △ABC가 하나로 정해지는 것에는 ○표, 하나로 정해지지 않는 것에는 ×표를 하시오.

01 $\overline{AB}=3$ cm, $\overline{BC}=9$ cm, $\overline{AC}=10$ cm ( )

02 $\overline{AB}=7$ cm, $\overline{BC}=2$ cm, $\overline{AC}=5$ cm ( )

03 $\overline{AB}=9$ cm, $\overline{BC}=8$ cm, $\angle A=65°$ ( )

04 $\overline{BC}=6$ cm, $\overline{AC}=10$ cm, $\angle C=100°$ ( )

05 $\overline{AC}=4$ cm, $\angle A=45°$, $\angle C=30°$ ( )

06 따라해 $\overline{BC}=5$ cm, $\angle A=70°$, $\angle B=25°$ ( )

$\angle C=180°-(70°+\boxed{}°)=\boxed{}°$

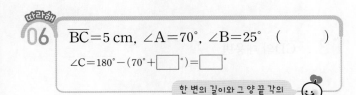

한 변의 길이와 그 양 끝 각의 크기가 주어진 경우야.

07 $\angle A=50°$, $\angle B=90°$, $\angle C=40°$ ( )

세 각의 크기가 주어지면 삼각형은 무수히 많이 그려져.

❀ 오른쪽 그림과 같이 △ABC에서 $\overline{AB}$의 길이가 주어졌을 때, △ABC 가 하나로 정해지기 위해 필요한 조건 인 것에는 ○표, 필요한 조건이 아닌 것에는 ×표를 하시오.

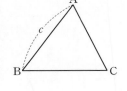

08 $\overline{BC}$, $\overline{AC}$ ( )

09 $\overline{AC}$, $\angle A$ ( )

10 $\overline{AC}$, $\angle B$ ( )

11 $\overline{BC}$, $\angle C$ ( )

12 $\angle A$, $\angle B$ ( )

13 $\angle A$, $\angle C$ ( )

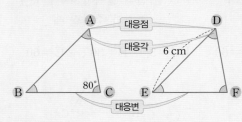

합동 : 모양과 크기가 같은 두 도형을 포개었을 때, 완전히 겹쳐지면 이 두 도형은 서로 합동이라 한다.

- 점 A의 대응점 → 점 D
- $\overline{AB}$의 대응변 → $\overline{DE}$ 대응변의 길이는 서로 같다. $\overline{AB}=\overline{DE}=6$ cm
- ∠F의 대응각 → ∠C 대응각의 크기는 서로 같다. ∠F = ∠C = 80°

$$\triangle ABC \equiv \triangle DEF$$ ← △ABC와 △DEF가 합동일 때, 대응점의 순서를 맞추어 쓴다.

개념 POINT

두 도형이 서로 합동이면 대응변의 길이와 대응각의 크기는 각각 같다.

✿ 다음 그림에서 합동인 도형을 찾아 기호 ≡를 사용하여 나타내시오.

01

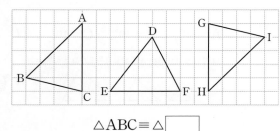

$$\triangle ABC \equiv \triangle \boxed{}$$

대응점의 순서를 맞추어 써야 해.

02

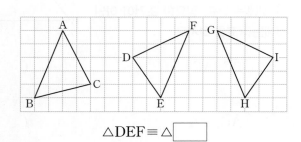

$$\triangle DEF \equiv \triangle \boxed{}$$

03

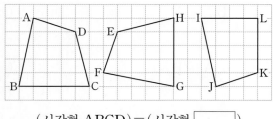

(사각형 ABCD) ≡ (사각형 $\boxed{}$)

✿ 아래 그림에서 삼각형 ABC와 삼각형 DEF가 서로 합동일 때, 다음을 구하시오.

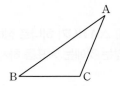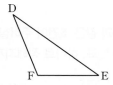

04 점 B의 대응점 _____

05 $\overline{DF}$의 대응변 _____

06 ∠D의 대응각 _____

✿ 아래 그림에서 사각형 ABCD와 사각형 EFGH가 서로 합동일 때, 다음을 구하시오.

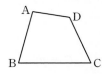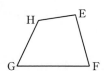

07 점 H의 대응점 _____

08 $\overline{CD}$의 대응변 _____

09 ∠B의 대응각 _____

✱ 아래 그림에서 삼각형 ABC와 삼각형 DEF가 서로 합동일 때, 다음을 구하시오.

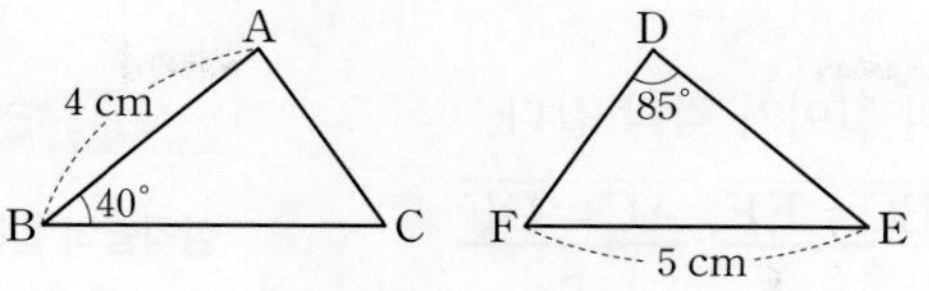

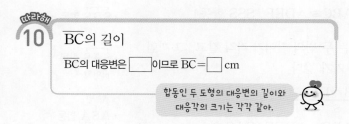

10 $\overline{BC}$의 길이

$\overline{BC}$의 대응변은 □이므로 $\overline{BC}$ = □ cm

합동인 두 도형의 대응변의 길이와 대응각의 크기는 각각 같아.

11 $\overline{DE}$의 길이 _____

12 ∠A의 크기 _____

13 ∠F의 크기 _____

✱ 아래 그림에서 사각형 ABCD와 사각형 EFGH가 서로 합동일 때, 다음을 구하시오.

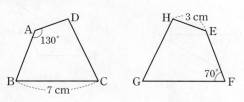

14 $\overline{AD}$의 길이 _____

15 $\overline{GF}$의 길이 _____

16 ∠B의 크기 _____

17 ∠E의 크기 _____

✱ 다음 두 도형이 서로 합동인 것에는 ○표, 합동이 아닌 것에는 ×표를 하시오.

18 한 변의 길이가 같은 두 정사각형 ( )

19 넓이가 같은 두 정삼각형 ( )

20 넓이가 같은 두 직사각형 ( )

21 반지름의 길이가 같은 두 원 ( )

22 세 각의 크기가 각각 같은 두 삼각형 ( )

✱ 다음 설명 중 옳은 것에는 ○표, 옳지 않은 것에는 ×표를 하시오.

23 합동인 두 도형은 모양이 같다. ( )

24 모양이 같은 두 도형은 서로 합동이다. ( )

25 합동인 두 도형은 대응변의 길이가 서로 같다. ( )

26 두 도형의 넓이가 같으면 서로 합동이다. ( )

27 합동인 두 도형은 넓이가 서로 같다. ( )

(1)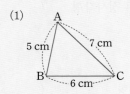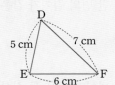

대응하는 세 변의 길이가 각각 같다.

→ $\overline{\text{AB}}=\overline{\text{DE}}$, $\overline{\text{BC}}=\overline{\text{EF}}$, $\overline{\text{AC}}=\overline{\text{DF}}$
　　 S　　　　 S　　　　 S

→ $\triangle\text{ABC}\equiv\triangle\text{DEF}$ (SSS 합동)

(2)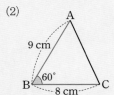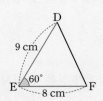

대응하는 두 변의 길이가 각각 같고, 그 끼인 각의 크기가 같다.

→ $\overline{\text{AB}}=\overline{\text{DE}}$, $\angle\text{B}=\angle\text{E}$, $\overline{\text{BC}}=\overline{\text{EF}}$
　　 S　　　　 A　　　　 S

→ $\triangle\text{ABC}\equiv\triangle\text{DEF}$ (SAS 합동)

(3)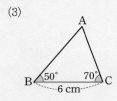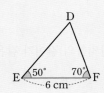

대응하는 한 변의 길이가 같고, 그 양 끝 각 의 크기가 각각 같다.

→ $\angle\text{B}=\angle\text{E}$, $\overline{\text{BC}}=\overline{\text{EF}}$, $\angle\text{C}=\angle\text{F}$
　　 A　　　　 S　　　　 A

→ $\triangle\text{ABC}\equiv\triangle\text{DEF}$ (ASA 합동)

개념 POINT

삼각형의 합동 조건

세 변
• SSS 합동

두 변
• SAS 합동
　끼인각

한 변
• ASA 합동
　양 끝 각

❋ 다음 그림의 두 삼각형이 서로 합동일 때, ☐ 안에 알맞은 것을 써넣으시오.

01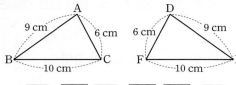

→ $\overline{\text{AB}}=\boxed{}$, $\overline{\text{BC}}=\boxed{}$, $\boxed{}=\overline{\text{DF}}$

∴ $\triangle\text{ABC}\equiv\triangle\text{DEF}$ ($\boxed{}$ 합동)

02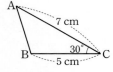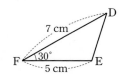

→ $\overline{\text{AC}}=\boxed{}$, $\angle\text{C}=\boxed{}$, $\boxed{}=\overline{\text{EF}}$

∴ $\triangle\text{ABC}\equiv\triangle\text{DEF}$ ($\boxed{}$ 합동)

03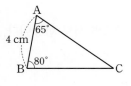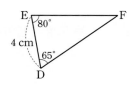

→ $\boxed{}=\angle\text{D}$, $\boxed{}=\overline{\text{DE}}$, $\angle\text{B}=\boxed{}$

∴ $\triangle\text{ABC}\equiv\triangle\text{DEF}$ ($\boxed{}$ 합동)

❋ 다음 보기의 삼각형 중 합동인 삼각형을 찾아 기호로 나타 내려고 한다. ☐ 안에 알맞은 것을 써넣으시오.

보기

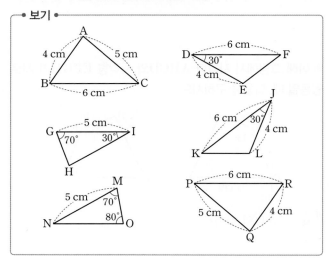

04 $\triangle\text{ABC}\equiv\boxed{}$ ($\boxed{}$ 합동)

05 $\triangle\text{DEF}\equiv\boxed{}$ ($\boxed{}$ 합동)

06 $\triangle\text{GHI}\equiv\boxed{}$ ($\boxed{}$ 합동)

삼각형의 세 각의 크기의 합이 180°임을 이용해서 ∠N의 크기를 구해 봐.

✿ 다음 그림에서 합동인 삼각형을 찾아 기호 ≡를 사용하여 나타내고, 그때의 합동 조건을 구하시오.

07

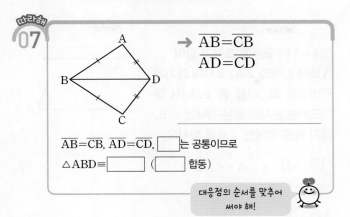

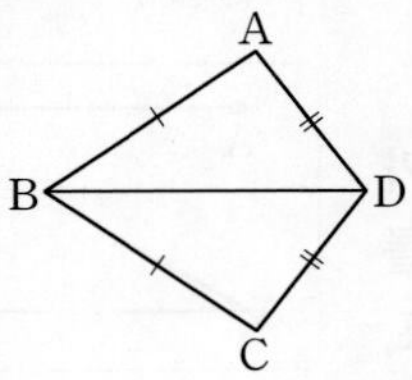

→ $\overline{AB}=\overline{CB}$
$\overline{AD}=\overline{CD}$

$\overline{AB}=\overline{CB}$, $\overline{AD}=\overline{CD}$, ☐는 공통이므로

△ABD≡ ☐ (☐ 합동)

> 대응점의 순서를 맞추어 써야 해!

08

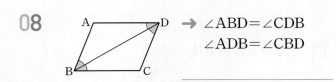

→ ∠ABD = ∠CDB
∠ADB = ∠CBD

09

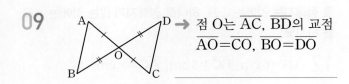

→ 점 O는 $\overline{AC}$, $\overline{BD}$의 교점
$\overline{AO}=\overline{CO}$, $\overline{BO}=\overline{DO}$

✿ 다음 조건 중 아래 그림의 △ABC와 △DEF가 합동인 것에는 ○표, 합동이 아닌 것에는 ×표를 하시오.

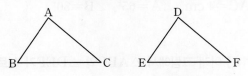

10 $\overline{AB}=\overline{DE}$, $\overline{BC}=\overline{EF}$, $\overline{AC}=\overline{DF}$　(　　)

11 $\overline{AB}=\overline{DE}$, $\overline{AC}=\overline{DF}$, ∠A=∠D　(　　)

12 $\overline{AB}=\overline{DE}$, $\overline{BC}=\overline{EF}$, ∠C=∠F　(　　)

13 $\overline{AC}=\overline{DF}$, ∠A=∠D, ∠B=∠E　(　　)

> ∠A, ∠B의 크기를 알면 ∠C의 크기를 구할 수 있어.

14 ∠A=∠D, ∠B=∠E, ∠C=∠F　(　　)

✿ 아래 그림에서 △ABC≡△DEF가 되기 위해 더 필요한 나머지 한 조건이 될 수 있는 것을 다음 보기에서 모두 고르시오.

• 보기 •
ㄱ. $\overline{AB}=\overline{DE}$ 　　　ㄴ. $\overline{BC}=\overline{EF}$
ㄷ. $\overline{AC}=\overline{DF}$ 　　　ㄹ. ∠A=∠D
ㅁ. ∠B=∠E 　　　ㅂ. ∠C=∠F

15

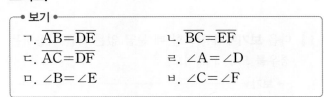

$\overline{AB}=\overline{DE}$, $\overline{BC}=\overline{EF}$

(1) SSS 합동이 되기 위해 필요한 조건

→ 나머지 한 변의 길이가 같아야 하므로

$\overline{AC}=$ ☐ → ☐

(2) SAS 합동이 되기 위해 필요한 조건

→ 끼인각의 크기가 같아야 하므로

∠B= ☐ → ☐

> S는 변!
> A는 각!

16

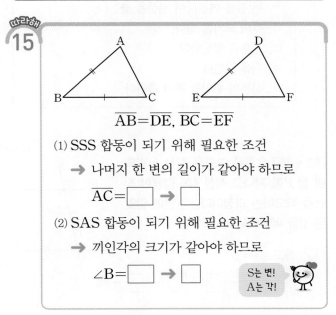

$\overline{AB}=\overline{DE}$, ∠A=∠D

(1) SAS 합동이 되기 위해 필요한 조건

→ ☐

(2) ASA 합동이 되기 위해 필요한 조건

→ ☐ 또는 ☐

17

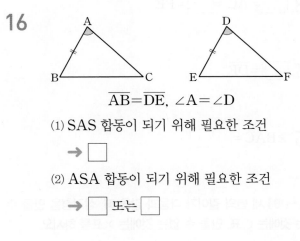

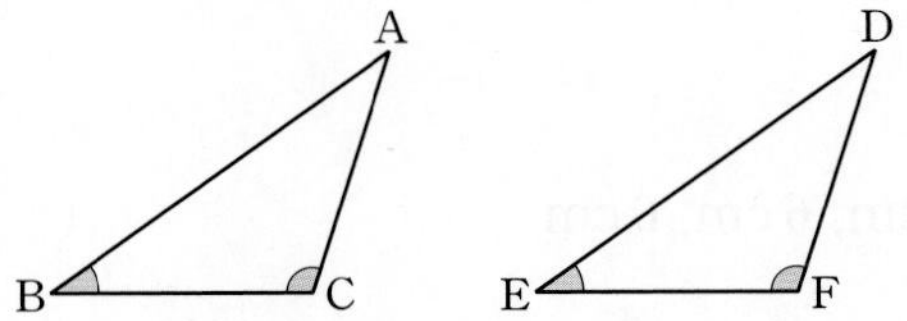

∠B=∠E, ∠C=∠F

ASA 합동이 되기 위해 필요한 조건

→ ☐ 또는 ☐ 또는 ☐

10분 연산 TEST 1회

01 다음 **보기**에서 작도할 때 눈금 없는 자를 사용하는 경우를 모두 고르시오.

```
• 보기 •
ㄱ. 두 점을 연결하여 선분을 긋는다.
ㄴ. 각의 크기를 잰다.
ㄷ. 선분을 연장한다.
ㄹ. 원을 그린다.
ㅁ. 선분의 길이를 재어 옮긴다.
```

[02~05] 오른쪽 그림은 직선 l 밖의 한 점 P를 지나고 직선 l에 평행한 직선을 작도하는 과정이다. □ 안에 알맞은 것을 써넣으시오.

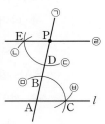

02 작도 순서 :

$$ㄱ → \boxed{} → \boxed{} → \boxed{} → \boxed{} → ㄹ$$

03 $\boxed{}=\overline{AC}=\boxed{}=\overline{PE}$

04 $\boxed{}=\overline{DE}$

05 $\angle BAC=\boxed{}$

[06~08] 세 변의 길이가 다음과 같을 때, 삼각형을 만들 수 있는 것에는 ○표, 만들 수 없는 것에는 ×표를 하시오.

06 5 cm, 5 cm, 10 cm ( )

07 6 cm, 6 cm, 6 cm ( )

08 7 cm, 8 cm, 11 cm ( )

[09~11] 오른쪽 그림과 같이 $\overline{AB}$의 길이와 $\angle A$, $\angle B$의 크기가 주어졌을 때, 다음 중 $\triangle ABC$를 작도하는 순서로 옳은 것에는 ○표, 옳지 않은 것에는 ×표를 하시오.

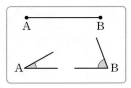

09 $\overline{AB} → \angle A → \angle B$ ( )

10 $\angle A → \overline{AB} → \angle B$ ( )

11 $\angle A → \angle B → \overline{AB}$ ( )

[12~14] 다음과 같은 조건이 주어질 때, $\triangle ABC$가 하나로 정해지는 것에는 ○표, 하나로 정해지지 않는 것에는 ×표를 하시오.

12 $\overline{AB}=6$ cm, $\overline{BC}=3$ cm, $\overline{AC}=8$ cm ( )

13 $\overline{AB}=5$ cm, $\overline{BC}=7$ cm, $\angle C=30°$ ( )

14 $\overline{AC}=4$ cm, $\angle A=65°$, $\angle B=30°$ ( )

[15~16] 아래 그림에서 $\triangle ABC$와 $\triangle DEF$가 서로 합동일 때, 다음을 구하시오.

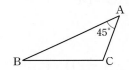 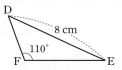

15 $\overline{AB}$의 길이

16 $\angle E$의 크기

17 오른쪽 그림에서 $\overline{AM}\perp\overline{BC}$, $\overline{BM}=\overline{CM}$일 때, 합동인 삼각형을 찾아 기호 ≡를 사용하여 나타내고, 그때의 합동 조건을 구하시오.

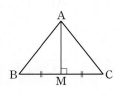

맞힌 개수 [ ]개 / 17개

10분 연산 TEST 2회

01 다음 **보기**에서 작도할 때 컴퍼스를 사용하는 경우를 모두 고르시오.

• 보기 •

ㄱ. 원을 그린다.

ㄴ. 각의 크기를 잰다.

ㄷ. 선분의 길이를 잰다.

ㄹ. 주어진 선분을 연장한다.

ㅁ. 두 점을 연결하여 선분을 긋는다.

[02~05] 오른쪽 그림은 직선 l 밖의 한 점 P를 지나고 직선 l에 평행한 직선을 작도하는 과정이다. □ 안에 알맞은 것을 써넣으시오.

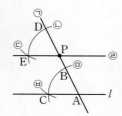

02 작도 순서 :

ㄱ → □ → □ → □ → □ → ㄹ

03 □=$\overline{AC}$=$\overline{PD}$=□

04 □=$\overline{DE}$

05 ∠BAC=□

[06~08] 세 변의 길이가 다음과 같을 때, 삼각형을 만들 수 있는 것에는 ○표, 만들 수 없는 것에는 ×표를 하시오.

06 7 cm, 7 cm, 6 cm ( )

07 4 cm, 8 cm, 3 cm ( )

08 9 cm, 9 cm, 9 cm ( )

[09~11] 오른쪽 그림과 같이 $\overline{AB}$, $\overline{BC}$의 길이와 ∠B의 크기가 주어졌을 때, 다음 중 △ABC를 작도하는 순서로 옳은 것에는 ○표, 옳지 않은 것에는 ×표를 하시오.

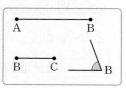

09 $\overline{AB}$ → $\overline{BC}$ → ∠B ( )

10 $\overline{BC}$ → ∠B → $\overline{AB}$ ( )

11 $\overline{AB}$ → ∠B → $\overline{BC}$ ( )

[12~14] 다음과 같은 조건이 주어질 때, △ABC가 하나로 정해지는 것에는 ○표, 하나로 정해지지 않는 것에는 ×표를 하시오.

12 $\overline{AB}$=5 cm, $\overline{BC}$=9 cm, $\overline{AC}$=11 cm ( )

13 $\overline{AC}$=4 cm, $\overline{BC}$=3 cm, ∠A=45° ( )

14 $\overline{AB}$=6 cm, ∠A=55°, ∠C=35° ( )

[15~16] 아래 그림에서 △ABC와 △DEF가 서로 합동일 때, 다음을 구하시오.

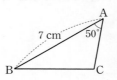 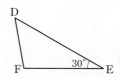

15 $\overline{DE}$의 길이

16 ∠C의 크기

17 오른쪽 그림에서 ∠ABD=∠CBD, $\overline{AB}$=$\overline{CB}$일 때, 합동인 삼각형을 찾아 기호 ≡를 사용하여 나타내고, 그때의 합동 조건을 구하시오.

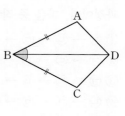

맞힌 개수 | 개/17개

스스로 개념 점검

2. 작도와 합동

(1) ☐ : 눈금 없는 자와 컴퍼스만을 사용하여 도형을 그리는 것

(2) 삼각형 ABC : 세 꼭짓점이 A, B, C인 삼각형 **기호** ☐

　① ☐ : 한 각과 마주 보는 변

　② ☐ : 한 변과 마주 보는 각

(3) △ABC와 △DEF가 서로 합동일 때, 기호로
　△ABC ☐ △DEF와 같이 나타낸다.

(4) 삼각형의 합동 조건 : 다음의 각 경우에 두 삼각형은 서로 합동이다.

　① 대응하는 세 ☐ 의 길이가 각각 같을 때 (☐ 합동)

　② 대응하는 두 ☐ 의 길이가 각각 같고, 그 ☐ 의 크기가
　　같을 때 (☐ 합동)

　③ 대응하는 한 ☐ 의 길이가 같고, 그 ☐ 의 크기가 각각
　　같을 때 (☐ 합동)

01

다음 중 작도에 대한 설명으로 옳지 <u>않은</u> 것은?

① 눈금 없는 자와 컴퍼스만을 사용한다.
② 원을 그릴 때는 컴퍼스를 사용한다.
③ 두 점을 연결할 때는 눈금 없는 자를 사용한다.
④ 선분의 길이를 옮길 때는 컴퍼스를 사용한다.
⑤ 선분의 길이를 잴 때는 눈금 없는 자를 사용한다.

02

오른쪽 그림은 ∠XOY와 크기가 같고 $\overrightarrow{PQ}$를 한 변으로 하는 각을 작도하는 과정이다. 다음 중 작도 순서를 바르게 나열한 것은?

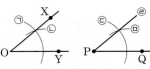

① ㉠ → ㉡ → ㉢ → ㉣ → ㉤
② ㉠ → ㉢ → ㉡ → ㉤ → ㉣
③ ㉠ → ㉢ → ㉤ → ㉡ → ㉣
④ ㉡ → ㉠ → ㉢ → ㉤ → ㉣
⑤ ㉡ → ㉢ → ㉠ → ㉢ → ㉣

03 출제율 80%

오른쪽 그림은 직선 l 위에 있지 않은 한 점 P를 지나고 직선 l에 평행한 직선을 작도한 것이다. 다음 중 옳지 않은 것을 모두 고르면? (정답 2개)

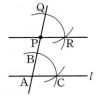

① $\overline{AB}=\overline{BC}$
② $\overline{AC}=\overline{PQ}$
③ $\overline{BC}=\overline{QR}$
④ ∠BAC = ∠QPR
⑤ '서로 다른 두 직선이 한 직선과 만날 때, 엇각의 크기가 같으면 두 직선은 평행하다.'는 성질을 이용한 것이다.

04

다음 중 삼각형의 세 변의 길이가 될 수 있는 것을 모두 고르면? (정답 2개)

① 2 cm, 3 cm, 7 cm
② 4 cm, 7 cm, 9 cm
③ 5 cm, 6 cm, 11 cm
④ 8 cm, 8 cm, 8 cm
⑤ 9 cm, 9 cm, 20 cm

05 ⚠ 실수 주의

삼각형의 세 변의 길이가 4 cm, 7 cm, x cm일 때, 다음 중 x의 값이 될 수 <u>없는</u> 것은?

① 4　　　　② 6　　　　③ 8
④ 10　　　　⑤ 12

06 출제율 85%

$\overline{AB}=4$ cm, $\overline{AC}=5$ cm일 때, △ABC가 하나로 정해지기 위해 더 필요한 나머지 한 조건이 될 수 있는 것을 **보기**에서 모두 고른 것은?

─ 보기 ─
ㄱ. $\overline{BC}=6$ cm   ㄴ. $\overline{BC}=9$ cm
ㄷ. $\angle A=90°$ ㄹ. $\angle C=45°$

① ㄱ, ㄴ   ② ㄱ, ㄷ   ③ ㄴ, ㄷ
④ ㄴ, ㄹ   ⑤ ㄷ, ㄹ

07

다음 그림에서 사각형 ABCD와 사각형 EFGH가 서로 합동일 때, $x+y$의 값은?

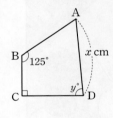

① 91   ② 93   ③ 95
④ 98   ⑤ 100

08

다음 중 두 도형이 항상 합동이 <u>아닌</u> 것은?
① 둘레의 길이가 같은 두 정삼각형
② 넓이가 같은 두 원
③ 넓이가 같은 두 정사각형
④ 반지름의 길이가 같은 두 부채꼴
⑤ 한 변의 길이가 같은 두 정삼각형

09

다음 중 오른쪽 그림의 삼각형과 합동인 삼각형은?

①

②

③

④

⑤

10 서술형

오른쪽 그림에서 점 O가 $\overline{AC}$, $\overline{BD}$의 중점일 때, $\angle C$의 크기를 구하시오.

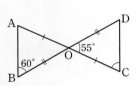

채점기준 1 △OAB와 합동인 삼각형 찾기

채점기준 2 ∠D의 크기 구하기

채점기준 3 ∠C의 크기 구하기

다른 부분은 모두 11곳이야!

정답

Ⅱ

평면도형의 성질

 평면도형의 성질은 왜 배우나요?

우리 주변의 사물 모양은 여러 가지
평면도형과 입체도형으로 나누어질 수 있어요.
또, 평면도형의 고유한 성질을 이해하면
여러 실생활 문제를 해결할 수 있지요.

다각형

개념 Q&A

01 다각형

(1) **다각형** : 3개 이상의 선분으로 둘러싸인 평면도형

→ 선분이 3개, 4개, ..., n개인 다각형을 각각 삼각형, 사각형, ..., n각형이라 한다.

① **변** : 다각형을 이루는 각 선분

② **꼭짓점** : 다각형의 변과 변이 만나는 점

③ **내각** : 다각형에서 이웃한 두 변이 이루는 내부의 각

④ **외각** : 다각형의 한 내각의 꼭짓점에서 한 변과 다른 한 변의 연장선이 이루는 각

(2) **정다각형** : 모든 변의 길이가 같고 모든 내각의 크기가 같은 다각형

→ 변이 3개, 4개, ..., n개인 정다각형을 각각 정삼각형, 정사각형, ..., 정n각형이라 한다.

(3) **대각선** : 다각형에서 이웃하지 않는 두 꼭짓점을 이은 선분

(4) **대각선의 개수**

꼭짓점의 개수 ─┐   ┌─ 한 꼭짓점에서 그을 수 있는 대각선의 개수

n각형의 대각선의 개수는 $\dfrac{n(n-3)}{2}$ (단, $n \geq 4$)

└─ 한 대각선을 2번씩 세었으므로 2로 나눈다.

[예] 오각형의 대각선의 개수는 $\dfrac{5 \times (5-3)}{2} = 5$

02 다각형의 내각과 외각

(1) 삼각형의 세 내각의 크기의 합은 180°이다.

→ △ABC에서 ∠A + ∠B + ∠C = 180°

(2) 삼각형의 한 외각의 크기는 그와 이웃하지 않는 두 내각의 크기의 합과 같다.

→ △ABC에서 ∠ACD = ∠A + ∠B

(3) **다각형의 내각의 크기의 합**

┌─ 삼각형의 내각의 크기의 합

n각형의 내각의 크기의 합은 $180° \times (n-2)$

한 꼭짓점에서 대각선을 모두
그었을 때 생기는 삼각형의 개수

(4) **다각형의 외각의 크기의 합**

n각형의 외각의 크기의 합은 항상 360°이다.

(5) **정다각형의 한 내각의 크기**

┌─ 정n각형의 내각의 크기의 합

정n각형의 한 내각의 크기는 $\dfrac{180° \times (n-2)}{n}$ ← 꼭짓점의 개수

(6) **정다각형의 한 외각의 크기**

┌─ 정n각형의 외각의 크기의 합

정n각형의 한 외각의 크기는 $\dfrac{360°}{n}$ ← 꼭짓점의 개수

Q. 다각형의 한 꼭짓점에서 내각의 크기와 외각의 크기의 합은 얼마일까?

A. 180°이다.

Q. n각형의 대각선의 개수는 왜 $n \geq 4$인 경우에만 생각할까?

A. 다각형에서 이웃하는 두 꼭짓점을 이은 선분은 대각선이 아니라 변이다. 삼각형에서는 세 꼭짓점이 모두 서로 이웃하므로 대각선을 그을 수 없다.
따라서 대각선은 변이 4개 이상인 다각형에서만 생각한다.

Q. 정다각형의 한 내각의 크기를 구할 때, 왜 꼭짓점의 개수로 나눌까?

A. 정다각형은 모든 내각의 크기가 같으므로 내각의 크기의 합을 꼭짓점의 개수로 나누면 한 내각의 크기를 구할 수 있다.
마찬가지로 외각의 크기의 합을 꼭짓점의 개수로 나누면 한 외각의 크기를 구할 수 있다.

 **VISUAL 개념연산 다각형**

➡ 정답 및 풀이 27쪽

(1) **다각형** : 3개 이상의 선분으로 둘러싸인 평면도형
(2) **내각** : 다각형에서 이웃한 두 변이 이루는 내부의 각
(3) **외각** : 다각형의 한 내각의 꼭짓점에서 한 변과 다른 한 변의 연장선이 이루는 각

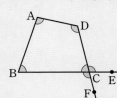

- 변 → $\overline{AB}$, $\overline{BC}$, $\overline{CD}$, $\overline{DA}$
- 꼭짓점 → 점 A, 점 B, 점 C, 점 D
- 내각 → ∠A, ∠B, ∠C, ∠D
- ∠C의 외각 → ∠DCE, ∠BCF

개념 POINT

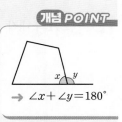
→ $\angle x + \angle y = 180°$

참고 다각형에서 한 내각에 대한 외각은 2개이지만 서로 맞꼭지각으로 그 크기가 같으므로 두 개 중 하나만 생각한다.

❋ 다음 중 다각형인 것에는 ○표, 다각형이 아닌 것에는 ×표를 하시오.

01
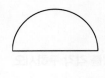
(　　　)

02

(　　　)

03
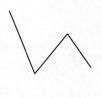
(　　　)

04
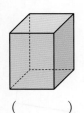
(　　　)

05 다음 표를 완성하시오.

한 다각형의 변의 개수와 꼭짓점의 개수는 같아!

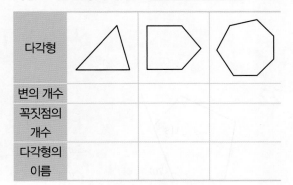

다각형			
변의 개수			
꼭짓점의 개수			
다각형의 이름			

❋ 오른쪽 그림의 사각형 ABCD에 대하여 다음 용어에 해당되는 부분을 ㉠~㉣ 중에서 찾아 쓰시오.

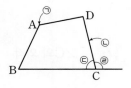

06 변 _____

07 꼭짓점 _____

08 내각 _____

09 ∠C의 외각 _____

❋ 다음 그림의 다각형에서 ∠B의 외각을 표시하시오.

10
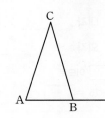

11
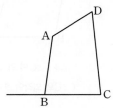

✿ 오른쪽 그림과 같은 오각형 ABCDE에서 다음 각의 크기를 구하시오.

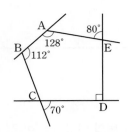

12 ∠A의 내각

_____

13 ∠B의 내각 _____

14 ∠C의 외각 _____

15 ∠D의 내각 _____

16 ∠E의 외각 _____

✿ 다음 그림과 같은 다각형에서 ∠C의 내각의 크기와 외각의 크기를 각각 구하시오.

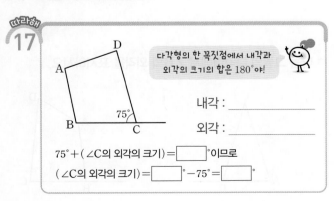

17

내각 : _____

외각 : _____

다각형의 한 꼭짓점에서 내각과 외각의 크기의 합은 180°야!

$75° + (∠C의 외각의 크기) = \boxed{}°$이므로

$(∠C의 외각의 크기) = \boxed{}° - 75° = \boxed{}$

18

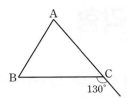

내각 : _____

외각 : _____

19

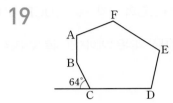

내각 : _____

외각 : _____

✿ 다음 그림에서 ∠x, ∠y의 크기를 각각 구하시오.

20

∠x = _____

∠y = _____

21

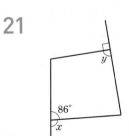

∠x = _____

∠y = _____

22

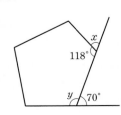

∠x = _____

∠y = _____

정다각형

다음 조건을 만족시키는 다각형을 구해 보자.

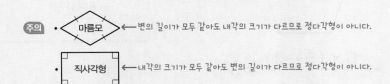

㈎ 5개의 선분으로 둘러싸여 있다. → 오각형
㈏ 모든 변의 길이가 같다. ┐
㈐ 모든 내각의 크기가 같다. ┘→ 정다각형

→ 정오각형

개념 POINT

정다각형
→ 모든 변의 길이가 같고 모든 내각의 크기가 같다.

주의
• 마름모 ← 변의 길이가 모두 같아도 내각의 크기가 다르므로 정다각형이 아니다.
• 직사각형 ← 내각의 크기가 모두 같아도 변의 길이가 다르므로 정다각형이 아니다.

변이 3개, 4개, ..., n개인 정다각형을 각각 정삼각형, 정사각형, ..., 정n각형이라 해.

❋ 다음 중 옳은 것에는 ○표, 옳지 않은 것에는 ×표를 하시오.

01 정다각형은 모든 변의 길이가 같다. ( )

02 정다각형은 모든 내각의 크기가 같다. ( )

03 모든 변의 길이가 같으면 정다각형이다. ( )

04 모든 내각의 크기가 같으면 정다각형이다. ( )

05 세 변의 길이가 같은 삼각형은 정삼각형이다. ( )

세 변의 길이가 같은 삼각형은 세 내각의 크기도 같아.

06 네 내각의 크기가 모두 같은 사각형은 정사각형이다. ( )

❋ 다음 조건을 만족시키는 다각형을 구하시오.

따라해 07

㈎ 8개의 선분으로 둘러싸여 있다.
㈏ 모든 변의 길이가 같다.
㈐ 모든 내각의 크기가 같다.

조건 ㈎에서 → [ ]
조건 ㈏, ㈐에서 → [ ] → [ ]

08

㈎ 꼭짓점의 수가 6개이다.
㈏ 모든 변의 길이가 같다.
㈐ 모든 내각의 크기가 같다.

09

㈎ 7개의 내각을 가지고 있다.
㈏ 모든 변의 길이가 같고, 모든 내각의 크기가 같다.

❶ 오각형의 한 꼭짓점에서 그을 수 있는 대각선의 개수 구하기

이웃하는 꼭짓점

자기 자신

대각선

→ $5-3=2$

3개

자기 자신과 그와 이웃하는 두 꼭짓점 으로는 대각선을 그을 수 없어.

❷ 오각형의 대각선의 개수 구하기

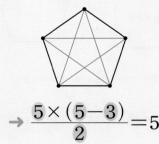

→ $\dfrac{5\times(5-3)}{2}=5$

한 대각선을 2번씩 세었으므로 2로 나누어야 해.

개념 POINT

n각형에 대하여
① 한 꼭짓점에서 그을 수 있는 대각선의 개수
→ $n-3$
② n각형의 대각선의 개수
→ $\dfrac{n(n-3)}{2}$

✱ 다음 다각형의 꼭짓점 A에서 그을 수 있는 대각선을 모두 그리고, 표를 완성하시오.

	다각형	꼭짓점의 개수	한 꼭짓점에서 그을 수 있는 대각선의 개수	대각선의 개수
01	A	4		
02	A	5		
03	A	6		
04	A	7		

✱ 한 꼭짓점에서 그을 수 있는 대각선의 개수가 다음과 같은 다각형을 구하시오.

따라해
05
4 _____

구하는 다각형을 n각형이라 하면

$n-\boxed{}=4$에서 $n=\boxed{}$

따라서 구하는 다각형은 $\boxed{}$이다.

06 7 _____

07 9 _____

08 11 _____

09 13 _____

✿ 다음 다각형의 대각선의 개수를 구하시오.

10 팔각형

→ $\dfrac{8 \times (8 - \boxed{})}{2} = \boxed{}$

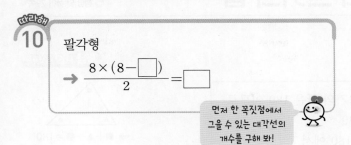

먼저 한 꼭짓점에서 그을 수 있는 대각선의 개수를 구해 봐!

11 십각형 _____

12 십이각형 _____

13 십사각형 _____

14 십오각형 _____

15 이십각형 _____

✿ 대각선의 개수가 다음과 같은 다각형을 구하시오.

16 14

구하는 다각형을 n각형이라 하면

$\dfrac{n(n - \boxed{})}{2} = 14$에서

$n(n - \boxed{}) = 28 = \boxed{} \times 4$

$\therefore n = \boxed{}$

따라서 구하는 다각형은 $\boxed{}$이다.

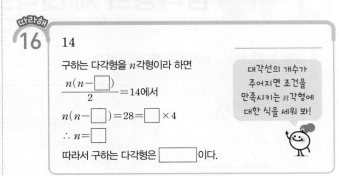

대각선의 개수가 주어지면 조건을 만족시키는 n각형에 대한 식을 세워 봐!

17 9 _____

18 27 _____

19 44 _____

20 65 _____

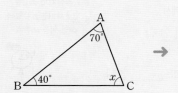

➲ 정답 및 풀이 29쪽

다음 그림에서 ∠x의 크기를 구해 보자.

개념 POINT

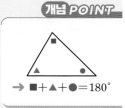

삼각형의 세 내각의 크기의 합은 180°이므로
∠A+∠B+∠C=180°
즉, 70°+40°+∠x=180°에서
∠x=180°−(70°+40°)=70°

❀ 다음 그림에서 ∠x의 크기를 구하시오.

01

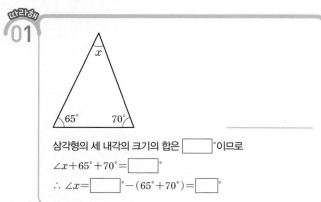

삼각형의 세 내각의 크기의 합은 ☐°이므로

∠x+65°+70°=☐°

∴ ∠x=☐°−(65°+70°)=☐°

02

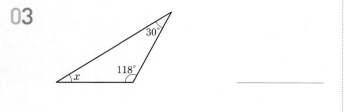

03

04

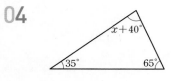

05

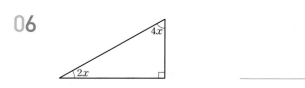

06

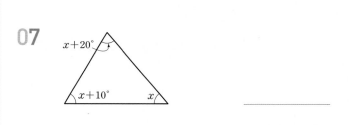

07

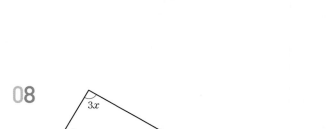

08

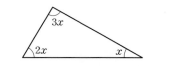

✿ 다음 그림에서 ∠x의 크기를 구하시오.

09

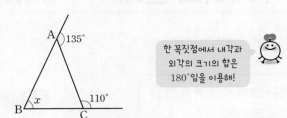

한 꼭짓점에서 내각과 외각의 크기의 합은 180°임을 이용해!

_____

10

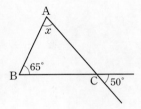

맞꼭지각의 크기는 같음을 이용해.

_____

11

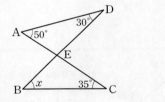

_____

12

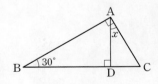

△ABD에서 ∠BAD의 크기를 먼저 구해 봐.

_____

13

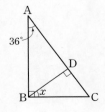

_____

✿ 삼각형의 세 내각의 크기의 비가 다음과 같을 때, 가장 큰 내각의 크기를 구하시오.

14 따라해

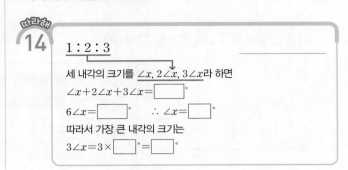

$1:2:3$

세 내각의 크기를 ∠x, $2∠x$, $3∠x$라 하면

∠$x+2∠x+3∠x=\boxed{}°$

$6∠x=\boxed{}°$ ∴ ∠$x=\boxed{}°$

따라서 가장 큰 내각의 크기는

$3∠x=3×\boxed{}°=\boxed{}°$

15 $2:3:4$ _____

16 $3:4:5$ _____

✿ 다음 그림에서 ∠x의 크기를 구하시오.

17 따라해

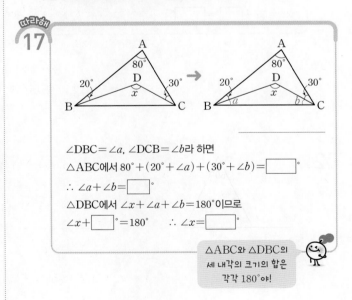

∠DBC$=∠a$, ∠DCB$=∠b$라 하면

△ABC에서 $80°+(20°+∠a)+(30°+∠b)=\boxed{}°$

∴ ∠$a+∠b=\boxed{}°$

△DBC에서 ∠$x+∠a+∠b=180°$이므로

∠$x+\boxed{}°=180°$ ∴ ∠$x=\boxed{}°$

△ABC와 △DBC의 세 내각의 크기의 합은 각각 180°야!

18

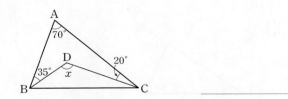

_____

05 VISUAL 개념연산 삼각형의 내각과 외각 사이의 관계

다음 그림에서 ∠x의 크기를 구해 보자.

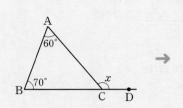

삼각형의 한 외각의 크기는 그와 이웃하지 않는 두 내각의 크기의 합과 같으므로

$$\angle ACD = \angle A + \angle B$$

↳∠C의 외각 ↳∠ACD와 이웃하지 않는 두 내각의 크기의 합

$$\therefore \ \angle x = 60° + 70° = 130°$$

개념 POINT

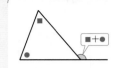

참고

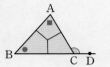 →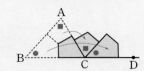

△ABC를 오려서 붙여 봐.

✽ 다음 그림에서 ∠x의 크기를 구하시오.

따라해 01

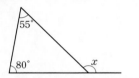

삼각형의 한 외각의 크기는 그와 이웃하지 않는 두 내각의 크기의
□과 같으므로

$$\angle x = 55° + \boxed{}° = \boxed{}°$$

04

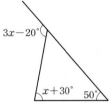

따라해 05

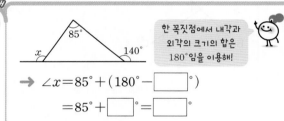

한 꼭짓점에서 내각과 외각의 크기의 합은 180°임을 이용해!

$$\to \ \angle x = 85° + (180° - \boxed{}°)$$

$$= 85° + \boxed{}° = \boxed{}°$$

02

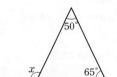

06

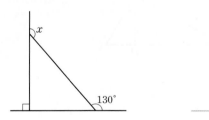

03

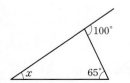

07

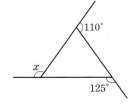

✿ 다음 그림에서 ∠BAD＝∠CAD일 때, ∠x의 크기를 구하시오.

08 따라해

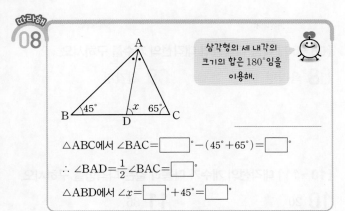

삼각형의 세 내각의
크기의 합은 $180°$임을
이용해.

△ABC에서 ∠BAC＝☐°－$(45°＋65°)$＝☐°

∴ ∠BAD＝$\frac{1}{2}$∠BAC＝☐°

△ABD에서 ∠x＝☐°＋$45°$＝☐°

09

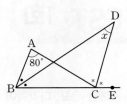

10

✿ 다음 그림에서 점 D는 ∠B의 이등분선과 ∠ACB의 외각의 이등분선의 교점일 때, ∠x의 크기를 구하시오.

11 따라해

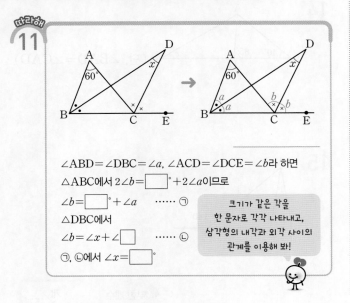

∠ABD＝∠DBC＝∠a, ∠ACD＝∠DCE＝∠b라 하면

△ABC에서 2∠b＝☐°＋2∠a이므로

∠b＝☐°＋∠a ······ ㉠

△DBC에서

∠b＝∠x＋☐ ······ ㉡

㉠, ㉡에서 ∠x＝☐°

크기가 같은 각을
한 문자로 각각 나타내고,
삼각형의 내각과 외각 사이의
관계를 이용해 봐!

12

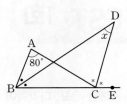

✿ 다음 그림에서 ∠x의 크기를 구하시오.

13 따라해

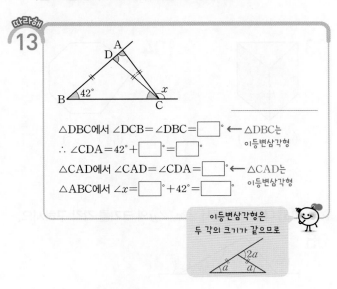

△DBC에서 ∠DCB＝∠DBC＝☐° ← △DBC는 이등변삼각형

∴ ∠CDA＝$42°$＋☐°＝☐°

△CAD에서 ∠CAD＝∠CDA＝☐° ← △CAD는 이등변삼각형

△ABC에서 ∠x＝☐°＋$42°$＝☐°

이등변삼각형은
두 각의 크기가 같으므로

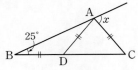

14

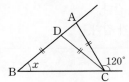

15

[01~04] 다음 중 다각형인 것에는 ○표, 다각형이 아닌 것에는 ×표를 하시오.

01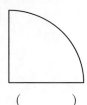

( )

02

( )

03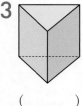

( )

04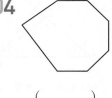

( )

[05~06] 다음 그림에서 ∠x, ∠y의 크기를 각각 구하시오.

05

06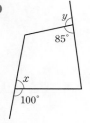

07 다음 조건을 만족시키는 다각형을 구하시오.

> (개) 꼭짓점의 수가 9개이다.
> (내) 모든 변의 길이가 같다.
> (대) 모든 내각의 크기가 같다.

[08~09] 다음 다각형의 대각선의 개수를 구하시오.

08 육각형

09 칠각형

[10~11] 대각선의 개수가 다음과 같은 다각형을 구하시오.

10 20

11 35

[12~15] 다음 그림에서 ∠x의 크기를 구하시오.

12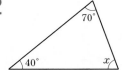

13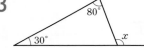

14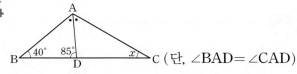

(단, ∠BAD=∠CAD)

15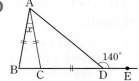

맞힌 개수 개 / 15개

10분 연산 TEST 2회

[01~04] 다음 중 다각형인 것에는 ○표, 다각형이 아닌 것에는 ×표를 하시오.

01

( )

02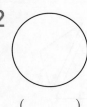

( )

03

( )

04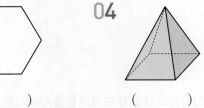

( )

[05~06] 다음 그림에서 ∠x, ∠y의 크기를 각각 구하시오.

05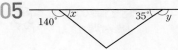

06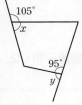

07 다음 조건을 만족시키는 다각형을 구하시오.

㉮ 5개의 내각을 가지고 있다.
㉯ 모든 변의 길이가 같다.
㉰ 모든 내각의 크기가 같다.

[08~09] 다음 다각형의 대각선의 개수를 구하시오.

08 구각형

09 십일각형

[10~11] 대각선의 개수가 다음과 같은 다각형을 구하시오.

10 54

11 77

[12~15] 다음 그림에서 ∠x의 크기를 구하시오.

12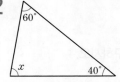

13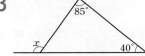

14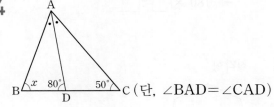

(단, ∠BAD=∠CAD)

15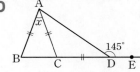

맞힌 개수 개 / 15개

06 VISUAL 개념연산 다각형의 내각의 크기의 합

① 오각형의 한 꼭짓점에서 대각선을 모두 그었을 때 생기는 삼각형의 개수 구하기

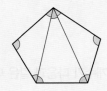

→ $5-2=3$

참고 n각형의 한 꼭짓점에서
① 그을 수 있는 대각선의 개수 : $n-3$
② 대각선을 모두 그어 생긴 삼각형의 개수 : $n-2$

② 오각형의 내각의 크기의 합 구하기

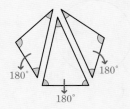

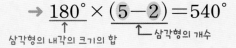

→ $\underset{\text{삼각형의 내각의 크기의 합}}{\underline{180°}} \times \underset{\text{삼각형의 개수}}{\underline{(5-2)}} = 540°$

개념 POINT

n각형에 대하여
① 한 꼭짓점에서 대각선을 모두 그어 생긴 삼각형의 개수 → $n-2$
② 내각의 크기의 합
→ $180° \times (n-2)$

✿ 아래 다각형에 대하여 다음을 구하시오.

01 사각형

n각형의 내각의 크기의 합은 나누어진 삼각형의 내각의 크기의 합과 같아.

(1) 한 꼭짓점에서 대각선을 모두 그었을 때 생기는 삼각형의 개수
→ $4 - \boxed{} = \boxed{}$

(2) 내각의 크기의 합
→ $180° \times \boxed{} = \boxed{}°$

02 칠각형

(1) 한 꼭짓점에서 대각선을 모두 그었을 때 생기는 삼각형의 개수
→ $7 - \boxed{} = \boxed{}$

(2) 내각의 크기의 합
→ $180° \times \boxed{} = \boxed{}°$

✿ 다음 다각형의 내각의 크기의 합을 구하시오.

따라해 03 육각형
→ $180° \times (6 - \boxed{}) = \boxed{}°$

육각형은 몇 개의 삼각형으로 나눌 수 있을까?

04 팔각형 _____

05 십이각형 _____

✿ 내각의 크기의 합이 다음과 같은 다각형을 구하시오.

따라해 06 1260° _____

구하는 다각형을 n각형이라 하면
$180° \times (n - \boxed{}) = 1260°$, $n - \boxed{} = 7$ ∴ $n = \boxed{}$
따라서 구하는 다각형은 $\boxed{}$이다.

07 1440° _____

08 2340° _____

✿ 다음 그림에서 ∠x의 크기를 구하시오.

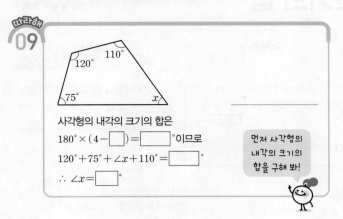

09

사각형의 내각의 크기의 합은
$180° \times (4 - \boxed{}) = \boxed{}$°이므로
$120° + 75° + ∠x + 110° = \boxed{}$°
∴ ∠$x = \boxed{}$°

> 먼저 사각형의 내각의 크기의 합을 구해 봐!

10

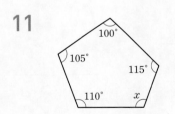

11

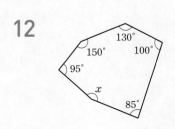

12

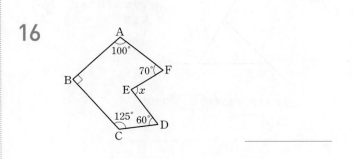

13

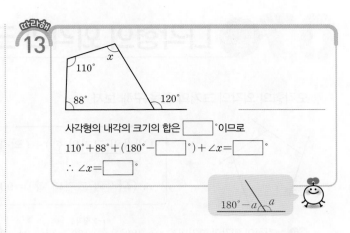

사각형의 내각의 크기의 합은 $\boxed{}$°이므로
$110° + 88° + (180° - \boxed{}°) + ∠x = \boxed{}$°
∴ ∠$x = \boxed{}$°

$180° - a$ ⟋ a

14

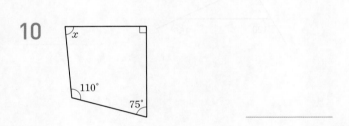

✿ 다음 그림에서 ∠x의 크기를 구하시오.

15

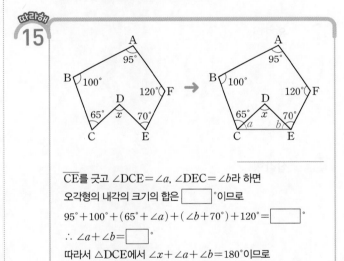

$\overline{CE}$를 긋고 ∠DCE = ∠a, ∠DEC = ∠b라 하면
오각형의 내각의 크기의 합은 $\boxed{}$°이므로
$95° + 100° + (65° + ∠a) + (∠b + 70°) + 120° = \boxed{}$°
∴ ∠a + ∠b = $\boxed{}$°
따라서 △DCE에서 ∠x + ∠a + ∠b = 180°이므로
∠x + $\boxed{}$° = 180° ∴ ∠x = $\boxed{}$°

16

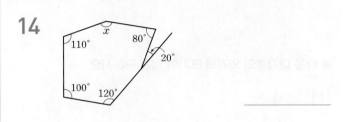

07 VISUAL 개념연산 다각형의 외각의 크기의 합

→ 정답 및 풀이 32쪽

오각형의 외각의 크기의 합을 구해 보자.

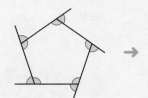

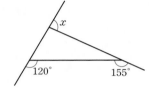

$$(\text{내각의 크기의 합}) + (\text{외각의 크기의 합}) = 180° \times 5$$
$$\downarrow 180° \times (5-2) = 540° \qquad \downarrow 900°$$

$$\therefore (\text{외각의 크기의 합}) = 900° - 540° = 360°$$

개념 POINT

n각형의 외각의 크기의 합
→ 360°

참고 n각형의 외각의 크기의 합 → $\underset{\downarrow \text{평각}}{180°} \times \overset{\text{평각의 개수}}{n} - \underset{\downarrow n\text{각형의 내각의 크기의 합}}{180° \times (n-2)} = 360°$

다각형의 외각의 크기의 합은
변의 개수와 상관없이 일정해.

❋ 다음 다각형의 외각의 크기의 합을 구하시오.

01 사각형 _____

02 육각형 _____

03 십각형 _____

❋ 다음 그림에서 ∠x의 크기를 구하시오.

따라해
04

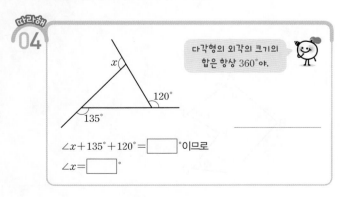

다각형의 외각의 크기의
합은 항상 360°야.

∠$x + 135° + 120° = \boxed{}$°이므로

∠$x = \boxed{}$°

05

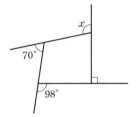

_____

06

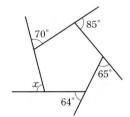

_____

07

_____

08

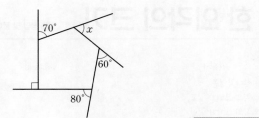

_____

09

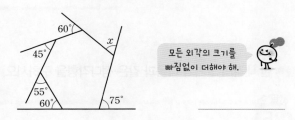

모든 외각의 크기를
빠짐없이 더해야 해.

_____

✱ 다음 그림에서 ∠x의 크기를 구하시오.

10

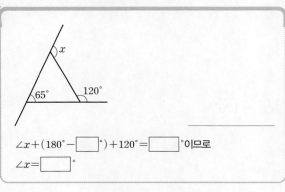

_____

∠x+(180°−☐°)+120°=☐°이므로

∠x=☐°

11

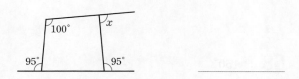

_____

12

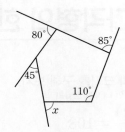

_____

13

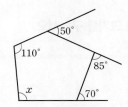

_____

14

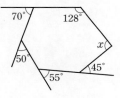

_____

15

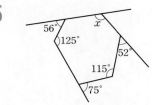

_____

08 VISUAL 개념연산 정다각형의 한 내각과 한 외각의 크기

➡ 정답 및 풀이 32쪽

(1) 정오각형의 한 내각의 크기를 구해 보자.

↙ 정오각형의 내각의 크기의 합

→ $\dfrac{180° \times (5-2)}{5} = 108°$

↖ 정오각형의 꼭짓점의 개수

(2) 정오각형의 한 외각의 크기를 구해 보자.

↙ 정오각형의 외각의 크기의 합

→ $\dfrac{360°}{5} = 72°$

↖ 정오각형의 꼭짓점의 개수

정다각형은 모든 내각의 크기가 같고, 모든 외각의 크기가 같아.

개념 POINT

(1) 정 n각형의 한 내각의 크기

→ $\dfrac{180° \times (n-2)}{n}$

(2) 정 n각형의 한 외각의 크기

→ $\dfrac{360°}{n}$

❋ 다음 정다각형의 한 내각의 크기를 구하시오.

따라해 01 정사각형

→ $\dfrac{180° \times (\boxed{}-2)}{\boxed{}} = \boxed{}°$

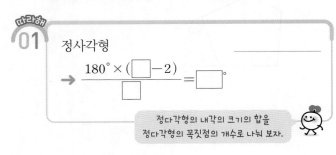

정다각형의 내각의 크기의 합을 정다각형의 꼭짓점의 개수로 나눠 보자.

02 정팔각형 _____

03 정십각형 _____

04 정이십각형 _____

❋ 한 내각의 크기가 다음과 같은 정다각형을 구하시오.

따라해 05 60°

구하는 정다각형을 정 n각형이라 하면

$\dfrac{180° \times (n-2)}{n} = \boxed{}°$에서

$180° \times n - 360° = \boxed{}° \times n$

$\boxed{}° \times n = 360°$ ∴ $n = \boxed{}$

따라서 구하는 정다각형은 _____이다.

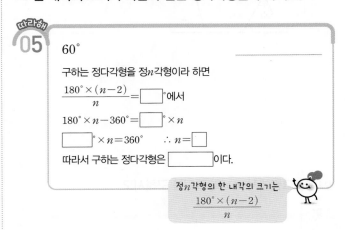

정 n각형의 한 내각의 크기는 $\dfrac{180° \times (n-2)}{n}$

06 120° _____

07 140° _____

08 150° _____

✿ 다음 정다각형의 한 외각의 크기를 구하시오.

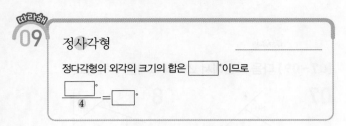

09 정사각형 _____

정다각형의 외각의 크기의 합은 ☐°이므로

$$\frac{☐°}{4} = ☐°$$

10 정팔각형 _____

11 정십각형 _____

12 정십오각형 _____

13 정이십각형 _____

✿ 한 외각의 크기가 다음과 같은 정다각형을 구하시오.

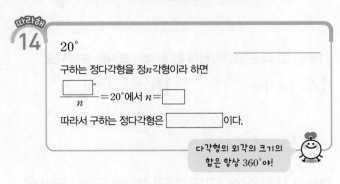

14 20° _____

구하는 정다각형을 정 n 각형이라 하면

$$\frac{☐°}{n} = 20°$$ 에서 $n = ☐$

따라서 구하는 정다각형은 ☐ 이다.

다각형의 외각의 크기의
합은 항상 360°야!

15 30° _____

16 40° _____

17 60° _____

18 120° _____

✿ 한 내각의 크기와 한 외각의 크기의 비가 다음과 같은 정다각형을 구하시오.

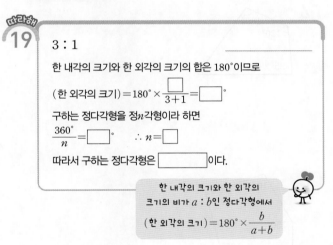

19 3 : 1 _____

한 내각의 크기와 한 외각의 크기의 합은 180°이므로

$$(\text{한 외각의 크기}) = 180° \times \frac{☐}{3+1} = ☐°$$

구하는 정다각형을 정 n 각형이라 하면

$$\frac{360°}{n} = ☐°$$ ∴ $n = ☐$

따라서 구하는 정다각형은 ☐ 이다.

한 내각의 크기와 한 외각의
크기의 비가 $a : b$ 인 정다각형에서
$$(\text{한 외각의 크기}) = 180° \times \frac{b}{a+b}$$

20 3 : 2 _____

21 7 : 2 _____

1O분 연산 TEST 1회

[01~03] 다음 다각형의 내각의 크기의 합을 구하시오.

01 오각형

02 구각형

03 십각형

[04~06] 다음 그림에서 ∠x의 크기를 구하시오.

04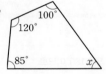

05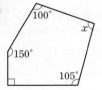

06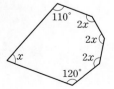

[07~09] 다음 그림에서 ∠x의 크기를 구하시오.

07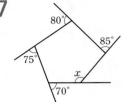

08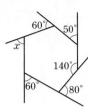

09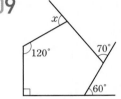

[10~11] 다음 정다각형의 한 내각의 크기를 구하시오.

10 정육각형   **11** 정구각형

[12~13] 한 내각의 크기가 다음과 같은 정다각형을 구하시오.

12 108°   **13** 135°

[14~15] 다음 정다각형의 한 외각의 크기를 구하시오.

14 정육각형   **15** 정십이각형

[16~17] 한 외각의 크기가 다음과 같은 정다각형을 구하시오.

16 45°   **17** 72°

맞힌 개수   개 / 17개

10분 연산 TEST 2회

[01~03] 다음 다각형의 내각의 크기의 합을 구하시오.

01 십일각형

02 십사각형

03 십오각형

[04~06] 다음 그림에서 ∠x의 크기를 구하시오.

04
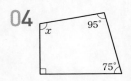

05
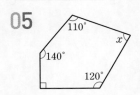

06
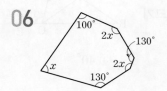

[07~09] 다음 그림에서 ∠x의 크기를 구하시오.

07 08
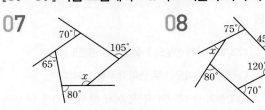

09
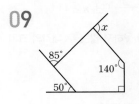

[10~11] 다음 정다각형의 한 내각의 크기를 구하시오.

10 정십이각형   11 정십오각형

[12~13] 한 내각의 크기가 다음과 같은 정다각형을 구하시오.

12 90°   13 144°

[14~15] 다음 정다각형의 한 외각의 크기를 구하시오.

14 정오각형   15 정구각형

[16~17] 한 외각의 크기가 다음과 같은 정다각형을 구하시오.

16 24°   17 36°

맞힌 개수   개／17개

스스로 개념 점검

1. 다각형

(1) ☐ : 3개 이상의 선분으로 둘러싸인 평면도형

(2) ☐ : 다각형에서 이웃한 두 변이 이루는 내부의 각

(3) ☐ : 다각형의 한 내각의 꼭짓점에서 한 변과 다른 한 변의 연장선이 이루는 각

(4) ☐ : 모든 변의 길이가 같고 모든 내각의 크기가 같은 다각형

(5) n각형의 대각선의 개수 : $\dfrac{n(\boxed{})}{2}$ (단, $n \geq 4$)

(6) 삼각형의 한 외각의 크기는 그와 이웃하지 않는 두 내각의 크기의 ☐과 같다.

(7) n각형의 내각의 크기의 합 : $180° \times (\boxed{})$

(8) 다각형의 외각의 크기의 합은 항상 ☐이다.

(9) 정n각형에서

① (한 내각의 크기) $= \dfrac{180° \times (\boxed{})}{\boxed{}}$

② (한 외각의 크기) $= \dfrac{\boxed{}}{\boxed{}}$

01
다음 중 다각형이 <u>아닌</u> 것을 모두 고르면? (정답 2개)

① 원 ② 정삼각형
③ 평행사변형 ④ 사각기둥
⑤ 육각형

02
다음 중 대각선의 개수가 90인 다각형은?

① 십삼각형 ② 십사각형
③ 십오각형 ④ 십육각형
⑤ 십칠각형

03 출제율 85%
한 꼭짓점에서 그을 수 있는 대각선의 개수가 8인 다각형의 대각선의 개수는?

① 20 ② 24 ③ 36
④ 40 ⑤ 44

04
오른쪽 그림에서 $\angle x$의 크기는?

① 15° ② 20°
③ 25° ④ 28°
⑤ 30°

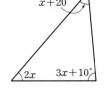

05 출제율 80%
오른쪽 그림에서 $\angle x$의 크기는?

① 35° ② 45°
③ 55° ④ 60°
⑤ 70°

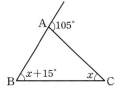

06
오른쪽 그림에서 $\overline{AB} = \overline{AC} = \overline{CD}$이고 $\angle DCE = 105°$일 때, $\angle x$의 크기는?

① 30° ② 35° ③ 40°
④ 45° ⑤ 50°

07

다음 설명 중 옳지 <u>않은</u> 것은?

① 삼각형은 대각선이 없다.
② 모든 변의 길이가 같은 다각형을 정다각형이라 한다.
③ 세 내각의 크기가 같은 삼각형은 정삼각형이다.
④ 다각형의 한 꼭짓점에서 내각의 크기와 외각의 크기의 합은 180°이다.
⑤ 다각형의 한 꼭짓점에서 그을 수 있는 대각선의 개수는 꼭짓점의 개수보다 3만큼 작다.

08

한 꼭짓점에서 그을 수 있는 대각선의 개수가 5인 다각형의 내각의 크기의 합은?

① 540°   ② 720°   ③ 900°
④ 1080°   ⑤ 1260°

09

오른쪽 그림에서 ∠x의 크기는?

① 85°   ② 90°
③ 95°   ④ 100°
⑤ 105°

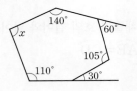

10

오른쪽 그림에서 ∠x의 크기는?

① 65°   ② 68°
③ 70°   ④ 72°
⑤ 75°

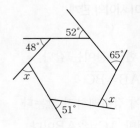

11

내각의 크기의 합이 1440°인 정다각형의 한 외각의 크기는?

① 24°   ② 30°   ③ 36°
④ 45°   ⑤ 54°

12   ⚠ 실수 주의

한 내각의 크기와 한 외각의 크기의 비가 2 : 1인 정다각형은?

① 정육각형   ② 정칠각형   ③ 정팔각형
④ 정구각형   ⑤ 정십각형

13   📋 서술형

한 꼭짓점에서 대각선을 모두 그으면 10개의 삼각형이 생기는 정다각형의 대각선의 개수와 한 내각의 크기를 차례로 구하시오.

채점기준 1 정다각형 구하기

채점기준 2 정다각형의 대각선의 개수 구하기

채점기준 3 정다각형의 한 내각의 크기 구하기

한눈에 쏙 개념 한바닥
원과 부채꼴

개념 Q&A

01 원과 부채꼴

(1) **원 O** : 평면 위의 한 점 O로부터 일정한 거리에 있는 모든 점으로 이루어진 도형
  → 원의 중심   → 반지름

(2) **호 AB** : 원 O 위의 두 점 A, B를 양 끝 점으로 하는 원의 일부분

  기호 $\widehat{AB}$

  참고 일반적으로 $\widehat{AB}$는 길이가 짧은 쪽의 호를 나타낸다.

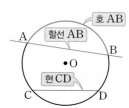

(3) **현 CD** : 원 O 위의 두 점 C, D를 이은 선분

(4) **할선 AB** : 원 O 위의 두 점 A, B를 지나는 직선

(5) **부채꼴 AOB** : 원 O에서 두 반지름 OA, OB와 호 AB로 이루어진 도형

(6) **중심각** : 부채꼴에서 두 반지름이 이루는 각, 즉 ∠AOB를 부채꼴 AOB의 중심각 또는 호 AB에 대한 중심각이라 한다.

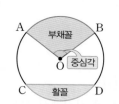

(7) **활꼴** : 현과 호로 이루어진 도형, 즉 원 O에서 현 CD와 호 CD로 이루어진 도형

Q. 원에서 길이가 가장 긴 현은 무엇일까?

A. 원의 중심을 지나는 현은 그 원의 지름이고, 지름은 길이가 가장 긴 현이다.

Q. 반원은 활꼴일까, 부채꼴일까?

A. 반원은 활꼴인 동시에 중심각의 크기가 180°인 부채꼴이다.

02 중심각의 크기와 호의 길이, 현의 길이 사이의 관계

(1) **부채꼴의 중심각의 크기와 호의 길이, 넓이 사이의 관계**

  한 원 또는 합동인 두 원에서

  ① 중심각의 크기가 같은 두 부채꼴의 호의 길이와 넓이는 각각 같다.

  → ∠AOB=∠COD이면 $\widehat{AB}=\widehat{CD}$

  → ∠AOB=∠COD이면
    (부채꼴 AOB의 넓이)=(부채꼴 COD의 넓이)

  ② 부채꼴의 호의 길이와 넓이는 각각 중심각의 크기에 정비례한다.

  예 (부채꼴 AOB의 넓이)=(부채꼴 COD의 넓이)
      =(부채꼴 DOE의 넓이)
    (부채꼴 COE의 넓이)=2×(부채꼴 AOB의 넓이)

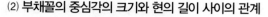

(2) **부채꼴의 중심각의 크기와 현의 길이 사이의 관계**

  한 원 또는 합동인 두 원에서

  ① 크기가 같은 중심각에 대한 현의 길이는 같다.

  → ∠AOB=∠BOC이면 $\overline{AB}=\overline{BC}$

  ② 현의 길이는 중심각의 크기에 정비례하지 않는다.

  → ∠AOC=2∠AOB이지만 $\overline{AC}\neq2\overline{AB}$이다.
    → $\overline{AC}<2\overline{AB}$

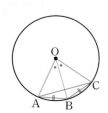

Q. 중심각의 크기에 정비례하지 않는 것에는 무엇이 있을까?

A. 현의 길이, 현과 두 반지름으로 이루어진 삼각형의 넓이, 활꼴의 넓이는 중심각의 크기에 정비례하지 않는다.

03 원의 둘레의 길이와 넓이

(1) **원주율** : 원의 지름의 길이에 대한 원의 둘레의 길이의 비율 　기호 π

$$(원주율) = \frac{(원의\ 둘레의\ 길이)}{(원의\ 지름의\ 길이)} = \pi$$

참고 원주율은 3.141592…로 불규칙하게 한없이 계속되는 소수이다.

(2) **원의 둘레의 길이와 넓이**

반지름의 길이가 r인 원의 둘레의 길이를 l, 넓이를 S라 하면

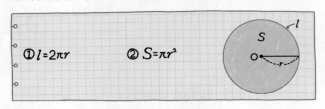

① $l = 2\pi r$　　　② $S = \pi r^2$

Q. 원주율은 원의 크기에 따라 그 값이 다를까?

A. 원주율은 원의 크기에 관계없이 항상 일정하다.

04 부채꼴의 호의 길이와 넓이

(1) **부채꼴의 호의 길이와 넓이**

반지름의 길이가 r, 중심각의 크기가 $x°$인 부채꼴의 호의 길이를 l, 넓이를 S라 하면

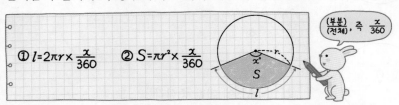

① $l = 2\pi r \times \dfrac{x}{360}$　　② $S = \pi r^2 \times \dfrac{x}{360}$

$\dfrac{(부분)}{(전체)}$, 즉 $\dfrac{x}{360}$

Q. 반지름의 길이가 r인 반원의 호의 길이와 넓이는 어떻게 구할까?

A. $(호의\ 길이) = 2\pi r \times \dfrac{1}{2} = \pi r$

$(넓이) = \pi r^2 \times \dfrac{1}{2} = \dfrac{1}{2}\pi r^2$

참고 반지름의 길이가 r, 중심각의 크기가 $x°$인 부채꼴의 호의 길이를 l, 넓이를 S라 하면

① 부채꼴의 호의 길이(l)

한 원에서 부채꼴의 호의 길이는 중심각의 크기에 정비례하므로

$360° : x° = (원의\ 둘레의\ 길이) : (호의\ 길이)$

$360° : x° = 2\pi r : l$ 　 $\therefore l = 2\pi r \times \dfrac{x}{360}$

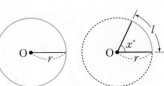

② 부채꼴의 넓이(S)

한 원에서 부채꼴의 넓이는 중심각의 크기에 정비례하므로

$360° : x° = (원의\ 넓이) : (부채꼴의\ 넓이)$

$360° : x° = \pi r^2 : S$ 　 $\therefore S = \pi r^2 \times \dfrac{x}{360}$

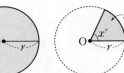

(2) **부채꼴의 호의 길이와 넓이 사이의 관계**

반지름의 길이가 r, 호의 길이가 l인 부채꼴의 넓이를 S라 하면

$$S = \frac{1}{2}rl$$

참고 부채꼴의 중심각의 크기를 $x°$라 하면

$$S = \pi r^2 \times \frac{x}{360} = \frac{1}{2} \times r \times \overline{\left(2\pi r \times \frac{x}{360}\right)}^{\;l} = \frac{1}{2}rl$$

Q. 부채꼴의 호의 길이와 넓이 사이의 관계는 어떨 때 이용할까?

A. 중심각의 크기가 주어지지 않은 부채꼴의 넓이를 구할 때 이용한다.

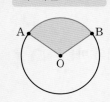

호 AB	현 AB, 할선 CD	부채꼴 AOB	호 AB에 대한 중심각	활꼴

→ $\widehat{AB}$ → $\overline{AB}$, $\overleftrightarrow{CD}$ → ∠AOB   부채꼴 AOB의 중심각   현 CD와 호 CD로 이루어진 활꼴

참고 • 원의 중심을 지나는 현은 그 원의 지름이고, 원의 지름은 길이가 가장 긴 현이다.
• 반원은 활꼴인 동시에 중심각의 크기가 180°인 부채꼴이다.

실수 Check
$\widehat{AB}$는 보통 길이가 짧은 쪽의 호를 나타낸다.

❋ 다음을 원 O 위에 나타내시오.

01 호 AB

02 현 AB

03 부채꼴 AOB

04 호 AB에 대한 중심각

05 현 AB와 호 AB로 이루어진 활꼴

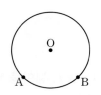

❋ 오른쪽 그림의 원 O에 대하여 다음을 기호로 나타내시오.

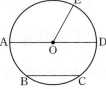

06 원 O의 지름

_____

07 현

_____

08 $\widehat{AE}$에 대한 중심각

_____

09 ∠EOD에 대한 호

_____

❋ 다음 중 옳은 것에는 ○표, 옳지 않은 것에는 ×표를 하시오.

10 원의 현 중 가장 긴 것은 지름이다.   (   )

11 부채꼴은 호와 현으로 이루어진 도형이다.
(   )

12 활꼴은 두 반지름과 호로 이루어진 도형이다.
(   )

13 부채꼴과 활꼴은 같아질 수 없다.   (   )

02 VISUAL 개념연산 부채꼴의 중심각의 크기와 호의 길이

➔ 정답 및 풀이 36쪽

한 원 또는 합동인 두 원에서

(1) 중심각의 크기가 같은 두 부채꼴의 호의 길이는 같다.

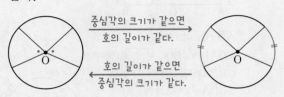

(2) 부채꼴의 호의 길이는 중심각의 크기에 정비례한다.

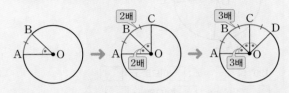

$$\stackrel{\frown}{AB}=\stackrel{\frown}{BC}=\stackrel{\frown}{CD}, \quad \stackrel{\frown}{AC}=2\stackrel{\frown}{AB}, \quad \stackrel{\frown}{AD}=3\stackrel{\frown}{AB}$$

✱ 다음 그림의 원 O에서 x의 값을 구하시오.

01

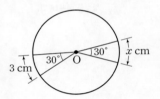

02

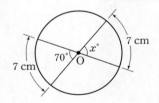

✱ 오른쪽 그림의 원 O에서
∠AOB=∠BOC=∠COD=∠DOE
일 때, 다음 □ 안에 알맞은 수를 써
넣으시오.

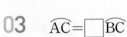

03 $\stackrel{\frown}{AC}=\boxed{}\stackrel{\frown}{BC}$

04 $\stackrel{\frown}{AE}=\boxed{}\stackrel{\frown}{AB}$

✱ 다음 그림의 원 O에서 x의 값을 구하시오.

따라해 05

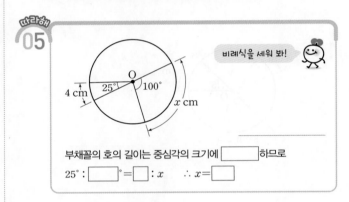

비례식을 세워 봐!

부채꼴의 호의 길이는 중심각의 크기에 □ 하므로

$25° : \boxed{}° = \boxed{} : x \qquad \therefore\ x = \boxed{}$

06

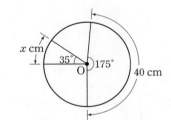

07

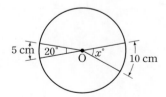

08

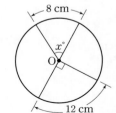

✿ 다음 그림의 원 O에서 x, y의 값을 각각 구하시오.

09

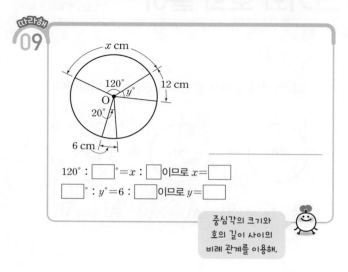

$120° : \boxed{}° = x : \boxed{}$ 이므로 $x = \boxed{}$

$\boxed{} : y° = 6 : \boxed{}$ 이므로 $y = \boxed{}$

중심각의 크기와
호의 길이 사이의
비례 관계를 이용해.

10

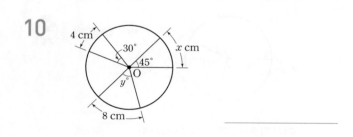

11

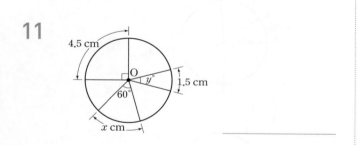

12

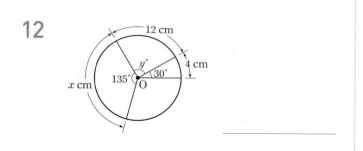

✿ 다음 그림의 반원 O에서 $\overline{AD} \mathbin{/\!/} \overline{OC}$일 때, x의 값을 구하시오.

13

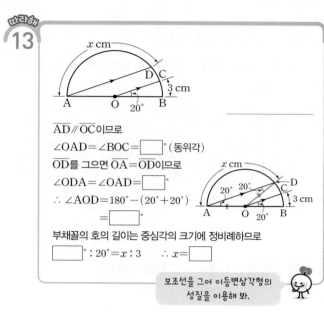

$\overline{AD} \mathbin{/\!/} \overline{OC}$이므로

$\angle OAD = \angle BOC = \boxed{}°$ (동위각)

$\overline{OD}$를 그으면 $\overline{OA} = \overline{OD}$이므로

$\angle ODA = \angle OAD = \boxed{}°$

$\therefore \angle AOD = 180° - (20° + 20°)$
$= \boxed{}°$

부채꼴의 호의 길이는 중심각의 크기에 정비례하므로

$\boxed{}° : 20° = x : 3 \quad \therefore x = \boxed{}$

보조선을 그어 이등변삼각형의
성질을 이용해 봐.

14

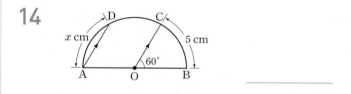

15

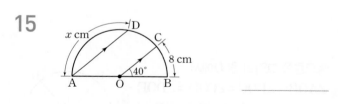

16

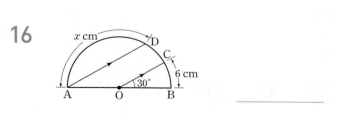

03 VISUAL 개념연산 부채꼴의 중심각의 크기와 넓이

한 원 또는 합동인 두 원에서

(1) 중심각의 크기가 같은 두 부채꼴의 넓이는 같다.

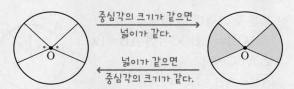

중심각의 크기가 같으면
넓이가 같다.

넓이가 같으면
중심각의 크기가 같다.

(2) 부채꼴의 넓이는 중심각의 크기에 정비례한다.

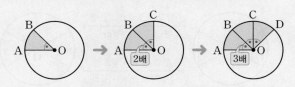

(부채꼴 AOC의 넓이)=2×(부채꼴 AOB의 넓이)
(부채꼴 AOD의 넓이)=3×(부채꼴 AOB의 넓이)

❊ 다음 그림의 원 O에서 x의 값을 구하시오.

01

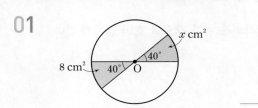

8 cm^2 $40°$ $40°$ $x \text{ cm}^2$

02

7 cm^2
$x°$
$35°$ 7 cm^2

❊ 다음 그림의 원 O에서 x의 값을 구하시오.

03 따라해

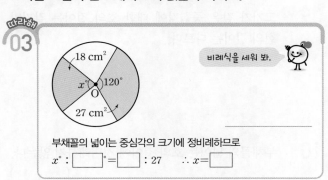

18 cm^2
$x°$ $120°$
27 cm^2

비례식을 세워 봐.

부채꼴의 넓이는 중심각의 크기에 정비례하므로

$x° : \boxed{}° = \boxed{} : 27$ ∴ $x = \boxed{}$

04

10 cm^2 $30°$ $x \text{ cm}^2$

05

24 cm^2
$x°$
$64°$
16 cm^2

06

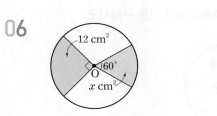

12 cm^2 $60°$ $x \text{ cm}^2$

07

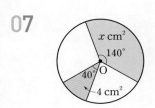

$x \text{ cm}^2$ $140°$ $40°$ 4 cm^2

VISUAL 개념연산 # 부채꼴의 중심각의 크기와 현의 길이

➡ 정답 및 풀이 37쪽

한 원 또는 합동인 두 원에서

(1) 크기가 같은 중심각에 대한 현의 길이는 같다.

중심각의 크기가 같으면
→ 현의 길이가 같다.

현의 길이가 같으면
← 중심각의 크기가 같다.

(2) 현의 길이는 중심각의 크기에 정비례하지 않는다.

오른쪽 그림의 원 O에서

$\angle AOB = \angle BOC$이면 $\overline{AB} = \overline{BC}$

$\triangle ABC$에서

$\overline{AC} < \overline{AB} + \overline{BC} = 2\overline{AB}$

↳ 가장 긴 변의 길이는 나머지 두 변의 길이의 합보다 작다.

→ $\angle AOC = 2\angle AOB$이지만 $\overline{AC} \neq 2\overline{AB}$이다.

❊ 오른쪽 그림의 원 O에서
$\angle AOB = \angle BOC = \angle COD$일 때,
다음 ○ 안에 >, =, < 중 알맞은 것
을 써넣으시오.

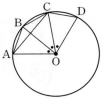

01 $\overline{AB} \bigcirc \overline{BC}$

02 $\overline{AC} \bigcirc 2\overline{AB}$

03 $\triangle AOB \bigcirc \triangle COD$

> 두 변의 길이와 그 끼인각의
> 크기가 각각 같은 두 삼각형은
> 서로 합동이야!

❊ 다음 그림의 원 O에서 x의 값을 구하시오.

04

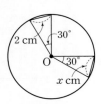

05

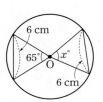

❊ 한 원에 대한 다음 설명 중 옳은 것에는 ○표, 옳지 않은
것에는 ×표를 하시오.

06 중심각의 크기가 같으면 호의 길이가 같다.

( )

07 현의 길이는 중심각의 크기에 정비례한다.

( )

> 한 원 또는 합동인 두 원에서 중심각의 크기에
> 정비례하는 것은 호의 길이, 부채꼴의 넓이야!

08 부채꼴의 넓이는 중심각의 크기에 정비례한다.

( )

09 크기가 같은 중심각에 대한 호의 길이는 같지만
현의 길이는 다르다. ( )

10 부채꼴의 넓이는 호의 길이에 정비례하지 않는다.

( )

05 VISUAL 개념연산 원의 둘레의 길이와 넓이

원의 둘레의 길이 구하기

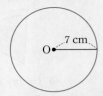

$l = 2 \times ($원주율$) \times ($반지름의 길이$)$
$= 2 \times \pi \times 7 = 14\pi \, (\text{cm})$

참고 원주율 π는 원의 크기에 관계없이 항상 일정하다.

원의 넓이 구하기

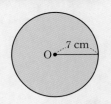

$S = ($원주율$) \times ($반지름의 길이$)^2$
$= \pi \times 7^2 = 49\pi \, (\text{cm}^2)$

개념 POINT

→ $l = 2\pi r$
$S = \pi r^2$

✹ 다음 원 O의 둘레의 길이 l과 넓이 S를 각각 구하시오.

01
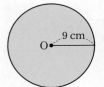
→ $l = 2\pi \times \boxed{} = \boxed{} \, (\text{cm})$
$S = \pi \times \boxed{}^2 = \boxed{} \, (\text{cm}^2)$

02

$l = $ _____
$S = $ _____

03
원의 반지름의 길이를 먼저 구해 봐!

$l = $ _____
$S = $ _____

04

$l = $ _____
$S = $ _____

✹ 둘레의 길이가 다음과 같은 원의 반지름의 길이를 구하시오.

05 $6\pi \, \text{cm}$ _____

원의 반지름의 길이를 $r \, \text{cm}$라 하면
$\boxed{} \times r = 6\pi$ $\therefore r = \boxed{}$
따라서 구하는 반지름의 길이는 $\boxed{} \, \text{cm}$이다.

06 $10\pi \, \text{cm}$ _____

07 $26\pi \, \text{cm}$ _____

✹ 넓이가 다음과 같은 원의 반지름의 길이를 구하시오.

08 $9\pi \, \text{cm}^2$ _____

원의 반지름의 길이를 $r \, \text{cm}$라 하면
$\boxed{} \times r^2 = 9\pi$, $r^2 = 9 = \boxed{}^2$ $\therefore r = \boxed{}$
따라서 구하는 반지름의 길이는 $\boxed{} \, \text{cm}$이다.

09 $49\pi \, \text{cm}^2$ _____

10 $64\pi \, \text{cm}^2$ _____

부채꼴의 호의 길이 구하기

$l = (원의\ 둘레의\ 길이) \times \dfrac{45}{360}$

$= 2\pi \times 8 \times \dfrac{45}{360} = 2\pi\,(\text{cm})$

참고 중심각의 크기가 주어지지 않은 부채꼴의 넓이

→ $S = \dfrac{1}{2}rl$ ← 반지름의 길이와 호의 길이가 주어진 경우 넓이를 구할 수 있다.

부채꼴의 넓이 구하기

$S = (원의\ 넓이) \times \dfrac{45}{360}$

$= \pi \times 8^2 \times \dfrac{45}{360} = 8\pi\,(\text{cm}^2)$

개념 POINT

→ $l = 2\pi r \times \dfrac{x}{360}$

$S = \pi r^2 \times \dfrac{x}{360} = \dfrac{1}{2}rl$

실수 Check

부채꼴의 중심각의 크기가 주어져 있을 때와 주어져 있지 않을 때를 구분하여 적절한 공식을 이용한다.

❋ **다음 부채꼴의 호의 길이를 구하시오.**

따라해 01

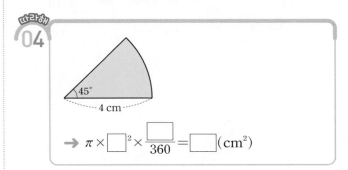

부채꼴의 반지름의 길이와 중심각의 크기를 찾아봐.

→ $2\pi \times \boxed{} \times \dfrac{\boxed{}}{360} = \boxed{}\,(\text{cm})$

02

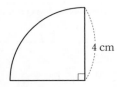

4 cm

_____

03

210°

12 cm

_____

❋ **다음 부채꼴의 넓이를 구하시오.**

따라해 04

45°

4 cm

→ $\pi \times \boxed{}^2 \times \dfrac{\boxed{}}{360} = \boxed{}\,(\text{cm}^2)$

05

10 cm

_____

06

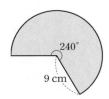

240°

9 cm

_____

07

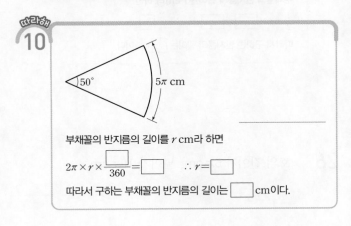

3π cm

12 cm

부채꼴의 중심각의 크기를 $x°$라 하면

$2\pi \times \boxed{} \times \dfrac{x}{360} = \boxed{}$ $\therefore x = \boxed{}$

따라서 구하는 부채꼴의 중심각의 크기는 $\boxed{}°$이다.

08

4π cm

6 cm

09 반지름의 길이가 3 cm, 호의 길이가 π cm

❋ 다음과 같은 부채꼴의 반지름의 길이를 구하시오.

10

50° 5π cm

부채꼴의 반지름의 길이를 r cm라 하면

$2\pi \times r \times \dfrac{\boxed{}}{360} = \boxed{}$ $\therefore r = \boxed{}$

따라서 구하는 부채꼴의 반지름의 길이는 $\boxed{}$ cm이다.

11 중심각의 크기가 45°, 호의 길이가 π cm

❋ 다음과 같은 부채꼴의 중심각의 크기를 구하시오.

12

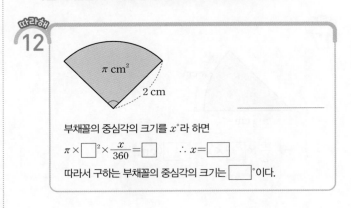

π cm²

2 cm

부채꼴의 중심각의 크기를 $x°$라 하면

$\pi \times \boxed{}^2 \times \dfrac{x}{360} = \boxed{}$ $\therefore x = \boxed{}$

따라서 구하는 부채꼴의 중심각의 크기는 $\boxed{}°$이다.

13

3π cm²

6 cm

14 반지름의 길이가 3 cm, 넓이가 6π cm²

❋ 다음과 같은 부채꼴의 반지름의 길이를 구하시오.

15

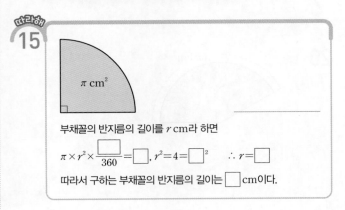

π cm²

부채꼴의 반지름의 길이를 r cm라 하면

$\pi \times r^2 \times \dfrac{\boxed{}}{360} = \boxed{}$, $r^2 = 4 = \boxed{}^2$ $\therefore r = \boxed{}$

따라서 구하는 부채꼴의 반지름의 길이는 $\boxed{}$ cm이다.

16 중심각의 크기가 135°, 넓이가 24π cm²

❋ 다음 부채꼴의 넓이를 구하시오.

17

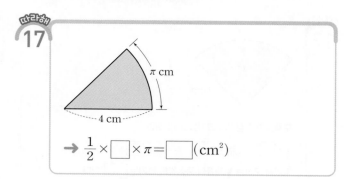

$\rightarrow \dfrac{1}{2} \times \boxed{} \times \pi = \boxed{}\,(\text{cm}^2)$

18

8 cm
4π cm

_____

19

6 cm
3π cm

_____

20

10π cm
12 cm

_____

21

5 cm
6π cm

_____

❋ 다음과 같은 부채꼴의 호의 길이 l을 구하시오.

22

반지름의 길이가 4 cm, 넓이가 4π cm^2

$\rightarrow \dfrac{1}{2} \times \boxed{} \times l = \boxed{}$

$\therefore l = \boxed{}\,(\text{cm})$

23

반지름의 길이가 6 cm, 넓이가 12π cm^2

$l = $ _____

24

반지름의 길이가 12 cm, 넓이가 18π cm^2

$l = $ _____

❋ 다음과 같은 부채꼴의 반지름의 길이를 구하시오.

25

호의 길이가 2π cm, 넓이가 3π cm^2

_____

부채꼴의 반지름의 길이를 r cm라 하면

$\dfrac{1}{2} \times r \times \boxed{} = \boxed{}$ $\therefore r = \boxed{}$

따라서 구하는 반지름의 길이는 $\boxed{}$ cm이다.

26

호의 길이가 5π cm, 넓이가 10π cm^2

_____

27

호의 길이가 3π cm, 넓이가 21π cm^2

_____

색칠한 부분의 둘레의 길이 구하기 → 원의 둘레의 길이나 부채꼴의 호의 길이 이용

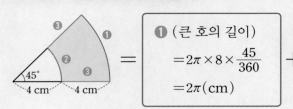

❶ (큰 호의 길이)
$=2\pi \times 8 \times \dfrac{45}{360}$
$=2\pi(\text{cm})$

$+$

❷ (작은 호의 길이)
$=2\pi \times 4 \times \dfrac{45}{360}$
$=\pi(\text{cm})$

$+$

❸ (선분의 길이)$\times 2$
$=4 \times 2$
$=8(\text{cm})$

→ (색칠한 부분의 둘레의 길이)$=\underline{2\pi}+\underline{\pi}+\underline{8}=3\pi+8(\text{cm})$

색칠한 부분의 넓이 구하기 → 원의 넓이나 부채꼴의 넓이 이용

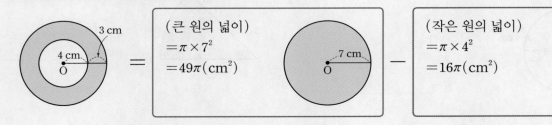

(큰 원의 넓이)
$=\pi \times 7^2$
$=49\pi(\text{cm}^2)$

$-$

(작은 원의 넓이)
$=\pi \times 4^2$
$=16\pi(\text{cm}^2)$

→ (색칠한 부분의 넓이)$=\underline{49\pi}-\underline{16\pi}=33\pi(\text{cm}^2)$

✿ 다음 그림에서 색칠한 부분의 둘레의 길이 l과 넓이 S를 각각 구하시오.

01

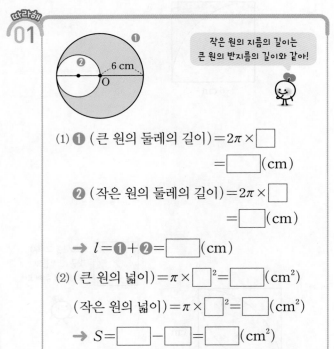

작은 원의 지름의 길이는 큰 원의 반지름의 길이와 같아!

(1) ❶ (큰 원의 둘레의 길이)$=2\pi \times \boxed{}$
$=\boxed{}(\text{cm})$

❷ (작은 원의 둘레의 길이)$=2\pi \times \boxed{}$
$=\boxed{}(\text{cm})$

→ $l=$❶$+$❷$=\boxed{}(\text{cm})$

(2) (큰 원의 넓이)$=\pi \times \boxed{}^2=\boxed{}(\text{cm}^2)$

(작은 원의 넓이)$=\pi \times \boxed{}^2=\boxed{}(\text{cm}^2)$

→ $S=\boxed{}-\boxed{}=\boxed{}(\text{cm}^2)$

02

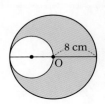

$l=$ _____

$S=$ _____

03

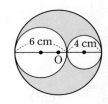

$l=$ _____

$S=$ _____

(반원의 넓이)$=\dfrac{1}{2} \times$ (원의 넓이)

04

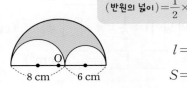

$l=$ _____

$S=$ _____

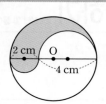

05

가장 큰 원의 지름의 길이는
$2+4=6(cm)$

(1) $l=\dfrac{1}{2}\times2\pi\times\boxed{}+\dfrac{1}{2}\times2\pi\times\boxed{}+\dfrac{1}{2}\times2\pi\times1$

$\qquad=\boxed{}(cm)$

(2) $S=\dfrac{1}{2}\times\pi\times3^2-\dfrac{1}{2}\times\pi\times\boxed{}^2+\dfrac{1}{2}\times\pi\times\boxed{}^2$

$\qquad=\boxed{}(cm^2)$

06

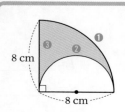

$l=$ _____

$S=$ _____

✿ 다음 그림에서 색칠한 부분의 둘레의 길이 l과 넓이 S를 각각 구하시오.

07

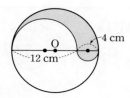

(1) ➊ (큰 호의 길이)$=2\pi\times\boxed{}\times\dfrac{\boxed{}}{360}$

$\qquad=\boxed{}(cm)$

➋ (작은 호의 길이)$=\dfrac{1}{2}\times2\pi\times\boxed{}$

$\qquad=\boxed{}(cm)$

➌ (선분의 길이)$=\boxed{}cm$

→ $l=$➊$+$➋$+$➌$=\boxed{}(cm)$

(2) (큰 부채꼴의 넓이)$=\pi\times\boxed{}^2\times\dfrac{\boxed{}}{360}$

$\qquad=\boxed{}(cm^2)$

(반원의 넓이)$=\dfrac{1}{2}\times\pi\times\boxed{}^2=\boxed{}(cm^2)$

→ $S=\boxed{}-\boxed{}=\boxed{}(cm^2)$

08

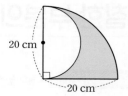

$l=$ _____

$S=$ _____

09

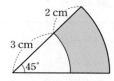

$l=$ _____

$S=$ _____

10

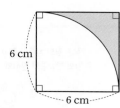

$l=$ _____

$S=$ _____

11

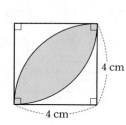

보조선을 그어서 빗금 친 부분의 넓이부터 구해 봐!

$l=$ _____

$S=$ _____

10분 연산 TEST 1회

[01~06] 다음 그림의 원 O에서 x의 값을 구하시오.

01
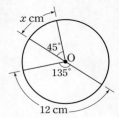

02
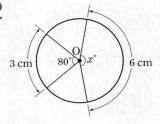

03
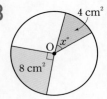

04
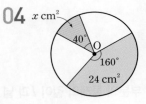

05
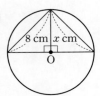

06

[07~10] 다음 도형의 둘레의 길이 l과 넓이 S를 각각 구하시오.

07
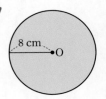

08

09
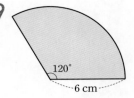

10
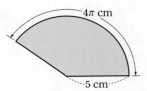

[11~12] 다음 그림에서 색칠한 부분의 둘레의 길이 l과 넓이 S를 각각 구하시오.

11
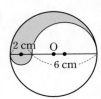

12
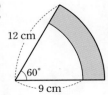

맞힌 개수 　개/12개

10분 연산 TEST 2회

[01~06] 다음 그림의 원 O에서 x의 값을 구하시오.

01
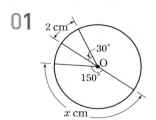

02
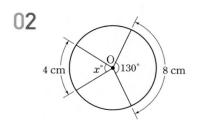

03
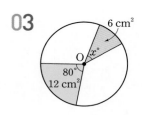

04
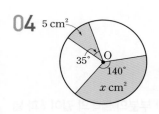

05
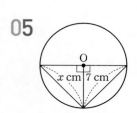

06
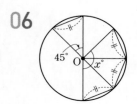

[07~10] 다음 도형의 둘레의 길이 l과 넓이 S를 각각 구하시오.

07
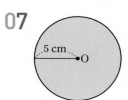

08
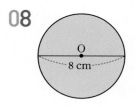

09
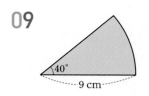

10
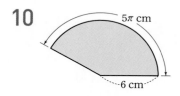

[11~12] 다음 그림에서 색칠한 부분의 둘레의 길이 l과 넓이 S를 각각 구하시오.

11
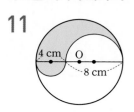

12
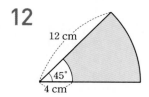

맞힌 개수 　개／12개

학교 시험 PREVIEW

2. 원과 부채꼴

(1) ◻ : 한 원 위의 두 점을 양 끝 점으로 하는 원의 일부분 이때 호 AB를 기호로 ◻ 와 같이 나타낸다.

(2) ◻ : 한 원 위의 두 점을 이은 선분

(3) ◻ : 한 원 위의 두 점을 지나는 직선

(4) ◻ : 한 원에서 두 반지름과 한 호로 이루어진 도형

(5) ◻ : 부채꼴에서 두 반지름이 이루는 각

(6) ◻ : 현과 호로 이루어진 도형

(7) 한 원에서 중심각의 크기가 같은 두 부채꼴의 호의 길이와 넓이는 각각 ◻ . 또, 한 원에서 부채꼴의 호의 길이와 넓이는 각각 중심각의 크기에 ◻ .

(8) 한 원에서 크기가 같은 중심각에 대한 현의 길이는 ◻ .

(9) 한 원에서 현의 길이는 중심각의 크기에 ◻ .

(10) ◻ : 원의 지름의 길이에 대한 원의 둘레의 길이의 비율

기호 ◻

(11) 반지름의 길이가 r인 원의 둘레의 길이를 l, 넓이를 S라 하면

① $l = \boxed{} \pi r$ ② $S = \pi \boxed{}$

(12) 반지름의 길이가 r, 중심각의 크기가 $x°$인 부채꼴의 호의 길이를 l, 넓이를 S라 하면

① $l = \boxed{} \times \dfrac{x}{360}$ ② $S = \boxed{} \times \dfrac{x}{360}$

(13) 반지름의 길이가 r, 호의 길이가 l인 부채꼴의 넓이를 S라 하면

$S = \boxed{} r l$

01

다음 중 오른쪽 그림의 원 O에 대한 설명으로 옳지 <u>않은</u> 것은?

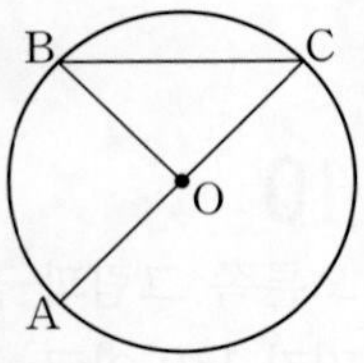

① $\overline{BC}$를 현이라 한다.

② ∠BOC는 $\overparen{BC}$에 대한 중심각이다.

③ $\overparen{BC}$와 $\overline{BC}$로 둘러싸인 도형은 활꼴이다.

④ $\overparen{BC}$와 $\overline{OB}$, $\overline{OC}$로 둘러싸인 도형은 부채꼴이다.

⑤ 원의 중심 O를 지나는 현은 원 O의 지름이 아닐 수도 있다.

02

오른쪽 그림의 원 O에서 x, y의 값은?

① $x = 10$, $y = 40$

② $x = 10$, $y = 45$

③ $x = 12$, $y = 45$

④ $x = 12$, $y = 50$

⑤ $x = 14$, $y = 50$

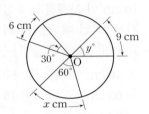

03

오른쪽 그림의 원 O에서 ∠AOB=40°, $\overparen{AB}$=9 cm일 때, 원 O의 둘레의 길이는?

① 76 cm   ② 78 cm

③ 81 cm   ④ 84 cm

⑤ 90 cm

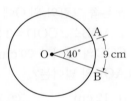

04

오른쪽 그림의 원 O에서 $\overline{AD}$∥$\overline{OC}$, ∠BOC=40°, $\overparen{BC}$=6 cm일 때, 호 AD의 길이는?

① 12 cm   ② 15 cm

③ 18 cm   ④ 21 cm

⑤ 24 cm

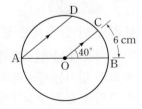

05

오른쪽 그림의 원 O에서 넓이가 10 cm^2인 부채꼴의 중심각의 크기가 $20°$일 때, 중심각의 크기가 $100°$인 부채꼴의 넓이는?

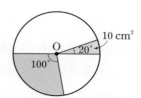

① 40 cm^2 ② 50 cm^2

③ 60 cm^2 ④ 70 cm^2

⑤ 80 cm^2

06

오른쪽 그림의 원 O에서 $\angle\text{AOB} : \angle\text{COD} = 3 : 5$이고, 부채꼴 COD의 넓이가 20 cm^2일 때, 부채꼴 AOB의 넓이는?

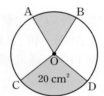

① 12 cm^2 ② 13 cm^2

③ 14 cm^2 ④ 15 cm^2

⑤ 16 cm^2

07 출제율 85%

다음 중 한 원에 대한 설명으로 옳지 <u>않은</u> 것은?

① 부채꼴의 넓이는 호의 길이에 정비례한다.

② 호의 길이는 중심각의 크기에 정비례한다.

③ 크기가 같은 중심각에 대한 현의 길이는 같다.

④ 크기가 같은 중심각에 대한 호의 길이는 같다.

⑤ 현의 길이는 중심각의 크기에 정비례한다.

08

오른쪽 그림의 원 O에서 $\angle\text{AOB} = \angle\text{COD} = \angle\text{DOE}$일 때, 다음 중 옳은 것은?

① $\overline{\text{AB}} = \overline{\text{OE}}$

② $\overline{\text{AB}} = \dfrac{1}{2}\overline{\text{CE}}$

③ $\angle\text{BOC} = \angle\text{AOE}$

④ $\triangle\text{COE} = 2\triangle\text{AOB}$

⑤ (부채꼴 AOB의 넓이) $= \dfrac{1}{2} \times$ (부채꼴 COE의 넓이)

09

둘레의 길이가 $16\pi \text{ cm}$인 원의 넓이는?

① $64\pi \text{ cm}^2$ ② $68\pi \text{ cm}^2$ ③ $72\pi \text{ cm}^2$

④ $76\pi \text{ cm}^2$ ⑤ $80\pi \text{ cm}^2$

10

오른쪽 그림과 같이 중심각의 크기가 $150°$이고, 반지름의 길이가 12 cm인 부채꼴의 넓이는?

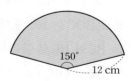

① $42\pi \text{ cm}^2$ ② $48\pi \text{ cm}^2$

③ $54\pi \text{ cm}^2$ ④ $60\pi \text{ cm}^2$

⑤ $66\pi \text{ cm}^2$

➲ 정답 및 풀이 40쪽

11

오른쪽 그림은 반지름의 길이가 10 cm
이고, 넓이가 20π cm²인 부채꼴이다.
이 부채꼴의 호의 길이는?

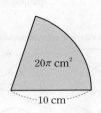

① 2π cm   ② 3π cm

③ 4π cm   ④ 6π cm

⑤ 7π cm

12

호의 길이가 6π cm이고, 넓이가 18π cm²인 부채꼴의 중
심각의 크기는?

① $90°$ ② $120°$ ③ $150°$

④ $180°$ ⑤ $210°$

13

오른쪽 그림에서 색칠한 부분의 둘레
의 길이는?

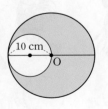

① 18π cm   ② 20π cm

③ 24π cm   ④ 28π cm

⑤ 30π cm

14 ⚠ 실수 주의

오른쪽 그림에서 색칠한 부분의
둘레의 길이는?

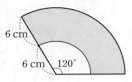

① $(6\pi + 12)$ cm

② $(8\pi + 12)$ cm

③ $(12\pi + 12)$ cm

④ $(18\pi + 12)$ cm

⑤ $(24\pi + 12)$ cm

15 출제율 80%

오른쪽 정사각형에서 색칠한 부
분의 넓이는?

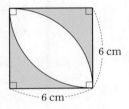

① 18π cm²

② $(9\pi - 18)$ cm²

③ $(18\pi - 36)$ cm²

④ $(60 - 18\pi)$ cm²

⑤ $(72 - 18\pi)$ cm²

16 서술형

오른쪽 그림에서 색칠한 부분의 둘
레의 길이 l과 넓이 S를 각각 구하
시오.

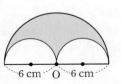

채점기준 1   색칠한 부분의 둘레의 길이 구하기

채점기준 2   색칠한 부분의 넓이 구하기

같은 그림이 몇 개나 있을까?

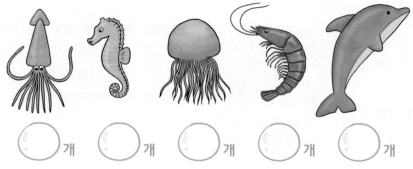

( ) 개 ( ) 개 ( ) 개 ( ) 개 ( ) 개

정답

개수 차례로 9, 12, 9, 13, 9

Ⅲ

입체도형의 성질

 입체도형의 성질은 왜 배우나요?

입체도형의 성질에 대한 이해는
다양한 분야의 실생활 문제를 해결하는 데
도움이 돼요. 그리고 도형의 성질을 정당화하는
과정에서 추론 능력을 기를 수 있어요.

한눈에 쏙 개념 한바닥
다면체와 회전체

개념 Q&A

Q. 다면체의 면, 모서리, 꼭짓점의 개수는?

A.
다면체	n각기둥	n각뿔	n각뿔대
면의 개수	$n+2$	$n+1$	$n+2$
모서리의 개수	$3n$	$2n$	$3n$
꼭짓점의 개수	$2n$	$n+1$	$2n$

Q. 각기둥, 각뿔, 각뿔대의 옆면의 모양은?

A. 각기둥의 옆면은 직사각형 모양, 각뿔의 옆면은 삼각형 모양, 각뿔대의 옆면은 사다리꼴 모양이다.

Q. 각뿔대의 높이는 무엇일까?

A. 각뿔대의 두 밑면에 수직인 선분의 길이를 나타낸다.

Q. 각뿔대의 두 밑면의 특징은?

A. 각뿔대의 두 밑면은 서로 평행하고, 모양은 같지만 크기는 다르다.

Q. 정다면체는 왜 5가지뿐일까?

A. 정다면체는 입체도형이므로 한 꼭짓점에서 3개 이상의 면이 만나야 하고, 한 꼭짓점에 모인 각의 크기의 합이 360°보다 작아야 한다.

01 다면체

(1) **다면체** : 각기둥, 각뿔과 같이 다각형인 면으로만 둘러싸인 입체도형

→ 면이 4개, 5개, 6개, …인 다면체를 각각 사면체, 오면체, 육면체, …라 한다.

① 면 : 다면체를 둘러싸고 있는 다각형

② 모서리 : 다각형의 변

③ 꼭짓점 : 다각형의 꼭짓점

(2) **다면체의 종류**

① **각기둥** : 두 밑면은 서로 평행하고 합동인 다각형이고, 옆면은 모두 직사각형인 입체도형

② **각뿔** : 밑면은 다각형이고, 옆면은 모두 삼각형인 입체도형

③ **각뿔대** : 각뿔을 그 밑면에 평행한 평면으로 자를 때 생기는 두 다면체 중에서 각뿔이 아닌 쪽의 입체도형

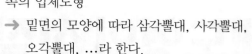
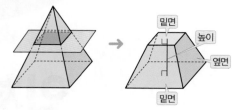

→ 밑면의 모양에 따라 삼각뿔대, 사각뿔대, 오각뿔대, …라 한다.

참고 각기둥, 각뿔, 각뿔대는 밑면의 모양에 따라 이름이 결정된다.

02 정다면체

(1) **정다면체** : 다면체 중에서 모든 면이 합동인 정다각형이고, 각 꼭짓점에 모인 면의 개수가 모두 같은 다면체

(2) **정다면체의 종류**

정사면체, 정육면체, 정팔면체, 정십이면체, 정이십면체의 5가지뿐이다.

정다면체	정사면체	정육면체	정팔면체	정십이면체	정이십면체
겨냥도					
면의 모양	정삼각형	정사각형	정삼각형	정오각형	정삼각형
한 꼭짓점에 모인 면의 개수	3	3	4	3	5
면의 개수	4	6	8	12	20
꼭짓점의 개수	4	8	6	20	12
모서리의 개수	6	12	12	30	30
전개도					

→ 전개도는 여러 가지 방법으로 그릴 수 있다.

03 회전체

(1) **회전체** : 평면도형을 한 직선을 축으로 하여 1회전 시킬 때 생기는 입체도형
  ① **회전축** : 회전시킬 때 축으로 사용한 직선
  ② **모선** : 회전시킬 때 옆면을 만드는 선분

(2) **원뿔대** : 원뿔을 그 밑면에 평행한 평면으로 자를 때 생기는 두 입체도형 중에서 원뿔이 아닌 쪽의 입체도형

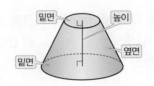

(3) **회전체의 종류** : 원기둥, 원뿔, 원뿔대, 구 등이 있다.

(4) **회전체의 성질**
  ① 회전체를 회전축에 수직인 평면으로 자르면 그 단면의 모양은 항상 원이다.
  → 크기는 다를 수 있다.

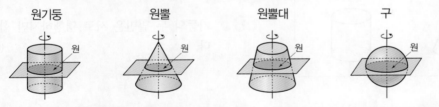

  ② 회전체를 회전축을 포함하는 평면으로 자른 단면은 모두 합동이고, 각 단면은 회전축을 대칭축으로 하는 선대칭도형이다.
  → 한 직선을 따라 접었을 때, 완전히 겹쳐지는 도형

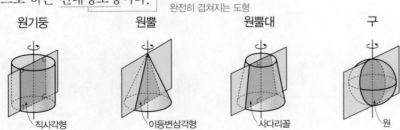

(5) **회전체의 전개도**

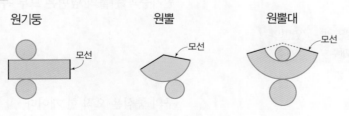

Q. 원뿔대의 높이는 무엇일까?
A. 원뿔대의 두 밑면에 수직인 선분의 길이를 나타낸다.

Q. 원뿔대의 두 밑면의 특징은?
A. 원뿔대의 두 밑면은 서로 평행하고, 모양은 같지만 크기는 다르다.

Q. 원기둥, 원뿔, 원뿔대, 구의 회전축은 모두 1개일까?
A. 원기둥, 원뿔, 원뿔대의 회전축은 1개이지만 구의 회전축은 무수히 많다.

Q. 구의 전개도를 그릴 수 있을까?
A. 그릴 수 없다.

(1) **각기둥** : 두 밑면은 서로 평행하고 합동인 다각형이고, 옆면은 모두 직사각형인 입체도형

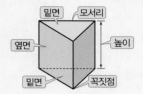

(2) **각뿔** : 밑면은 다각형이고, 옆면은 모두 삼각형인 입체도형

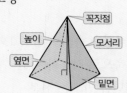

각기둥과 각뿔은 밑면의 모양에 따라 삼각기둥, 삼각뿔, 사각기둥, 사각뿔, ...이라 해.

(3) **원기둥** : 두 밑면이 서로 평행하고 합동인 원인 입체도형

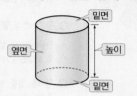

(4) **원뿔** : 밑면이 원이고 옆면이 곡면인 뿔 모양의 입체도형

(5) **구** : 공 모양의 입체도형

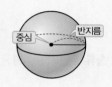

❋ 다음을 만족시키는 입체도형을 보기에서 모두 고르시오.

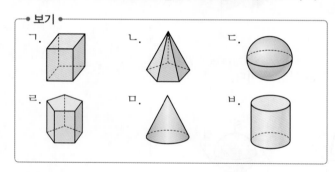

• 보기 •
ㄱ. ㄴ. ㄷ. ㄹ. ㅁ. ㅂ.

01 각기둥　_____

02 각뿔　_____

03 원기둥　_____

04 원뿔　_____

05 구　_____

06 다음 표를 완성하시오.

	밑면의 모양	옆면의 모양	밑면의 개수	옆면의 개수
오각기둥	오각형		2	
오각뿔				

❋ 다음 중 옳은 것에는 ○표, 옳지 않은 것에는 ×표를 하시오.

07 각기둥의 옆면은 모두 직사각형이다. (　　　)

08 기둥의 두 밑면은 서로 평행하지만 합동은 아니다. (　　　)

09 육각기둥과 육각뿔의 옆면의 개수는 같다. (　　　)

10 원기둥의 밑면의 개수는 1이다. (　　　)

11 원기둥과 원뿔의 옆면은 모두 곡면이다. (　　　)

12 구의 중심은 오직 한 개이다. (　　　)

 **다면체**

(1) **다면체** : 각기둥, 각뿔과 같이 다각형인 면으로만 둘러싸인 입체도형
(2) **다면체의 면, 모서리, 꼭짓점의 개수**

• 면의 개수 : 3+2=5
→ 면의 개수가 5이므로 오면체이다.
• 모서리의 개수 : 3×3=9
• 꼭짓점의 개수 : 3×2=6

실수 Check

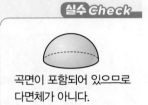

곡면이 포함되어 있으므로 다면체가 아니다.

참고 다각형이 되려면 적어도 3개의 변이 있어야 하고, 다면체가 되려면 적어도 4개의 면이 있어야 한다.

✿ 다음 중 다면체인 것에는 ○표, 다면체가 아닌 것에는 ×표를 하시오.

01

(   )

02

(   )

03

(   )

04

(   )

05 오각형   (   )

06 사각뿔   (   )

07 삼각기둥   (   )

08 원뿔   (   )

09 다음 다면체를 보고 표를 완성하시오.

다면체	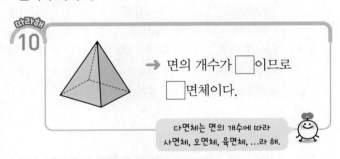		
면의 개수			
모서리의 개수			
꼭짓점의 개수			

✿ 다음 그림과 같은 다면체의 면의 개수를 구하고, 몇 면체인지 구하시오.

따라해 10

→ 면의 개수가 ☐ 이므로
☐ 면체이다.

다면체는 면의 개수에 따라 사면체, 오면체, 육면체, …라 해.

11

면의 개수 : _____

_____ 면체

12

면의 개수 : _____

_____ 면체

13

면의 개수 : _____

_____ 면체

03 VISUAL 개념연산 다면체의 종류

➲ 정답 및 풀이 42쪽

(1) **각뿔대** : 각뿔을 그 밑면에 평행한 평면으로 자를 때 생기는 두 다면체 중에서 각뿔이 아닌 쪽의 입체도형

(2) **각뿔대의 이름**

밑면의 모양 : 사각형
→ 밑면의 모양이 사각형이므로 사각뿔대이다.
└─→ 각뿔대의 이름은 밑면의 모양에 따라 정해진다.

> 각뿔대의 두 밑면은 평행하고 그 모양은 같지만 크기는 달라. 또, 옆면의 모양은 모두 사다리꼴이야.

(3) **각기둥, 각뿔, 각뿔대의 특징**

다면체	n각기둥	n각뿔	n각뿔대
겨냥도	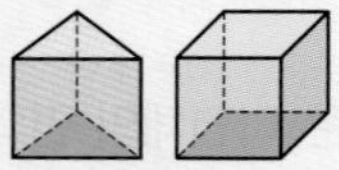 삼각기둥 사각기둥 ⋯	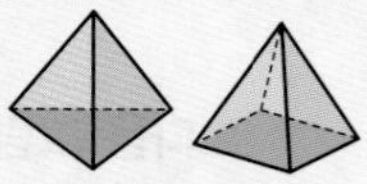 삼각뿔 사각뿔 ⋯	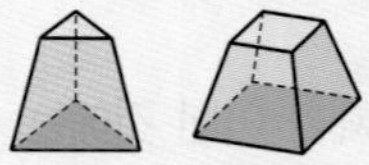 삼각뿔대 사각뿔대 ⋯
옆면의 모양	직사각형	삼각형	사다리꼴
면의 개수 → 몇 면체	$n+2$ → $(n+2)$면체	$n+1$ → $(n+1)$면체	$n+2$ → $(n+2)$면체
모서리의 개수	$3n$	$2n$	$3n$
꼭짓점의 개수	$2n$	$n+1$	$2n$

실수 Check

각기둥, 각뿔, 각뿔대는 다면체를 모양에 따라 분류한 것이고, 사면체, 오면체, …는 다면체를 면의 개수에 따라 분류한 것이다.

✿ 다음 그림과 같은 각뿔대의 밑면의 모양과 각뿔대의 이름을 각각 구하시오.

따라해 01

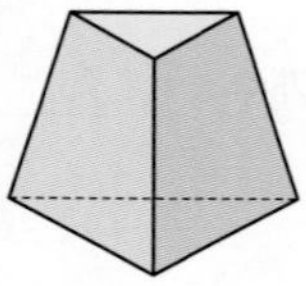

→ 밑면의 모양이 [ ]이므로 [ ]이다.

> 각뿔대의 이름은 밑면의 모양에 따라 정해져.

02

밑면의 모양 : _____
각뿔대 이름 : _____

03

밑면의 모양 : _____
각뿔대 이름 : _____

---

04 다음 다면체를 보고 표를 완성하시오.

다면체	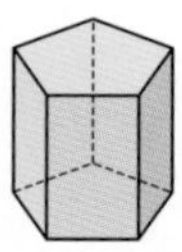	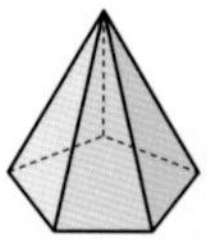	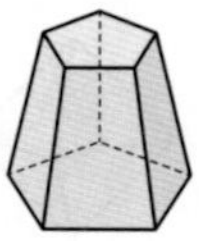	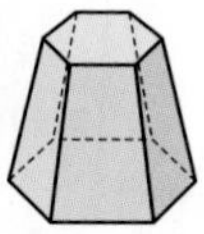
이름	오각기둥			
옆면의 모양	직사각형			
면의 개수	7			
모서리의 개수	15			
꼭짓점의 개수	10			

✿ 다음 다면체의 면의 개수, 모서리의 개수, 꼭짓점의 개수를
각각 구하시오.

05 칠각기둥

면의 개수 : _____

모서리의 개수 : _____

꼭짓점의 개수 : _____

06 팔각뿔

면의 개수 : _____

모서리의 개수 : _____

꼭짓점의 개수 : _____

각뿔은 면의 개수와
꼭짓점의 개수가 같아.

07 구각뿔대

면의 개수 : _____

모서리의 개수 : _____

꼭짓점의 개수 : _____

✿ 아래 보기의 다면체 중에서 다음을 만족시키는 것을 모두
고르시오.

● 보기 ●

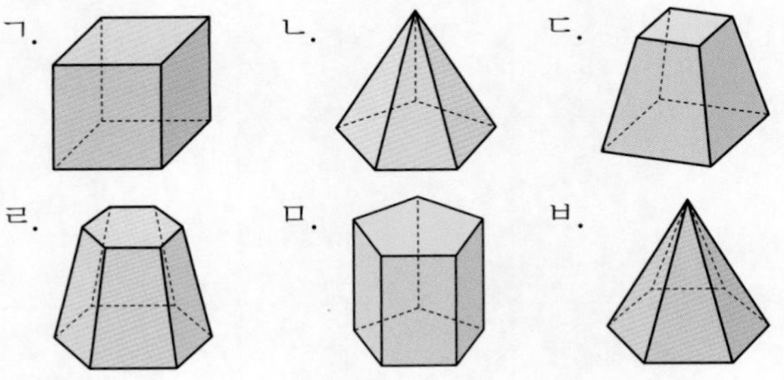

ㄱ. ㄴ. ㄷ.

ㄹ. ㅁ. ㅂ.

08 밑면의 개수가 2인 것 _____

09 밑면의 모양이 사각형인 것 _____

10 옆면의 모양이 직사각형이 아닌 사다리꼴인 것

_____

11 옆면의 모양이 삼각형인 것 _____

12 면의 개수가 6인 것 _____

13 꼭짓점의 개수가 10인 것 _____

14 모서리의 개수가 12인 것 _____

✿ 다음 조건을 만족시키는 입체도형을 구하시오.

15 따라해

(가) 두 밑면이 서로 평행하고 합동이다.
(나) 옆면의 모양이 직사각형이다.
(다) 밑면의 모양이 삼각형이다.

_____

조건 (가), (나)를 만족시키는 입체도형은 [_____]이다.
이때 조건 (다)에서 밑면의 모양이 삼각형이므로 입체도형은
[_____]이다.

16

(가) 밑면의 개수가 1이다.
(나) 옆면의 모양이 삼각형이다.
(다) 꼭짓점의 개수는 8이다.

_____

17

(가) 두 밑면이 서로 평행하다.
(나) 옆면의 모양이 직사각형이 아닌 사다리꼴이다.
(다) 모서리의 개수는 12이다.

_____

 정다면체

➡ 정답 및 풀이 42쪽

(1) **정다면체** : 다면체 중에서 모든 면이 합동인 정다각형이고, 각 꼭짓점에 모인 면의 개수가 모두 같은 다면체

 한 면이라도 합동이 아니거나 꼭짓점에 모인 면의 개수가 다르면 정다면체가 아니야.

(2) **정다면체의 종류** : 정다면체는 다음과 같이 5가지뿐이다.

정다면체	정사면체	정육면체	정팔면체	정십이면체	정이십면체
겨냥도					
한 꼭짓점에 모인 면	60° 60° 60°	90° 90° 90°	60° 60° 60°	108° 108° 108°	60° 60° 60° 60°
전개도					

① 한 꼭짓점에 3개 이상의 면이 모여야 해.
② 한 꼭짓점에 모인 각의 크기의 합이 360°보다 작아야 해.

전개도는 어느 모서리로 자르느냐에 따라 여러 모양이 나와.

01 다음 정다면체의 겨냥도를 보고 표를 완성하시오.

정다면체					
이름					
면의 모양					
한 꼭짓점에 모인 면의 개수					
면의 개수					
꼭짓점의 개수					
모서리의 개수					

❋ 다음 중 정다면체에 대한 설명으로 옳은 것에는 ○표, 옳지 않은 것에는 ×표를 하시오.

02 정다면체는 각 면이 모두 합동인 정다각형으로 이루어져 있다. (   )

03 정다면체는 각 꼭짓점에 모인 면의 개수가 모두 같다. (   )

04 정다면체는 무수히 많다. (   )

05 면의 모양이 정육각형인 정다면체가 있다. (   )

06 정오각형으로 이루어진 정다면체의 한 꼭짓점에 모인 면의 개수는 3이다. (   )

07 한 꼭짓점에 모인 각의 크기의 합은 360°보다 작아야 한다. (   )

❋ 다음 조건을 만족시키는 정다면체를 보기에서 모두 고르시오.

─ 보기 ─────────────────────
ㄱ. 정사면체   ㄴ. 정육면체   ㄷ. 정팔면체
ㄹ. 정십이면체   ㅁ. 정이십면체
────────────────────────────

08 각 면의 모양이 모두 정삼각형인 정다면체

_____

09 각 면의 모양이 모두 정사각형인 정다면체

_____

10 각 면의 모양이 모두 정오각형인 정다면체

_____

11 한 꼭짓점에 모인 면의 개수가 3인 정다면체

_____

12 한 꼭짓점에 모인 면의 개수가 4인 정다면체

_____

13 한 꼭짓점에 모인 면의 개수가 5인 정다면체

_____

✿ 다음 정다면체와 그 전개도를 바르게 연결하시오.

14 · · ㉠

15 · · ㉡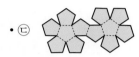

16 · · ㉢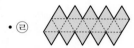

17 · · ㉣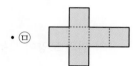

18 · · ㉤

✿ 다음 중 아래 그림의 전개도로 만들어지는 정다면체에 대한 설명으로 옳은 것에는 ○표, 옳지 않은 것에는 ×표를 하시오.

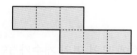

19 이 정다면체의 이름은 정육면체이다. ( )

20 한 꼭짓점에 모인 면의 개수는 4이다. ( )

21 꼭짓점의 개수는 12이다. ( )

22 모서리의 개수는 12이다. ( )

23 아래 그림의 전개도로 만들어지는 정다면체에 대하여 □ 안에 알맞은 것을 쓰고, 다음을 구하시오.

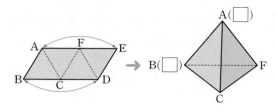

(1) 점 A와 겹쳐지는 점 _____

(2) 점 B와 겹쳐지는 점 _____

(3) $\overline{AB}$와 겹쳐지는 모서리 _____

(4) $\overline{AB}$와 꼬인 위치에 있는 모서리

_____

 꼬인 위치는 공간에서 두 직선이 만나지도 않고 평행하지도 않을 때야.

24 아래 그림의 전개도로 만들어지는 정다면체에 대하여 □ 안에 알맞은 것을 쓰고, 다음을 구하시오.

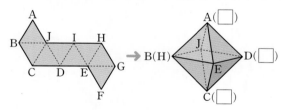

(1) 점 C와 겹쳐지는 점 _____

(2) 점 D와 겹쳐지는 점 _____

(3) $\overline{CD}$와 겹쳐지는 모서리 _____

(4) $\overline{ED}$와 평행한 모서리 _____

10분 연산 TEST 1회

[01~05] 다음에 알맞은 입체도형을 보기에서 모두 고르시오.

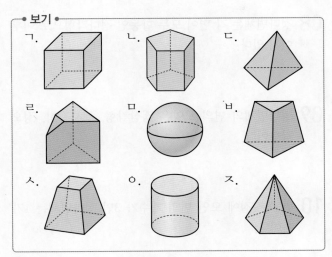

• 보기 •

ㄱ. ㄴ. ㄷ.

ㄹ. ㅁ. ㅂ.

ㅅ. ㅇ. ㅈ.

01 다면체가 아닌 입체도형

02 육면체

03 각기둥

04 각뿔

05 각뿔대

[06~07] 다음 다면체의 면의 개수, 모서리의 개수, 꼭짓점의 개수를 각각 구하시오.

06 칠각뿔

면의 개수 : _____

모서리의 개수 : _____

꼭짓점의 개수 : _____

07 팔각뿔대

면의 개수 : _____

모서리의 개수 : _____

꼭짓점의 개수 : _____

[08~11] 다음 중 정다면체에 대한 설명으로 옳은 것에는 ○표, 옳지 않은 것에는 ×표를 하시오.

08 정다면체의 종류는 5가지뿐이다. ( )

09 정다면체의 면의 모양은 정삼각형, 정사각형, 정육각형이다. ( )

10 한 꼭짓점에 모인 면의 개수가 5인 정다면체는 1가지이다. ( )

11 정사각형으로 이루어진 정다면체의 한 꼭짓점에 모인 면의 개수는 4이다. ( )

12 다음 조건을 만족시키는 다면체의 이름을 구하시오.

㈎ 각 꼭짓점에 모인 면의 개수가 같다.
㈏ 모든 면이 합동인 정삼각형이다.
㈐ 꼭짓점의 개수가 6이다.

[13~15] 오른쪽 그림의 전개도로 만들어지는 정다면체에 대하여 다음을 모두 구하시오.

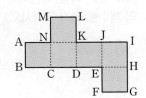

13 정다면체의 이름

14 $\overline{BC}$와 겹쳐지는 모서리

15 점 A와 겹쳐지는 점

맞힌 개수 [개] / 15개

10분 연산 TEST 2회

[01~05] 다음에 알맞은 입체도형을 보기에서 모두 고르시오.

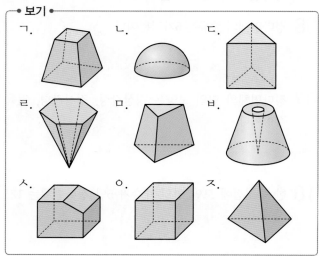

• 보기 •

ㄱ. ㄴ. ㄷ.

ㄹ. ㅁ. ㅂ.

ㅅ. ㅇ. ㅈ.

01 다면체가 아닌 입체도형

02 칠면체

03 각기둥

04 각뿔

05 각뿔대

[06~07] 다음 다면체의 면의 개수, 모서리의 개수, 꼭짓점의 개수를 각각 구하시오.

06 육각뿔

면의 개수 : ＿＿＿＿＿＿＿

모서리의 개수 : ＿＿＿＿＿＿＿

꼭짓점의 개수 : ＿＿＿＿＿＿＿

07 칠각뿔대

면의 개수 : ＿＿＿＿＿＿＿

모서리의 개수 : ＿＿＿＿＿＿＿

꼭짓점의 개수 : ＿＿＿＿＿＿＿

[08~11] 다음 중 정다면체에 대한 설명으로 옳은 것에는 ○표, 옳지 않은 것에는 ×표를 하시오.

08 정다면체는 각 면이 모두 합동인 정다각형으로 이루어져 있다. （　　　）

09 정다면체의 면의 모양은 정삼각형, 정사각형, 정오각형이다. （　　　）

10 한 꼭짓점에 모인 면의 개수가 3인 정다면체는 1가지이다. （　　　）

11 정오각형으로 이루어진 정다면체의 한 꼭짓점에 모인 면의 개수는 3이다. （　　　）

12 다음 조건을 만족시키는 다면체의 이름을 구하시오.

> ㈎ 각 꼭짓점에 모인 면의 개수가 같다.
> ㈏ 모든 면이 합동인 정삼각형이다.
> ㈐ 꼭짓점의 개수가 12이다.

[13~15] 오른쪽 그림의 전개도로 만들어지는 정다면체에 대하여 다음을 구하시오.

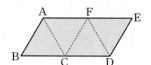

13 정다면체의 이름

14 점 D와 겹쳐지는 점

15 $\overline{ED}$와 겹쳐지는 모서리

맞힌 개수 ☐ 개／15개

(1) **회전체** : 평면도형을 한 직선을 축으로 하여 1회전 시킬 때 생기는 입체도형

   ① **회전축** : 회전시킬 때 축으로 사용한 직선

   ② **모선** : 회전시킬 때 옆면을 만드는 선분

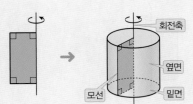

(2) **원뿔대** : 원뿔을 그 밑면에 평행한 평면으로 자를 때 생기는 두 입체도형 중에서 원뿔이 아닌 쪽의 입체도형

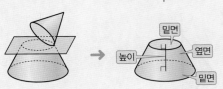

(3) **회전체의 종류** : 원기둥, 원뿔, 원뿔대, 구 등이 있다.

원기둥	원뿔	원뿔대	구
직사각형	직각삼각형	사다리꼴	반원

실수 Check

구의 회전축은 무수히 많다.

✽ 다음 입체도형 중 회전체인 것에는 ○표, 회전체가 아닌 것에는 ×표를 하시오.

01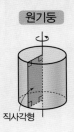
(   )

02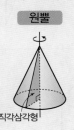
(   )

03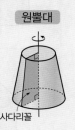
(   )

04
(   )

05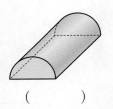
(   )

06
(   )

✽ 다음 그림과 같은 평면도형을 직선 l을 회전축으로 하여 1회전 시킬 때 생기는 회전체를 그리시오.

07 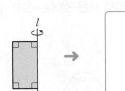 →

08 →

09 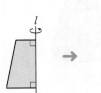 →

10 →

❀ 다음 그림과 같은 평면도형을 직선 l을 회전축으로 하여 1회전 시킬 때 생기는 회전체를 바르게 연결하시오.

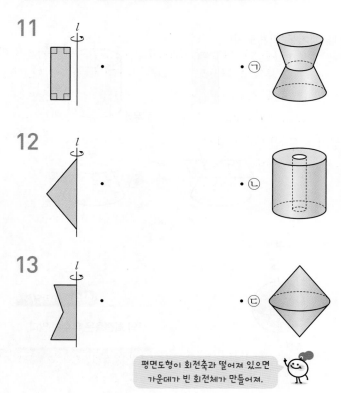

11

12

13

평면도형이 회전축과 떨어져 있으면 가운데가 빈 회전체가 만들어져.

❀ 다음 그림과 같은 평면도형을 직선 l을 회전축으로 하여 1회전 시킬 때 생기는 회전체로 옳은 것에는 ○표, 옳지 않은 것에는 ×표를 하시오.

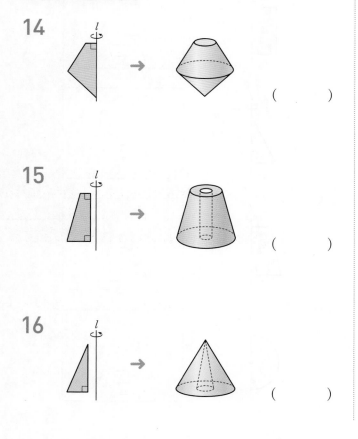

14

(   )

15

(   )

16

(   )

❀ 다음 그림과 같은 회전체는 어떤 평면도형을 직선 l을 회전축으로 하여 1회전 시킨 것인지 보기에서 찾아 기호를 쓰시오.

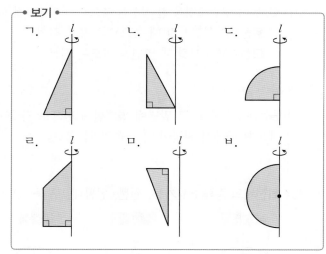

• 보기 •

ㄱ.   ㄴ.   ㄷ.

ㄹ.   ㅁ.   ㅂ.

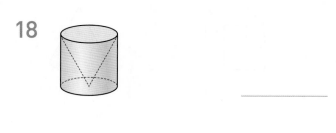

17

_____

18

_____

19

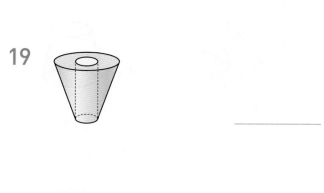

_____

20

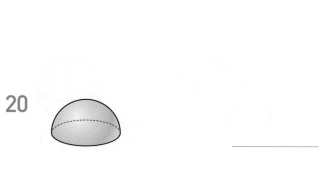

_____

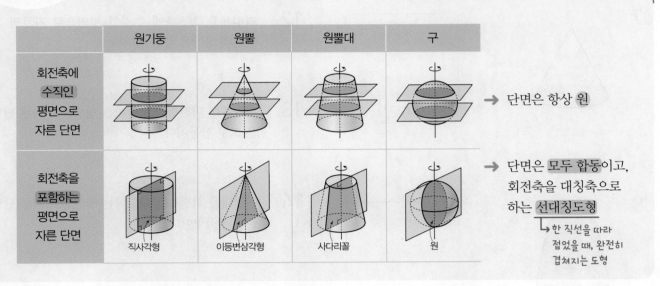

	원기둥	원뿔	원뿔대	구	
회전축에 **수직인** 평면으로 자른 단면					→ 단면은 항상 **원**
회전축을 **포함하는** 평면으로 자른 단면	직사각형	이등변삼각형	사다리꼴	원	→ 단면은 **모두 합동**이고, 회전축을 대칭축으로 하는 **선대칭도형** ↳ 한 직선을 따라 접었을 때, 완전히 겹쳐지는 도형

✿ 다음 그림과 같은 회전체를 회전축에 수직인 평면으로 자를 때 생기는 단면의 모양을 그리시오.

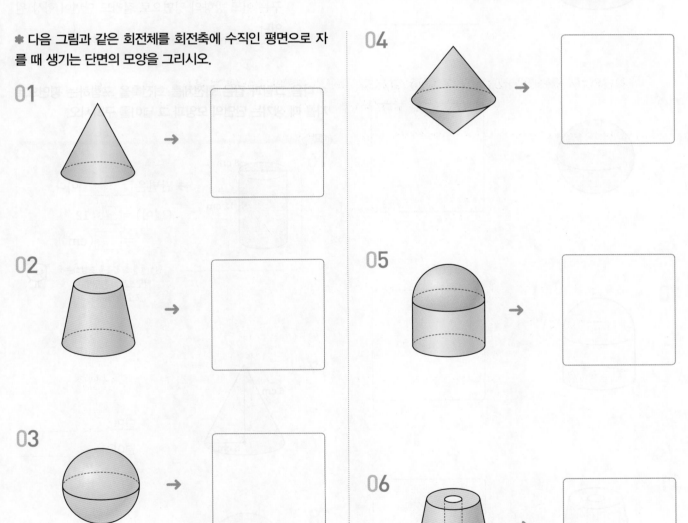

01 →

02 →

03 →

구는 어떤 평면으로 잘라도 단면이 항상 원이야.

04 →

05 →

06 →

✿ 다음 그림과 같은 회전체를 회전축을 포함하는 평면으로 자를 때 생기는 단면의 모양을 그리시오.

07

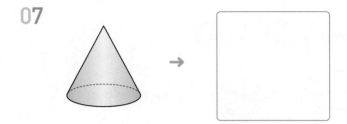 →

08

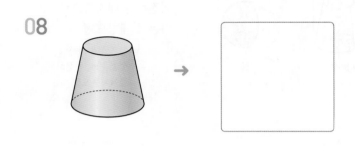 →

09

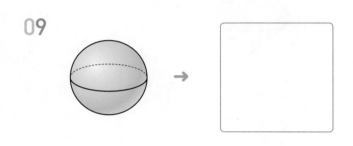 →

10

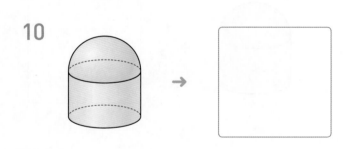 →

11

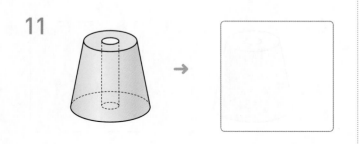 →

✿ 다음 중 회전체에 대한 설명으로 옳은 것에는 ○표, 옳지 않은 것에는 ×표를 하시오.

12 회전체를 회전축에 수직인 평면으로 자르면 그 단면의 모양은 항상 원이다. ( )

13 회전체를 회전축을 포함하는 평면으로 자른 단면은 모두 합동이다. ( )

14 원뿔대를 회전축을 포함하는 평면으로 자른 단면은 직사각형이다. ( )

15 구는 어느 방향의 평면으로 잘라도 단면이 항상 원이다. ( )

✿ 다음 그림과 같은 회전체를 회전축을 포함하는 평면으로 자를 때 생기는 단면의 모양과 그 넓이를 구하시오.

16 따라해

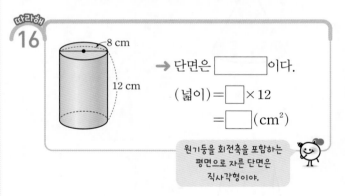

→ 단면은 ☐이다.

(넓이) = ☐ × 12

= ☐ (cm²)

원기둥을 회전축을 포함하는 평면으로 자른 단면은 직사각형이야.

17

6 cm

3 cm

단면 : _____

넓이 : _____

18

5 cm

단면 : _____

넓이 : _____

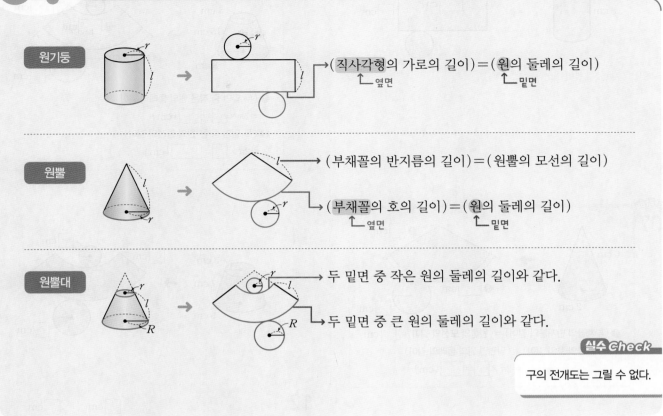

원기둥 → (직사각형의 가로의 길이) = (원의 둘레의 길이)
↑옆면 ↑밑면

원뿔 → (부채꼴의 반지름의 길이) = (원뿔의 모선의 길이)
→ (부채꼴의 호의 길이) = (원의 둘레의 길이)
↑옆면 ↑밑면

원뿔대 → 두 밑면 중 작은 원의 둘레의 길이와 같다.
→ 두 밑면 중 큰 원의 둘레의 길이와 같다.

실수 Check
구의 전개도는 그릴 수 없다.

✽ 다음 그림은 어떤 도형의 전개도인지 쓰시오.

01

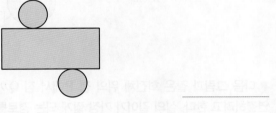

_____

02

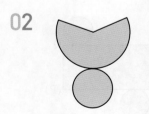

_____

03

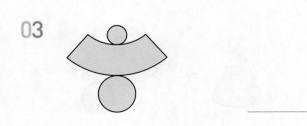

_____

✽ 다음 그림과 같은 회전체의 전개도에서 □ 안에 알맞은 수를 써넣으시오.

따라해 04

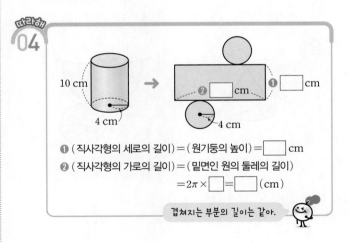

❶ (직사각형의 세로의 길이) = (원기둥의 높이) = □ cm
❷ (직사각형의 가로의 길이) = (밑면인 원의 둘레의 길이)
= 2π × □ = □ (cm)

겹쳐지는 부분의 길이는 같아.

05

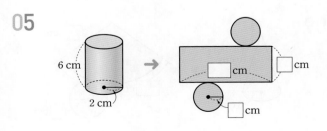

06

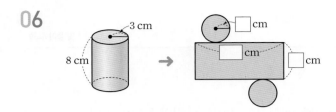

07

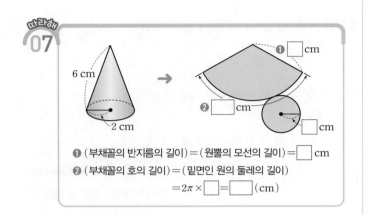

❶ (부채꼴의 반지름의 길이)＝(원뿔의 모선의 길이)＝☐ cm

❷ (부채꼴의 호의 길이)＝(밑면인 원의 둘레의 길이)
＝2π×☐＝☐ (cm)

08

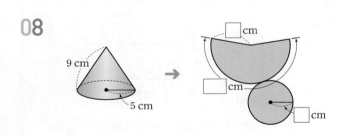

09

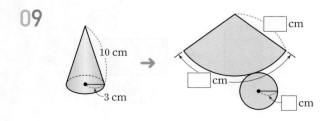

10

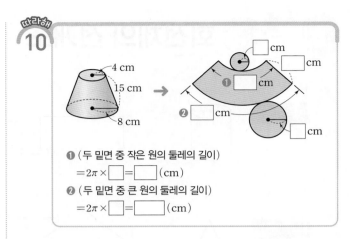

❶ (두 밑면 중 작은 원의 둘레의 길이)
＝2π×☐＝☐ (cm)

❷ (두 밑면 중 큰 원의 둘레의 길이)
＝2π×☐＝☐ (cm)

11

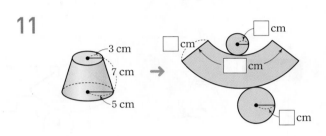

12

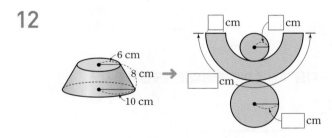

✽ 다음 그림과 같은 회전체 위의 점 P에서 점 Q까지 실로 연결하려고 한다. 실의 길이가 가장 짧게 되는 경로를 전개도 위에 나타내시오.

13

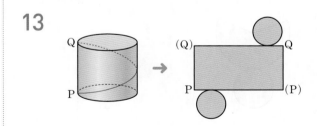

14

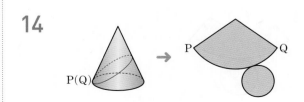

10분 연산 TEST 1회

01 다음 **보기**에서 회전체가 아닌 것을 모두 고르시오.

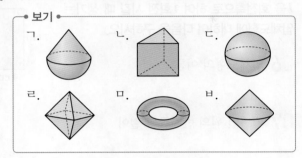

┌─ 보기 ─
ㄱ.   ㄴ.   ㄷ.

ㄹ.   ㅁ.   ㅂ.

02 다음 회전체와 그 회전체를 회전축을 포함하는 평면으로 자른 단면을 바르게 연결하시오.

(1) 구 •   • ㉠ 직사각형

(2) 원기둥 •   • ㉡ 사다리꼴

(3) 원뿔대 •   • ㉢ 이등변삼각형

(4) 원뿔 •   • ㉣ 원

[03~06] 다음 중 회전체에 대한 설명으로 옳은 것에는 ○표, 옳지 않은 것에는 ×표를 하시오.

03 모든 회전체의 회전축은 하나뿐이다.   (   )

04 원뿔대를 회전축을 포함하는 평면으로 자른 단면은 원이다.   (   )

05 회전체를 회전축을 포함하는 평면으로 자른 단면은 선대칭도형이다.   (   )

06 구를 회전축에 수직인 평면으로 자를 때 생기는 단면은 구의 중심을 지날 때 그 크기가 가장 크다.   (   )

[07~09] 오른쪽 그림과 같은 도형을 직선 l을 회전축으로 하여 1회전 시킬 때 생기는 입체도형에 대하여 다음을 구하시오.

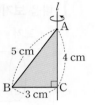

07 입체도형의 이름

08 밑면인 원의 반지름의 길이

09 모선의 길이

10 오른쪽 그림과 같은 원기둥을 회전축에 수직인 평면으로 자른 단면의 넓이를 구하시오.

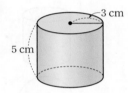

[11~12] 오른쪽 그림과 같은 전개도로 만들어지는 원뿔대에 대하여 다음을 구하시오.

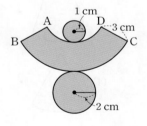

11 $\overparen{AD}$의 길이

12 $\overparen{BC}$의 길이

[13~14] 오른쪽 그림과 같은 전개도로 만들어지는 입체도형에 대하여 다음을 구하시오.

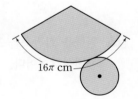

13 밑면인 원의 반지름의 길이

14 밑면의 넓이

맞힌 개수   개 / 14개

10분 연산 TEST 2회

01 다음 **보기**에서 회전체가 아닌 것을 모두 고르시오.

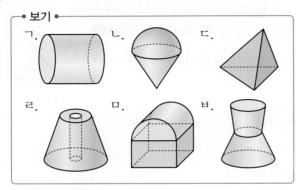

02 다음 회전체와 그 회전체를 회전축을 포함하는 평면으로 자른 단면을 바르게 연결하시오.

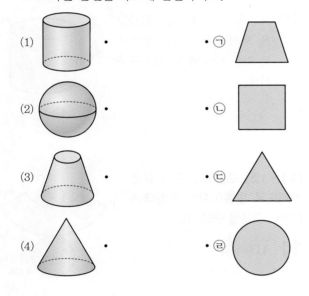

[03~05] 다음 중 회전체에 대한 설명으로 옳은 것에는 ○표, 옳지 않은 것에는 ×표를 하시오.

03 구의 회전축은 하나뿐이다. (   )

04 원뿔을 회전축을 포함하는 평면으로 자른 단면은 이등변삼각형이다. (   )

05 회전체를 회전축에 수직인 평면으로 자른 단면은 모두 합동이다. (   )

[06~08] 오른쪽 그림과 같은 도형을 직선 l을 회전축으로 하여 1회전 시킬 때 생기는 입체도형에 대하여 다음을 구하시오.

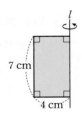

06 입체도형의 이름

07 밑면인 원의 반지름의 길이

08 모선의 길이

09 오른쪽 그림과 같은 원뿔을 회전축을 포함하는 평면으로 자른 단면의 넓이를 구하시오.

[10~11] 오른쪽 그림과 같은 전개도로 만들어지는 원뿔대에 대하여 다음을 구하시오.

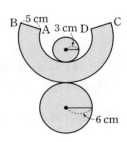

10 $\overset{\frown}{AD}$의 길이

11 $\overset{\frown}{BC}$의 길이

[12~13] 오른쪽 그림과 같은 전개도로 만들어지는 입체도형에 대하여 다음을 구하시오.

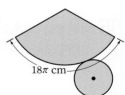

12 밑면인 원의 반지름의 길이

13 밑면의 넓이

맞힌 개수 개/13개

학교 시험 PREVIEW

스스로 개념 점검

1. 다면체와 회전체

(1) ▢ : 각기둥, 각뿔과 같이 다각형인 면으로만 둘러싸인 입체도형

(2) ▢ : 각뿔을 그 밑면에 평행한 평면으로 자를 때 생기는 두 다면체 중에서 각뿔이 아닌 쪽의 입체도형

(3) ▢ : 다면체 중에서 모든 면이 합동인 정다각형이고, 각 꼭짓점에 모인 면의 개수가 모두 같은 다면체

(4) 평면도형을 한 직선을 축으로 하여 1회전 시킬 때 생기는 입체도형을 ▢ 라 하고, 회전시킬 때 축으로 사용한 직선을 ▢ 이라 한다.

(5) ▢ : 원뿔을 그 밑면에 평행한 평면으로 자를 때 생기는 두 입체도형 중에서 원뿔이 아닌 쪽의 입체도형

---

01 출제율 80%

다음 **보기**에서 다면체는 모두 몇 개인가?

┌─ 보기 ─────────────────
ㄱ. 삼각뿔   ㄴ. 정사면체   ㄷ. 원기둥
ㄹ. 오각기둥   ㅁ. 원뿔   ㅂ. 사각뿔대
ㅅ. 정이십면체   ㅇ. 구   ㅈ. 육각기둥
└───────────────────────

① 3개   ② 4개   ③ 5개
④ 6개   ⑤ 7개

02

다음 다면체 중 면의 개수가 가장 많은 것은?

① 사각기둥   ② 오각뿔   ③ 오각뿔대
④ 육각뿔   ⑤ 육각기둥

03

다음 중 입체도형과 그 입체도형의 옆면의 모양이 바르게 짝 지어지지 않은 것은?

① 사각뿔 – 삼각형   ② 육각뿔 – 삼각형
③ 육각기둥 – 직사각형   ④ 삼각뿔대 – 삼각형
⑤ 사각뿔대 – 사다리꼴

04

다음 다면체 중 꼭짓점의 개수가 나머지 넷과 다른 하나는?

① 직육면체   ② 사각뿔   ③ 사각뿔대
④ 사각기둥   ⑤ 칠각뿔

05

사각뿔대의 면의 개수를 a, 모서리의 개수를 b라 할 때, $a+b$의 값은?

① 12   ② 14   ③ 16
④ 18   ⑤ 20

06

다음 조건을 만족시키는 입체도형은?

┌───────────────────────
(가) 두 밑면이 서로 평행하다.
(나) 옆면의 모양이 사다리꼴이다.
(다) 팔면체이다.
└───────────────────────

① 사각뿔대   ② 사각기둥   ③ 육각뿔대
④ 육각기둥   ⑤ 팔각뿔대

---

07 ⚠ 실수 주의

다음 중 정다면체에 대한 설명으로 옳지 않은 것은?

① 정다면체는 5가지뿐이다.
② 정사면체의 꼭짓점의 개수와 면의 개수는 같다.
③ 정육면체와 정팔면체는 모서리의 개수가 같다.
④ 한 꼭짓점에 모인 면의 개수가 3인 정다면체는 2가지이다.
⑤ 정다면체 중 한 꼭짓점에 모인 면의 개수가 5인 정다면체는 정이십면체이다.

08 출제율 85%

다음 중 오른쪽 그림의 전개도로 만들어지는 정다면체에 대한 설명으로 옳지 <u>않은</u> 것은?

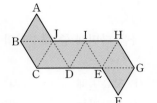

① 꼭짓점의 개수는 6이다.
② 모서리의 개수는 12이다.
③ 점 D와 겹쳐지는 점은 점 F이다.
④ $\overline{AB}$와 겹쳐지는 모서리는 $\overline{IH}$이다.
⑤ 한 꼭짓점에 모인 면의 개수는 3이다.

09

다음 중 회전체가 <u>아닌</u> 것은?

① 원뿔   ② 원기둥   ③ 정이십면체
④ 원뿔대   ⑤ 반구

10

다음 중 오른쪽 그림과 같은 평면도형을 직선 l 을 회전축으로 하여 1회전 시킬 때 생기는 입체도형은?

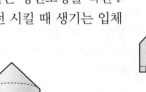

①   ②

③   ④   ⑤

11

오른쪽 그림과 같은 원뿔대를 회전축을 포함하는 평면으로 자른 단면의 넓이는?

① 20 cm²   ② 25 cm²
③ 30 cm²   ④ 35 cm²
⑤ 40 cm²

12 실수 주의

다음 중 오른쪽 그림의 사다리꼴을 직선 l을 회전축으로 하여 1회전 시킬 때 생기는 회전체에 대한 설명으로 옳지 <u>않은</u> 것은?

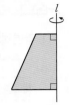

① 회전체의 모양은 원뿔대이다.
② 회전축을 포함하는 평면으로 자른 단면은 모두 합동이다.
③ 회전축을 포함하는 평면으로 자른 단면은 선대칭도형이다.
④ 회전축에 수직인 평면으로 자른 단면은 모두 합동이다.
⑤ 회전축에 수직인 평면으로 자른 단면은 항상 원이다.

13 서술형

오른쪽 그림과 같은 회전체의 전개도를 그릴 때, 옆면의 둘레의 길이를 구하시오.

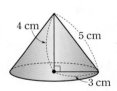

채점기준 1 전개도 그리기

채점기준 2 전개도에서 부채꼴의 호의 길이 구하기

채점기준 3 옆면의 둘레의 길이 구하기

한눈에 쏙 개념 한바닥

입체도형의 겉넓이와 부피

01 기둥의 겉넓이와 부피

(1) 각기둥의 겉넓이

$$(각기둥의 겉넓이) = (밑넓이) \times 2 + (옆넓이)$$

→ 밑면의 넓이　　→ 옆면의 넓이

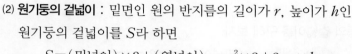

(2) 원기둥의 겉넓이 : 밑면인 원의 반지름의 길이가 r, 높이가 h인 원기둥의 겉넓이를 S라 하면

$$S = (밑넓이) \times 2 + (옆넓이) = \pi r^2 \times 2 + 2\pi r \times h$$
$$= 2\pi r^2 + 2\pi r h$$

→ 밑면의 둘레의 길이

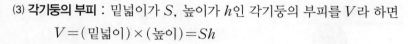

(3) 각기둥의 부피 : 밑넓이가 S, 높이가 h인 각기둥의 부피를 V라 하면

$$V = (밑넓이) \times (높이) = Sh$$

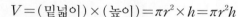

(4) 원기둥의 부피 : 밑면인 원의 반지름의 길이가 r, 높이가 h인 원기둥의 부피를 V라 하면

$$V = (밑넓이) \times (높이) = \pi r^2 \times h = \pi r^2 h$$

02 뿔의 겉넓이와 부피

(1) 각뿔의 겉넓이

$$(각뿔의 겉넓이) = (밑넓이) + (옆넓이)$$

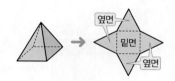

(2) 원뿔의 겉넓이 : 밑면인 원의 반지름의 길이가 r, 모선의 길이가 l인 원뿔의 겉넓이를 S라 하면

$$S = (밑넓이) + (옆넓이) = \pi r^2 + \frac{1}{2} \times l \times 2\pi r$$
$$= \pi r^2 + \pi r l$$

→ (부채꼴의 넓이) = $\frac{1}{2} \times$ (반지름의 길이) $\times$ (호의 길이)

(3) 각뿔의 부피 : 밑넓이가 S, 높이가 h인 각뿔의 부피를 V라 하면

$$V = \frac{1}{3} \times (밑넓이) \times (높이) = \frac{1}{3}Sh \rightarrow \frac{1}{3} \times (기둥의 부피)$$

(4) 원뿔의 부피 : 밑면인 원의 반지름의 길이가 r, 높이가 h인 원뿔의 부피를 V라 하면

$$V = \frac{1}{3} \times (밑넓이) \times (높이) = \frac{1}{3} \times \pi r^2 \times h = \frac{1}{3}\pi r^2 h$$

03 구의 겉넓이와 부피

반지름의 길이가 r인 구의 겉넓이를 S, 부피를 V라 하면

(1) 구의 겉넓이 : $S = 4\pi r^2$　　　　**(2) 구의 부피** : $V = \frac{4}{3}\pi r^3$

→ 반지름의 길이가 r인 원의 넓이의 4배

(1) 다음 그림과 같은 각기둥의 겉넓이를 구해 보자.

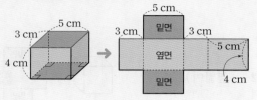

$(밑넓이)=5\times3=15(cm^2)$

$(옆넓이)=(3+5+3+5)\times4$

→ 밑면의 둘레의 길이

$=64(cm^2)$

$\therefore (겉넓이)=(밑넓이)\times2+(옆넓이)$

$=15\times2+64=94(cm^2)$

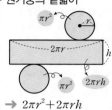
(2) 다음 그림과 같은 원기둥의 겉넓이를 구해 보자.

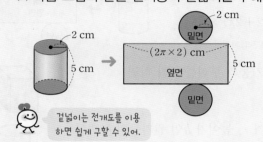

$(밑넓이)=\pi\times2^2=4\pi(cm^2)$

$(옆넓이)=(2\pi\times2)\times5$

→ 밑면의 둘레의 길이

$=20\pi(cm^2)$

$\therefore (겉넓이)=(밑넓이)\times2+(옆넓이)$

$=4\pi\times2+20\pi=28\pi(cm^2)$

겉넓이는 전개도를 이용하면 쉽게 구할 수 있어.

✿ 아래 그림과 같은 각기둥의 전개도에서 다음을 구하시오.

따라해 01

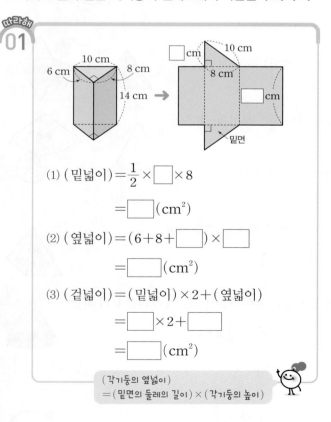

(1) $(밑넓이)=\dfrac{1}{2}\times\boxed{}\times8$

$=\boxed{}(cm^2)$

(2) $(옆넓이)=(6+8+\boxed{})\times\boxed{}$

$=\boxed{}(cm^2)$

(3) $(겉넓이)=(밑넓이)\times2+(옆넓이)$

$=\boxed{}\times2+\boxed{}$

$=\boxed{}(cm^2)$

(각기둥의 옆넓이)
= (밑면의 둘레의 길이)×(각기둥의 높이)

02

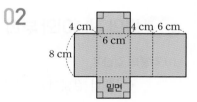

(1) 밑넓이 _____

(2) 옆넓이 _____

(3) 겉넓이 _____

03

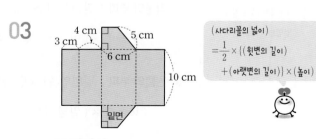

(사다리꼴의 넓이)
$=\dfrac{1}{2}\times\{(윗변의 길이)$
$+(아랫변의 길이)\}\times(높이)$

(1) 밑넓이 _____

(2) 옆넓이 _____

(3) 겉넓이 _____

✿ 다음 그림과 같은 각기둥의 겉넓이를 구하시오.

04

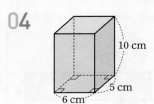

10 cm
5 cm
6 cm

_____

05

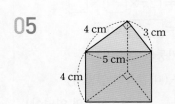

4 cm 3 cm
5 cm
4 cm

_____

06

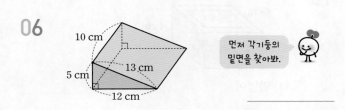

10 cm
13 cm
5 cm
12 cm

먼저 각기둥의
밑면을 찾아봐.

_____

07

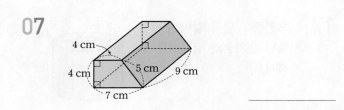

4 cm
4 cm 5 cm 9 cm
7 cm

_____

✿ 아래 그림과 같은 원기둥의 전개도에서 다음을 구하시오.

따라해 08

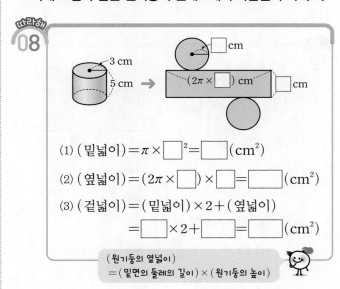

3 cm
5 cm → (2π × □) cm □ cm
□ cm

(1) (밑넓이) ＝ π × □² ＝ □ (cm²)

(2) (옆넓이) ＝ (2π × □) × □ ＝ □ (cm²)

(3) (겉넓이) ＝ (밑넓이) × 2 ＋ (옆넓이)

＝ □ × 2 ＋ □ ＝ □ (cm²)

(원기둥의 옆넓이)
＝ (밑면의 둘레의 길이) × (원기둥의 높이)

09

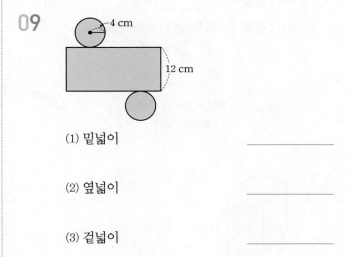

4 cm
12 cm

(1) 밑넓이 _____

(2) 옆넓이 _____

(3) 겉넓이 _____

✿ 다음 그림과 같은 원기둥의 겉넓이를 구하시오.

10

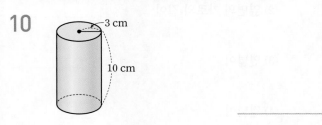

3 cm
10 cm

_____

11

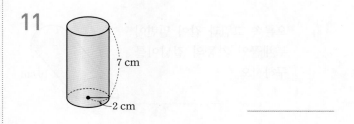

7 cm
2 cm

_____

✤ 아래 그림과 같이 밑면이 부채꼴인 기둥에서 다음을 구하시오.

12

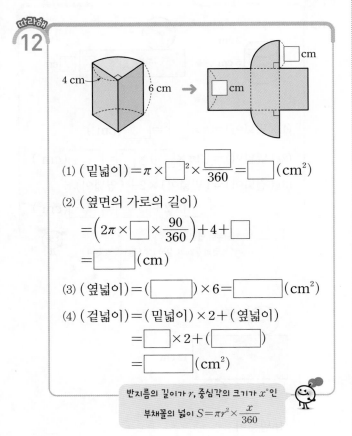

(1) (밑넓이) $= \pi \times \boxed{}^2 \times \dfrac{\boxed{}}{360} = \boxed{}$ (cm^2)

(2) (옆면의 가로의 길이)

$= \left(2\pi \times \boxed{} \times \dfrac{90}{360} \right) + 4 + \boxed{}$

$= \boxed{}$ (cm)

(3) (옆넓이) $= \left(\boxed{} \right) \times 6 = \boxed{}$ (cm^2)

(4) (겉넓이) $=$ (밑넓이) $\times 2 +$ (옆넓이)

$= \boxed{} \times 2 + \left(\boxed{} \right)$

$= \boxed{}$ (cm^2)

> 반지름의 길이가 r, 중심각의 크기가 $x°$인
> 부채꼴의 넓이 $S = \pi r^2 \times \dfrac{x}{360}$

13

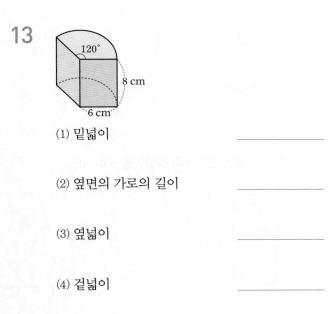

(1) 밑넓이 _____

(2) 옆면의 가로의 길이 _____

(3) 옆넓이 _____

(4) 겉넓이 _____

14 오른쪽 그림과 같이 밑면이 부채꼴인 기둥의 겉넓이를 구하시오.

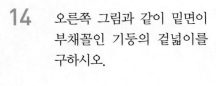

_____

✤ 아래 그림과 같이 구멍이 뚫린 기둥에서 다음을 구하시오.

15

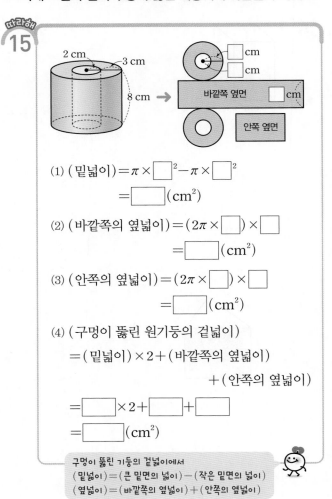

(1) (밑넓이) $= \pi \times \boxed{}^2 - \pi \times \boxed{}^2$

$= \boxed{}$ (cm^2)

(2) (바깥쪽의 옆넓이) $= \left(2\pi \times \boxed{} \right) \times \boxed{}$

$= \boxed{}$ (cm^2)

(3) (안쪽의 옆넓이) $= \left(2\pi \times \boxed{} \right) \times \boxed{}$

$= \boxed{}$ (cm^2)

(4) (구멍이 뚫린 원기둥의 겉넓이)

$=$ (밑넓이) $\times 2 +$ (바깥쪽의 옆넓이)

$+$ (안쪽의 옆넓이)

$= \boxed{} \times 2 + \boxed{} + \boxed{}$

$= \boxed{}$ (cm^2)

> 구멍이 뚫린 기둥의 겉넓이에서
> (밑넓이) = (큰 밑면의 넓이) − (작은 밑면의 넓이)
> (옆넓이) = (바깥쪽의 옆넓이) + (안쪽의 옆넓이)

16

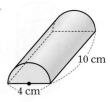

(1) 밑넓이 _____

(2) 바깥쪽의 옆넓이 _____

(3) 안쪽의 옆넓이 _____

(4) 구멍이 뚫린 사각기둥의 겉넓이

_____

17 오른쪽 그림과 같이 구멍이 뚫린 원기둥의 겉넓이를 구하시오.

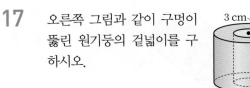

_____

02 기둥의 부피

VISUAL 개념연산

→ 정답 및 풀이 47쪽

(1) 다음 그림과 같은 각기둥의 부피를 구해 보자.

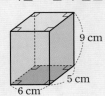

(밑넓이) $= 6 \times 5 = 30 \, (cm^2)$
(높이) $= 9 \, cm$
∴ (부피) $=$ (밑넓이) × (높이)
$= 30 \times 9 = 270 \, (cm^3)$

개념 POINT

(기둥의 부피)
$=$ (밑넓이) × (높이)

(2) 다음 그림과 같은 원기둥의 부피를 구해 보자.

(밑넓이) $= \pi \times 4^2 = 16\pi \, (cm^2)$
(높이) $= 10 \, cm$
∴ (부피) $=$ (밑넓이) × (높이)
$= 16\pi \times 10 = 160\pi \, (cm^3)$

실수 Check

겉넓이와 부피를 구할 때는
단위에 주의한다. 즉,
길이의 단위 : cm, m, …
넓이의 단위 : cm^2, m^2, …
부피의 단위 : cm^3, m^3, …

✳ 아래 그림과 같은 각기둥에서 다음을 구하시오.

따라해
01

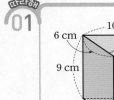

(1) (밑넓이) $= \dfrac{1}{2} \times \boxed{} \times 8$

$= \boxed{} \, (cm^2)$

(2) (높이) $= \boxed{} \, cm$

(3) (부피) $=$ (밑넓이) × (높이)

$= \boxed{} \times \boxed{}$

$= \boxed{} \, (cm^3)$

02

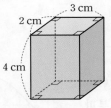

(1) 밑넓이 _____

(2) 높이 _____

(3) 부피 _____

✳ 다음 그림과 같은 각기둥의 부피를 구하시오.

03

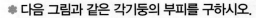
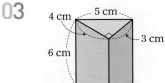

_____

04

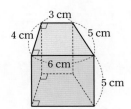

_____

05

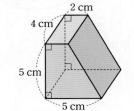

먼저 각기둥의
밑면을 찾아봐.

_____

✿ 다음 그림과 같은 원기둥의 부피를 구하시오.

06

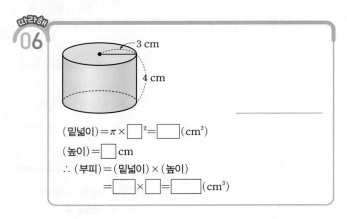

(밑넓이)$= \pi \times \boxed{}^2 = \boxed{}$ (cm^2)

(높이)$= \boxed{}$ cm

∴ (부피)$=$ (밑넓이)$\times$ (높이)

$ = \boxed{} \times \boxed{} = \boxed{}$ (cm^3)

07

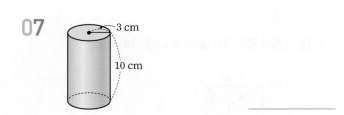

08

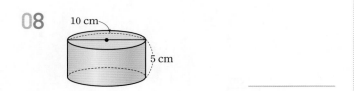

09 오른쪽 그림과 같은 입체도형
에 대하여 다음을 구하시오.
(1) 위쪽 원기둥의 부피

(2) 아래쪽 원기둥의 부피

(3) 입체도형의 부피

✿ 아래 그림과 같이 밑면이 부채꼴인 기둥에서 다음을 구하
시오.

10

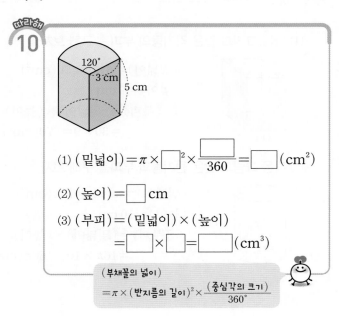

(1) (밑넓이)$= \pi \times \boxed{}^2 \times \dfrac{\boxed{}}{360} = \boxed{}$ (cm^2)

(2) (높이)$= \boxed{}$ cm

(3) (부피)$=$ (밑넓이)$\times$ (높이)

$ = \boxed{} \times \boxed{} = \boxed{}$ (cm^3)

> (부채꼴의 넓이)
> $= \pi \times ($반지름의 길이$)^2 \times \dfrac{(중심각의 크기)}{360°}$

11

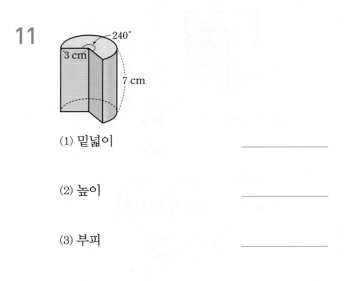

(1) 밑넓이

(2) 높이

(3) 부피

12 오른쪽 그림과 같이 밑면
이 부채꼴인 기둥의 부피
를 구하시오.

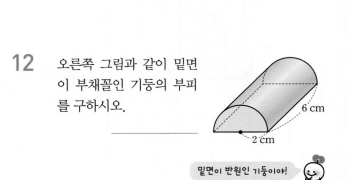

> 밑면이 반원인 기둥이야!

✿ 아래 그림과 같이 구멍이 뚫린 기둥에서 다음을 구하시오.

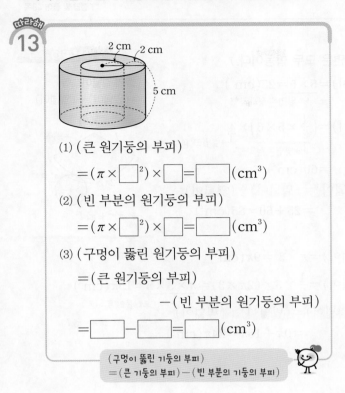

13

(1) (큰 원기둥의 부피)

$= (\pi \times \boxed{}^2) \times \boxed{} = \boxed{} \,(\text{cm}^3)$

(2) (빈 부분의 원기둥의 부피)

$= (\pi \times \boxed{}^2) \times \boxed{} = \boxed{} \,(\text{cm}^3)$

(3) (구멍이 뚫린 원기둥의 부피)

= (큰 원기둥의 부피)

　　　　　 − (빈 부분의 원기둥의 부피)

$= \boxed{} - \boxed{} = \boxed{} \,(\text{cm}^3)$

> (구멍이 뚫린 기둥의 부피)
> = (큰 기둥의 부피) − (빈 부분의 기둥의 부피)

14

(1) 큰 사각기둥의 부피 _____

(2) 빈 부분의 사각기둥의 부피 _____

(3) 구멍이 뚫린 사각기둥의 부피 _____

15 오른쪽 그림과 같이 구멍이 뚫린 원기둥의 부피를 구하시오.

_____

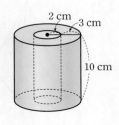

✿ 오른쪽 그림과 같은 직사각형을 직선 l을 회전축으로 하여 1회전 시킬 때 생기는 입체도형에 대하여 다음 물음에 답하시오.

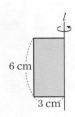

16 입체도형의 겨냥도를 그리시오.

17 입체도형의 겉넓이를 구하시오. _____

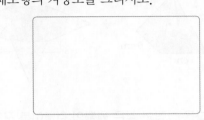

(밑넓이) $= \pi \times \boxed{}^2 = \boxed{} \,(\text{cm}^2)$

(옆넓이) $= (2\pi \times \boxed{}) \times \boxed{} = \boxed{} \,(\text{cm}^2)$

∴ (겉넓이) = (밑넓이) × 2 + (옆넓이)

$= \boxed{} \times 2 + \boxed{} = \boxed{} \,(\text{cm}^2)$

18 입체도형의 부피를 구하시오. _____

(부피) = (밑넓이) × (높이)

$= \boxed{} \times 6 = \boxed{} \,(\text{cm}^3)$

19 오른쪽 그림과 같은 직사각형을 직선 l을 회전축으로 하여 1회전 시킬 때 생기는 입체도형에 대하여 다음을 구하시오.

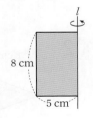

(1) 겉넓이 _____

(2) 부피 _____

03 VISUAL 개념연산 뿔의 겉넓이

⤷ 정답 및 풀이 48쪽

(1) 다음 그림과 같은 각뿔의 겉넓이를 구해 보자. (단, 옆면은 모두 합동이다.)

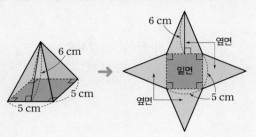

$(밑넓이) = 5 \times 5 = 25(cm^2)$
⤷ 밑면은 정사각형

$(옆넓이) = \left(\dfrac{1}{2} \times 5 \times 6\right) \times 4$
⤷ 옆면은 삼각형   ⤷ 옆면의 개수
$= 60(cm^2)$

$\therefore (겉넓이) = (밑넓이) + (옆넓이)$
$= 25 + 60 = 85(cm^2)$

개념 POINT

- (뿔의 겉넓이)
  = (밑넓이) + (옆넓이)
- 원뿔의 겉넓이

$$\to \pi r^2 + \pi rl$$

(2) 다음 그림과 같은 원뿔의 겉넓이를 구해 보자.

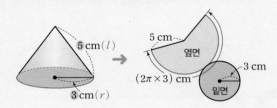

$(밑넓이) = \pi \times 3^2 = 9\pi(cm^2)$

$(옆넓이) = \dfrac{1}{2} \times 5 \times (2\pi \times 3) = \underline{\pi \times 3 \times 5} = 15\pi(cm^2)$
⤷ (부채꼴의 넓이)
$= \dfrac{1}{2} \times l \times 2\pi r = \pi rl$

$\therefore (겉넓이) = (밑넓이) + (옆넓이)$
$= 9\pi + 15\pi = 24\pi(cm^2)$

✾ 아래 그림과 같은 각뿔의 전개도에서 다음을 구하시오.
(단, 옆면은 모두 합동이다.)

따라해 01

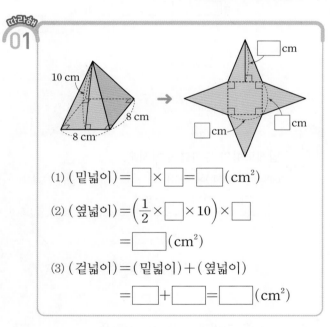

(1) $(밑넓이) = \boxed{} \times \boxed{} = \boxed{}(cm^2)$

(2) $(옆넓이) = \left(\dfrac{1}{2} \times \boxed{} \times 10\right) \times \boxed{}$
$= \boxed{}(cm^2)$

(3) $(겉넓이) = (밑넓이) + (옆넓이)$
$= \boxed{} + \boxed{} = \boxed{}(cm^2)$

02

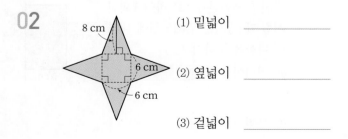

(1) 밑넓이 _____

(2) 옆넓이 _____

(3) 겉넓이 _____

✾ 다음 그림과 같은 각뿔의 겉넓이를 구하시오.
(단, 옆면은 모두 합동이다.)

03

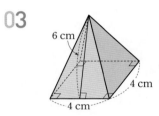

_____

04

_____

05

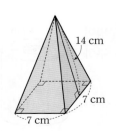

_____

❀ 아래 그림과 같은 원뿔에서 다음을 구하시오.

06

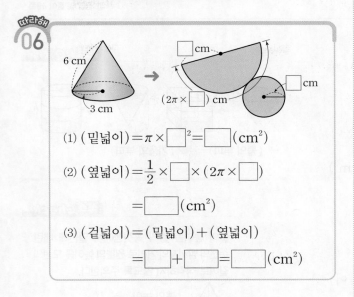

(1) (밑넓이) $= \pi \times \boxed{}^2 = \boxed{}$ (cm²)

(2) (옆넓이) $= \dfrac{1}{2} \times \boxed{} \times (2\pi \times \boxed{})$

$\qquad = \boxed{}$ (cm²)

(3) (겉넓이) $=$ (밑넓이) $+$ (옆넓이)

$\qquad = \boxed{} + \boxed{} = \boxed{}$ (cm²)

07

(1) 밑넓이 _____

(2) 옆넓이 _____

(3) 겉넓이 _____

08 오른쪽 그림과 같은 원뿔의
겉넓이를 구하시오.

_____

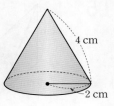

❀ 다음 그림과 같은 전개도로 만들어지는 원뿔의 겉넓이를
구하시오.

09

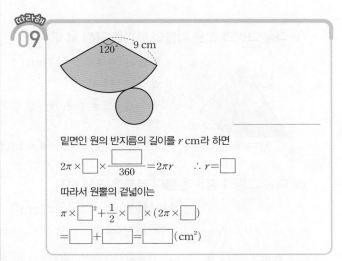

_____

밑면인 원의 반지름의 길이를 r cm라 하면

$2\pi \times \boxed{} \times \dfrac{\boxed{}}{360} = 2\pi r \qquad \therefore r = \boxed{}$

따라서 원뿔의 겉넓이는

$\pi \times \boxed{}^2 + \dfrac{1}{2} \times \boxed{} \times (2\pi \times \boxed{})$

$= \boxed{} + \boxed{} = \boxed{}$ (cm²)

10

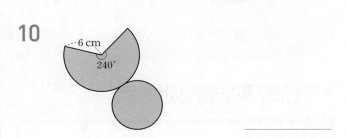

_____

11

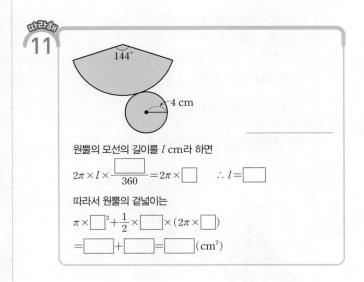

원뿔의 모선의 길이를 l cm라 하면

$2\pi \times l \times \dfrac{\boxed{}}{360} = 2\pi \times \boxed{} \qquad \therefore l = \boxed{}$

따라서 원뿔의 겉넓이는

$\pi \times \boxed{}^2 + \dfrac{1}{2} \times \boxed{} \times (2\pi \times \boxed{})$

$= \boxed{} + \boxed{} = \boxed{}$ (cm²)

12

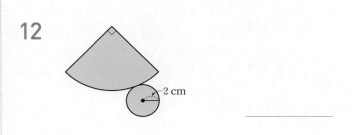

_____

04 VISUAL 개념연산 **뿔의 부피**

➔ 정답 및 풀이 48쪽

(1) 다음 그림과 같은 각뿔의 부피를 구해 보자.

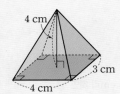

$(밑넓이) = 4 \times 3 = 12 (cm^2)$

$(높이) = 4 cm$

$$\therefore (부피) = \frac{1}{3} \times (밑넓이) \times (높이)$$

$$= \frac{1}{3} \times 12 \times 4 = 16 (cm^3)$$

(2) 다음 그림과 같은 원뿔의 부피를 구해 보자.

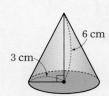

$(밑넓이) = \pi \times 3^2 = 9\pi (cm^2)$

$(높이) = 6 cm$

$$\therefore (부피) = \frac{1}{3} \times (밑넓이) \times (높이)$$

$$= \frac{1}{3} \times 9\pi \times 6 = 18\pi (cm^3)$$

개념 POINT

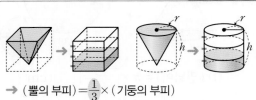

➔ (뿔의 부피) $= \frac{1}{3} \times$ (기둥의 부피)

실수 Check

뿔의 높이는 뿔의 꼭짓점에서 밑면에 내린 수선의 발까지의 거리로 원뿔의 높이를 모선의 길이로 착각하지 않도록 주의한다.

 뿔의 높이 ➔ $l (\times)$

　　　　　　　　　　$h (\bigcirc)$

✿ **아래 그림과 같은 각뿔에서 다음을 구하시오.**

 01

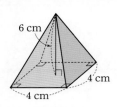

(1) $(밑넓이) = 4 \times \boxed{} = \boxed{} (cm^2)$

(2) $(높이) = \boxed{} cm$

(3) $(부피) = \frac{1}{3} \times (밑넓이) \times (높이)$

$$= \frac{1}{3} \times \boxed{} \times \boxed{} = \boxed{} (cm^3)$$

02

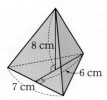

(1) 밑넓이　　　_____

(2) 높이　　　_____

(3) 부피　　　_____

✿ **다음 그림과 같은 각뿔의 부피를 구하시오.**

03

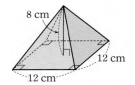

_____

04

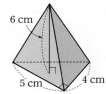

_____

05

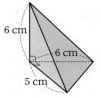

_____

✿ 다음 그림과 같은 원뿔의 부피를 구하시오.

06

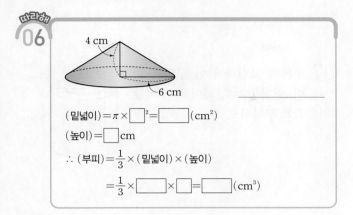

(밑넓이)=$\pi \times \boxed{}^2=\boxed{}$ (cm²)

(높이)=$\boxed{}$ cm

∴ (부피)=$\dfrac{1}{3} \times$ (밑넓이) $\times$ (높이)

$=\dfrac{1}{3} \times \boxed{} \times \boxed{}=\boxed{}$ (cm³)

07

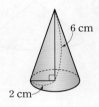

08

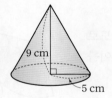

09 오른쪽 그림과 같은 입체도형에 대하여 다음을 구하시오.

(1) 위쪽 원뿔의 부피

_____

(2) 아래쪽 원뿔의 부피 _____

(3) 입체도형의 부피 _____

✿ 아래 그림과 같이 직육면체를 세 꼭짓점 B, G, D를 지나는 평면으로 잘랐을 때 생기는 삼각뿔에 대하여 다음을 구하시오.

10

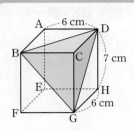

(1) △BCD의 넓이

→ △BCD=$\dfrac{1}{2} \times \boxed{} \times 6=\boxed{}$ (cm²)

(2) $\overline{CG}$의 길이

→ $\overline{CG}$는 삼각뿔의 높이이고, 그 길이는 $\boxed{}$ cm이다.

(3) 삼각뿔의 부피

→ (부피)=$\dfrac{1}{3} \times$ (밑넓이) $\times$ (높이)

$=\dfrac{1}{3} \times \boxed{} \times \boxed{}=\boxed{}$ (cm³)

11

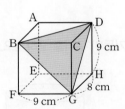

(1) △BCD의 넓이

_____

(2) $\overline{CG}$의 길이

_____

(3) 삼각뿔의 부피

_____

12 오른쪽 그림과 같이 직육면체를 세 꼭짓점 B, G, D를 지나는 평면으로 잘랐을 때 생기는 삼각뿔의 부피를 구하시오.

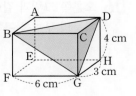

_____

10분 연산 TEST 1회

[01~02] 다음 그림과 같은 기둥의 겉넓이를 구하시오.

01

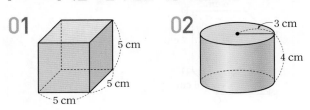

5 cm
5 cm
5 cm

02

3 cm
4 cm

07 오른쪽 그림과 같이 구멍이 뚫린 원기둥의 겉넓이와 부피를 각각 구하시오.

3 cm
2 cm
9 cm

03 오른쪽 그림과 같이 밑면이 부채꼴인 기둥의 겉넓이를 구하시오.

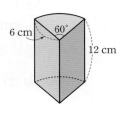

6 cm 60°
12 cm

[08~09] 다음 그림과 같은 입체도형의 겉넓이를 구하시오.

08

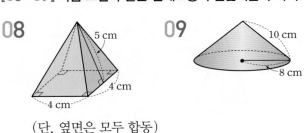

5 cm
4 cm
4 cm

09

10 cm
8 cm

(단, 옆면은 모두 합동)

[04~05] 다음 그림과 같은 기둥의 부피를 구하시오.

04

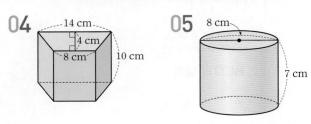

14 cm
4 cm
8 cm
10 cm

05

8 cm
7 cm

10 오른쪽 그림과 같은 전개도로 만들어지는 원뿔의 겉넓이를 구하시오.

120°
6 cm

[11~12] 다음 그림과 같은 입체도형의 부피를 구하시오.

06 오른쪽 그림과 같이 밑면이 부채꼴인 기둥의 부피를 구하시오.

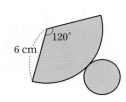

2 cm
10 cm

11

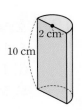

6 cm
4 cm
3 cm

12

5 cm
6 cm

맞힌 개수 | 개/12개

10분 연산 TEST 2회

[01~02] 다음 그림과 같은 기둥의 겉넓이를 구하시오.

01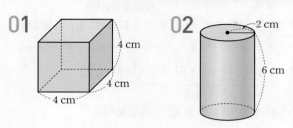

02

07 오른쪽 그림과 같이 구멍이 뚫린 원기둥의 겉넓이와 부피를 각각 구하시오.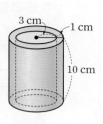

03 오른쪽 그림과 같이 밑면이 부채꼴인 기둥의 겉넓이를 구하시오.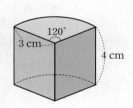

[08~09] 다음 그림과 같은 입체도형의 겉넓이를 구하시오.

08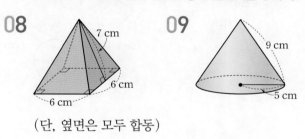

09

(단, 옆면은 모두 합동)

[04~05] 다음 그림과 같은 기둥의 부피를 구하시오.

04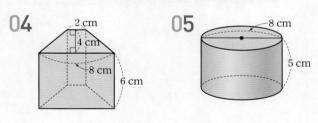

05

10 오른쪽 그림과 같은 전개도로 만들어지는 원뿔의 겉넓이를 구하시오.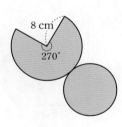

06 오른쪽 그림과 같이 밑면이 부채꼴인 기둥의 부피를 구하시오.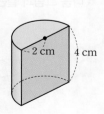

[11~12] 다음 그림과 같은 입체도형의 부피를 구하시오.

11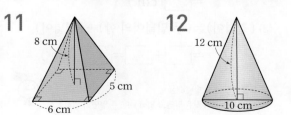

12

맞힌 개수 　개／12개

05 뿔대의 겉넓이

정답 및 풀이 50쪽

(1) 다음 그림과 같은 각뿔대의 겉넓이를 구해 보자. (단, 옆면은 모두 합동이다.)

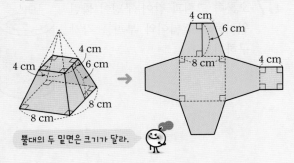

뿔대의 두 밑면은 크기가 달라.

(두 밑넓이의 합)
$=4\times4+8\times8=80(\mathrm{cm}^2)$
→ 두 밑면은 모두 정사각형

(옆넓이)$=\left\{\dfrac{1}{2}\times(4+8)\times6\right\}\times4=144(\mathrm{cm}^2)$
→ 옆면은 사다리꼴   → 옆면의 개수

∴ (겉넓이)=(두 밑넓이의 합)+(옆넓이)
$=80+144=224(\mathrm{cm}^2)$

> (뿔대의 겉넓이)
> =(두 밑넓이의 합)+(옆넓이)

(2) 다음 그림과 같은 원뿔대의 겉넓이를 구해 보자.

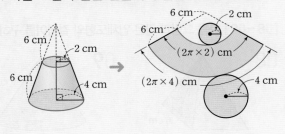

(두 밑넓이의 합)$=\pi\times2^2+\pi\times4^2=20\pi(\mathrm{cm}^2)$

(옆넓이)$=\dfrac{1}{2}\times12\times(2\pi\times4)-\dfrac{1}{2}\times6\times(2\pi\times2)$
→ (큰 부채꼴의 넓이)−(작은 부채꼴의 넓이)
$=48\pi-12\pi=36\pi(\mathrm{cm}^2)$

∴ (겉넓이)=(두 밑넓이의 합)+(옆넓이)
$=20\pi+36\pi=56\pi(\mathrm{cm}^2)$

✿ 아래 그림과 같은 각뿔대에서 다음을 구하시오.
(단, 옆면은 모두 합동이다.)

따라해 01

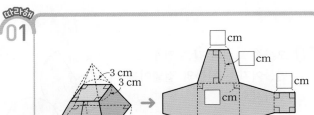

(1) (두 밑넓이의 합)$=3\times\boxed{}+6\times\boxed{}$
$=\boxed{}(\mathrm{cm}^2)$

(2) (옆넓이)$=\left\{\dfrac{1}{2}\times(\boxed{}+\boxed{})\times\boxed{}\right\}\times\boxed{}$
$=\boxed{}(\mathrm{cm}^2)$

(3) (겉넓이)=(두 밑넓이의 합)+(옆넓이)
$=\boxed{}+\boxed{}=\boxed{}(\mathrm{cm}^2)$

> (두 밑넓이의 합)
> =(작은 밑면의 넓이)+(큰 밑면의 넓이)

02

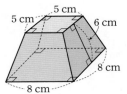

(1) 두 밑넓이의 합 _____

(2) 옆넓이 _____

(3) 겉넓이 _____

✿ 다음 그림과 같은 각뿔대의 겉넓이를 구하시오.
(단, 옆면은 모두 합동이다.)

03

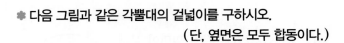

_____

04

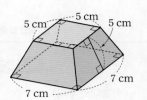

5 cm, 5 cm, 5 cm, 5 cm, 7 cm, 7 cm

_____

❋ 아래 그림과 같은 원뿔대에서 다음을 구하시오.

05

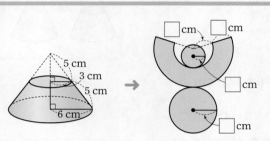

5 cm, 3 cm, 5 cm, 6 cm → □ cm, □ cm, □ cm, □ cm

(1) (두 밑넓이의 합) $= \pi \times \boxed{}^2 + \pi \times \boxed{}^2$

$= \boxed{}$ (cm^2)

(2) (옆넓이)

= (큰 부채꼴의 넓이) − (작은 부채꼴의 넓이)

$= \dfrac{1}{2} \times \boxed{} \times (2\pi \times \boxed{})$

$- \dfrac{1}{2} \times \boxed{} \times (2\pi \times \boxed{})$

$= 60\pi - \boxed{} = \boxed{}$ (cm^2)

(3) (겉넓이) = (두 밑넓이의 합) + (옆넓이)

$= \boxed{} + \boxed{} = \boxed{}$ (cm^2)

(두 밑넓이의 합) = (작은 원의 넓이) + (큰 원의 넓이)

06

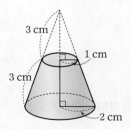

3 cm, 1 cm, 3 cm, 2 cm

(1) 두 밑넓이의 합 _____

(2) 옆넓이 _____

(3) 겉넓이 _____

❋ 다음 그림과 같은 원뿔대의 겉넓이를 구하시오.

07

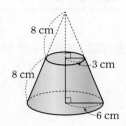

8 cm, 8 cm, 3 cm, 6 cm

_____

08

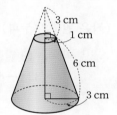

3 cm, 1 cm, 6 cm, 3 cm

_____

09

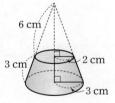

6 cm, 3 cm, 2 cm, 3 cm

_____

10

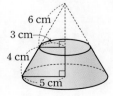

6 cm, 3 cm, 4 cm, 5 cm

_____

개념 POINT

(뿔대의 부피)
= (자르기 전 큰 뿔의 부피)
　　− (잘린 작은 뿔의 부피)

(1) 다음 그림과 같은 각뿔대의 부피를 구해 보자.

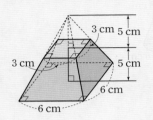

$$(큰\ 각뿔의\ 부피) = \frac{1}{3} \times (6 \times 6) \times 10$$
$$= 120 \,(\text{cm}^3)$$
$$(작은\ 각뿔의\ 부피) = \frac{1}{3} \times (3 \times 3) \times 5$$
$$= 15 \,(\text{cm}^3)$$
$$\therefore (부피) = (큰\ 각뿔의\ 부피) - (작은\ 각뿔의\ 부피)$$
$$= 120 - 15 = 105 \,(\text{cm}^3)$$

(2) 다음 그림과 같은 원뿔대의 부피를 구해 보자.

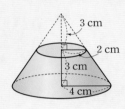

$$(큰\ 원뿔의\ 부피) = \frac{1}{3} \times (\pi \times 4^2) \times 6 = 32\pi \,(\text{cm}^3)$$
$$(작은\ 원뿔의\ 부피) = \frac{1}{3} \times (\pi \times 2^2) \times 3 = 4\pi \,(\text{cm}^3)$$
$$\therefore (부피) = (큰\ 원뿔의\ 부피) - (작은\ 원뿔의\ 부피)$$
$$= 32\pi - 4\pi = 28\pi \,(\text{cm}^3)$$

✿ **아래 그림과 같은 각뿔대에서 다음을 구하시오.**

따라해
01

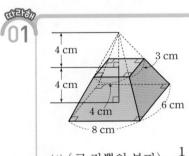

(1) $(큰\ 각뿔의\ 부피) = \frac{1}{3} \times (8 \times 6) \times \boxed{}$

　　　　　　 $= \boxed{} \,(\text{cm}^3)$

(2) $(작은\ 각뿔의\ 부피) = \frac{1}{3} \times (4 \times 3) \times \boxed{}$

　　　　　　 $= \boxed{} \,(\text{cm}^3)$

(3) (부피)

　　 = (큰 각뿔의 부피) − (작은 각뿔의 부피)

　　 $= \boxed{} - \boxed{}$

　　 $= \boxed{} \,(\text{cm}^3)$

02

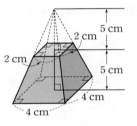

(1) 큰 각뿔의 부피　_____

(2) 작은 각뿔의 부피　_____

(3) 부피　_____

✿ **다음 그림과 같은 각뿔대의 부피를 구하시오.**

03

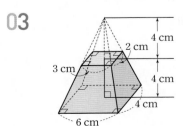

_____

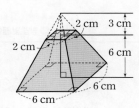

04

✿ 다음 그림과 같은 원뿔대의 부피를 구하시오.

07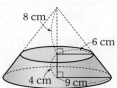

✿ 아래 그림과 같은 원뿔대에서 다음을 구하시오.

05

(1) (큰 원뿔의 부피) $= \dfrac{1}{3} \times (\pi \times \boxed{}^2) \times \boxed{}$

$= \boxed{} (cm^3)$

(2) (작은 원뿔의 부피) $= \dfrac{1}{3} \times (\pi \times \boxed{}^2) \times \boxed{}$

$= \boxed{} (cm^3)$

(3) (부피)

$=$ (큰 원뿔의 부피) $-$ (작은 원뿔의 부피)

$= \boxed{} - \boxed{}$

$= \boxed{} (cm^3)$

08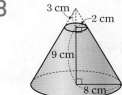

09 아래 그림과 같이 사다리꼴을 직선 l을 회전축으로 하여 1회전 시킬 때 생기는 원뿔대에 대하여 다음을 구하시오.

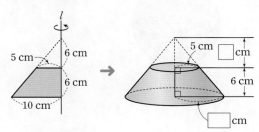

06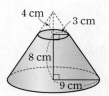

(1) 큰 원뿔의 부피 _____

(2) 작은 원뿔의 부피 _____

(3) 부피 _____

(1) 큰 원뿔의 부피 _____

(2) 작은 원뿔의 부피 _____

(3) 부피 _____

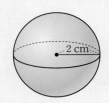 # 구의 겉넓이

→ 정답 및 풀이 52쪽

다음 그림과 같은 구의 겉넓이를 구해 보자.

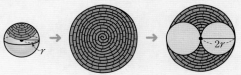

구의 반지름의 길이가 2 cm이므로

(겉넓이)=$4\pi \times 2^2 = 16\pi$ (cm^2)

└→ 반지름의 길이가 2인 원의 넓이

개념 POINT

반지름의 길이가 r인 구의 겉넓이를 S라 하면
$$S=4\pi r^2$$

참고 반지름의 길이가 r인 구의 겉면을 노끈으로 겹치지 않게 촘촘히 감은 후, 다시 풀어 그 끈을 평면 위에 감아 원을 만들면 이 원의 반지름의 길이는 $2r$이 된다. 즉, 반지름의 길이가 r인 구의 겉넓이는 반지름의 길이가 $2r$인 원의 넓이와 같다.

└→ $\pi \times (2r)^2 = 4\pi r^2$

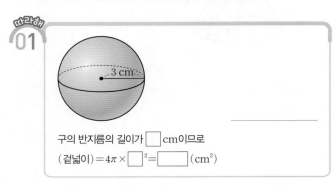

❀ 다음 그림과 같은 구의 겉넓이를 구하시오.

따라해
01

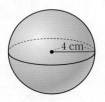

구의 반지름의 길이가 ☐ cm이므로

(겉넓이)=$4\pi \times$ ☐$^2 =$ ☐ (cm^2)

02

03

04

반지름의 길이를 먼저 구해봐!

05

❀ 다음과 같은 구의 겉넓이를 구하시오.

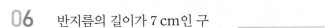

06 반지름의 길이가 7 cm인 구

07 지름의 길이가 20 cm인 구

✿ 아래 그림과 같은 반구에서 다음을 구하시오.

08

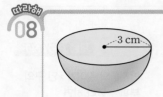

(1) 반지름의 길이가 3 cm인 구의 겉넓이

→ $\boxed{}\pi \times \boxed{}^2 = \boxed{}$ (cm^2)

(2) 반지름의 길이가 3 cm인 원의 넓이

→ $\pi \times \boxed{}^2 = \boxed{}$ (cm^2)

(3) (반구의 겉넓이)

  = (구의 겉넓이) $\times \dfrac{1}{2}$ + (원의 넓이)

  └→ 단면의 넓이

  = $\boxed{} \times \dfrac{1}{2} + \boxed{} = \boxed{}$ (cm^2)

> (반구의 겉넓이)
> = (구의 겉넓이) $\times \dfrac{1}{2}$ + (단면인 원의 넓이)

09

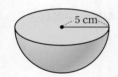

(1) 반지름의 길이가 5 cm인 구의 겉넓이

_____

(2) 반지름의 길이가 5 cm인 원의 넓이

_____

(3) 반구의 겉넓이

_____

10

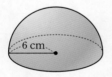

(1) 반지름의 길이가 6 cm인 구의 겉넓이

_____

(2) 반지름의 길이가 6 cm인 원의 넓이

_____

(3) 반구의 겉넓이　_____

✿ 아래 그림과 같이 구의 $\dfrac{1}{4}$을 잘라 낸 입체도형에서 다음을 구하시오.

11

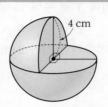

(1) 반지름의 길이가 4 cm인 구의 겉넓이

→ $\boxed{}\pi \times \boxed{}^2 = \boxed{}$ (cm^2)

(2) 반지름의 길이가 4 cm인 반원의 넓이

→ $(\pi \times \boxed{}^2) \times \dfrac{1}{2} = \boxed{}$ (cm^2)

(3) (입체도형의 겉넓이)

  = (구의 겉넓이) $\times \dfrac{3}{4}$ + (반원의 넓이) $\times 2$

  = $\boxed{} \times \dfrac{3}{4} + \boxed{} \times 2$

  = $\boxed{}$ (cm^2)

> 곡면인 부분과 단면인 부분으로 나누어 생각해 봐.

12

(1) 반지름의 길이가 2 cm인 구의 겉넓이

_____

(2) 반지름의 길이가 2 cm인 반원의 넓이

_____

(3) 입체도형의 겉넓이　_____

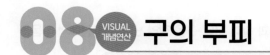

08 VISUAL 개념연산 구의 부피

정답 및 풀이 52쪽

다음 그림과 같은 구의 부피를 구해 보자.

2 cm

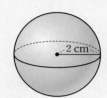

구의 반지름의 길이가 2 cm이므로

(부피) $=\frac{4}{3}\pi\times2^3=\frac{32}{3}\pi(\text{cm}^3)$

개념 POINT

반지름의 길이가 r인 구의 부피를 V라 하면

$V=\frac{4}{3}\pi r^3$

참고 구가 꼭 맞게 들어가는 원기둥 모양의 그릇에 물을 가득 채우고 구를 물속에 완전히 잠기도록 넣었다가 빼면 남아 있는 물의 높이는 원기둥의 높이의 $\frac{1}{3}$이다.

2r
r
r
2/3 ← 구의 부피
1/3 ← 남은 물의 부피

→ (구의 부피) $=\frac{2}{3}\times$(원기둥의 부피) $=\frac{2}{3}\times(\pi r^2\times2r)=\frac{4}{3}\pi r^3$

✽ 다음 그림과 같은 구의 부피를 구하시오.

따라해

01

3 cm

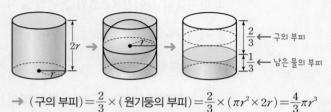

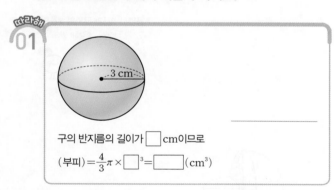

구의 반지름의 길이가 ☐ cm이므로

(부피) $=\frac{4}{3}\pi\times$ ☐$^3=$ ☐ (cm^3)

02

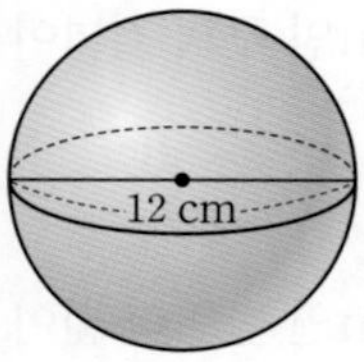

12 cm

✽ 다음과 같은 구의 부피를 구하시오.

03 반지름의 길이가 5 cm인 구

04 지름의 길이가 8 cm인 구

✽ 다음 그림과 같은 입체도형의 부피를 구하시오.

05

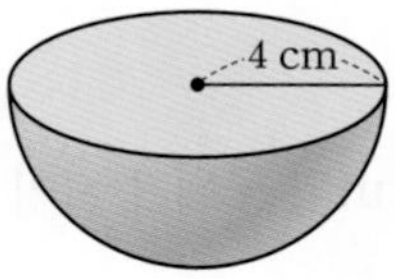

4 cm

06

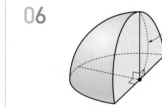

3 cm

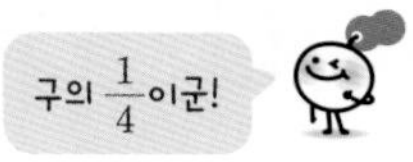

구의 1/4이군!

07

6 cm

구의 1/8을 잘라 냈으니
남은 건 구의 7/8이군!

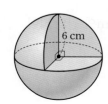

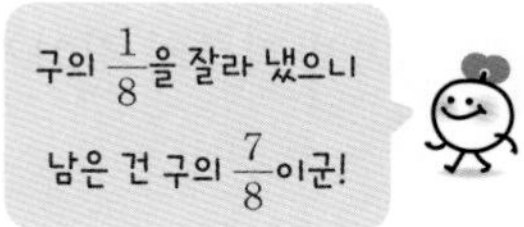

❋ 아래 그림과 같은 입체도형에서 다음을 구하시오.

08

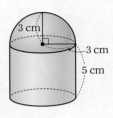

(1) 반구의 부피 _____

(2) 원기둥의 부피 _____

(3) 입체도형의 부피 _____

09

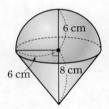

(1) 반구의 부피 _____

(2) 원뿔의 부피 _____

(3) 입체도형의 부피 _____

10

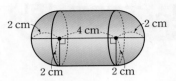

(1) 반구의 부피 _____

(2) 원기둥의 부피 _____

(3) 입체도형의 부피 _____

11 아래 그림과 같이 밑면의 반지름의 길이가 2 cm 이고, 높이가 4 cm인 원기둥 안에 원뿔과 구가 꼭 맞게 들어가 있을 때, 다음을 구하시오.

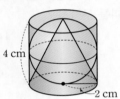

(1) 원뿔의 부피 _____

(2) 구의 부피 _____

(3) 원기둥의 부피 _____

(4) (원뿔의 부피) : (구의 부피) : (원기둥의 부피) (단, 가장 간단한 자연수의 비로 나타내시오.)

_____

서로 꼭 맞게 들어 있는 원뿔, 구, 원기둥의 부피를 구할 때 한 입체도형의 부피를 알면 부피의 비를 이용하여 다른 입체도형의 부피를 구할 수 있어.

10분 연산 TEST 1회

01 오른쪽 그림과 같은 각뿔대의 겉넓이를 구하시오.
(단, 옆면은 모두 합동이다.)

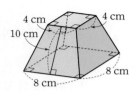

02 오른쪽 그림과 같은 원뿔대의 겉넓이를 구하시오.

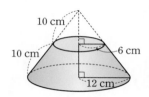

03 오른쪽 그림과 같은 각뿔대의 부피를 구하시오.

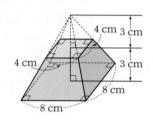

04 오른쪽 그림과 같은 원뿔대의 부피를 구하시오.

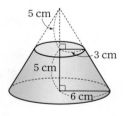

05 오른쪽 그림과 같이 지름의 길이가 10 cm인 구의 겉넓이와 부피를 각각 구하시오.

06 오른쪽 그림과 같은 반구의 겉넓이를 구하시오.

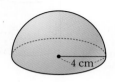

07 오른쪽 그림과 같은 평면도형을 직선 l을 회전축으로 하여 1회전 시킬 때 생기는 입체도형의 부피를 구하시오.

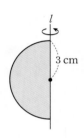

08 오른쪽 그림은 반지름의 길이가 6 cm인 구를 8등분한 것이다. 이 입체도형의 부피를 구하시오.

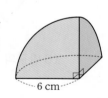

09 오른쪽 그림과 같은 입체도형의 부피를 구하시오.

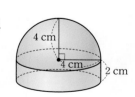

맞힌 개수 개/9개

10분 연산 TEST 2회

01 오른쪽 그림과 같은 각뿔대의 겉넓이를 구하시오.
(단, 옆면은 모두 합동이다.)

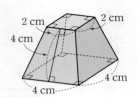

02 오른쪽 그림과 같은 원뿔대의 겉넓이를 구하시오.

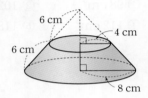

03 오른쪽 그림과 같은 각뿔대의 부피를 구하시오.

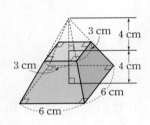

04 오른쪽 그림과 같은 원뿔대의 부피를 구하시오.

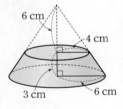

05 오른쪽 그림과 같이 지름의 길이가 8 cm인 구의 겉넓이와 부피를 각각 구하시오.

06 오른쪽 그림과 같은 반구의 겉넓이를 구하시오.

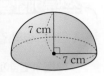

07 오른쪽 그림과 같은 평면도형을 직선 l을 회전축으로 하여 1회전 시킬 때 생기는 입체도형의 부피를 구하시오.

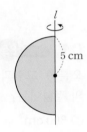

08 오른쪽 그림은 반지름의 길이가 3 cm인 구를 8등분한 것이다. 이 입체도형의 부피를 구하시오.

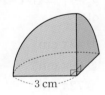

09 오른쪽 그림과 같은 입체도형의 부피를 구하시오.

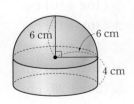

맞힌 개수 ___개 / 9개

2. 입체도형의 겉넓이와 부피

(1) (기둥의 겉넓이) = (밑넓이) × ☐ + (옆넓이)

(2) (기둥의 부피) = (밑넓이) × (☐)

(3) (뿔의 겉넓이) = (밑넓이) + (☐)

(4) (뿔의 부피) = ☐ × (밑넓이) × (높이)

(5) 구의 반지름의 길이가 r일 때

(구의 겉넓이) = ☐ πr^2, (구의 부피) = ☐ πr^3

01 출제율 85%

오른쪽 그림과 같은 삼각기둥의 겉넓이는?

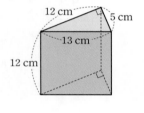

① 300 cm^2 ② 360 cm^2

③ 420 cm^2 ④ 480 cm^2

⑤ 540 cm^2

02

오른쪽 그림과 같은 원기둥의 겉넓이는?

① $48\pi \text{ cm}^2$ ② $54\pi \text{ cm}^2$

③ $60\pi \text{ cm}^2$ ④ $66\pi \text{ cm}^2$

⑤ $72\pi \text{ cm}^2$

03

오른쪽 그림은 원기둥을 이등분한 입체도형이다. 이 입체도형의 옆넓이는?

① $(10\pi + 10) \text{ cm}^2$

② $(10\pi + 15) \text{ cm}^2$

③ $(10\pi + 20) \text{ cm}^2$

④ $(20\pi + 10) \text{ cm}^2$

⑤ $(20\pi + 20) \text{ cm}^2$

04

다음 그림과 같은 전개도로 만들어지는 입체도형의 부피는?

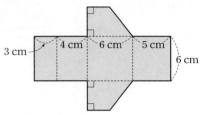

① 98 cm^3 ② 102 cm^3 ③ 108 cm^3

④ 112 cm^3 ⑤ 118 cm^3

05

오른쪽 그림과 같이 밑면이 부채꼴인 기둥의 부피는?

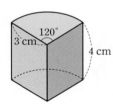

① $12\pi \text{ cm}^3$ ② $16\pi \text{ cm}^3$

③ $20\pi \text{ cm}^3$ ④ $24\pi \text{ cm}^3$

⑤ $28\pi \text{ cm}^3$

06 실수 주의

오른쪽 그림과 같은 직사각형을 직선 l을 회전축으로 하여 1회전 시킬 때 생기는 입체도형의 부피는?

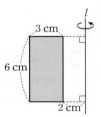

① $80\pi \text{ cm}^3$ ② $88\pi \text{ cm}^3$

③ $96\pi \text{ cm}^3$ ④ $118\pi \text{ cm}^3$

⑤ $126\pi \text{ cm}^3$

07

오른쪽 그림과 같이 밑면이 정사각
형이고 옆면이 모두 합동인 삼각형
으로 이루어진 사각뿔의 겉넓이는?

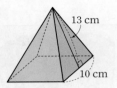

① 280 cm²   ② 320 cm²

③ 360 cm²   ④ 420 cm²

⑤ 480 cm²

08 출제율 80%

오른쪽 그림과 같은 전개도로 만들
어지는 원뿔의 겉넓이는?

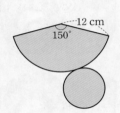

① 70π cm²   ② 75π cm²

③ 80π cm²   ④ 85π cm²

⑤ 90π cm²

09

오른쪽 그림과 같은 원뿔의 부피가
12π cm³일 때, 원뿔의 높이는?

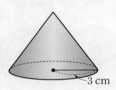

① 3 cm   ② 4 cm

③ 5 cm   ④ 6 cm

⑤ 7 cm

10

오른쪽 그림과 같은 사각뿔대의
겉넓이는?

    (단, 옆면은 모두 합동이다.)

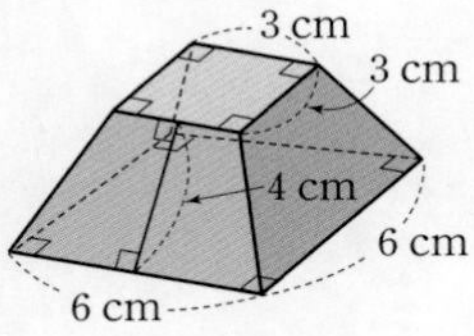

① 107 cm²   ② 112 cm²

③ 117 cm²   ④ 122 cm²

⑤ 127 cm²

11

오른쪽 그림과 같은 입체도형의 겉넓
이는?

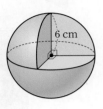

① 127π cm²   ② 132π cm²

③ 145π cm²   ④ 150π cm²

⑤ 153π cm²

12

오른쪽 그림과 같은 입체도형의 부피
는?

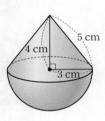

① 24π cm³   ② 30π cm³

③ 36π cm³   ④ 42π cm³

⑤ 48π cm³

13 서술형

다음 그림에서 원뿔의 부피와 구의 부피가 같을 때, 원
뿔의 높이를 구하시오.

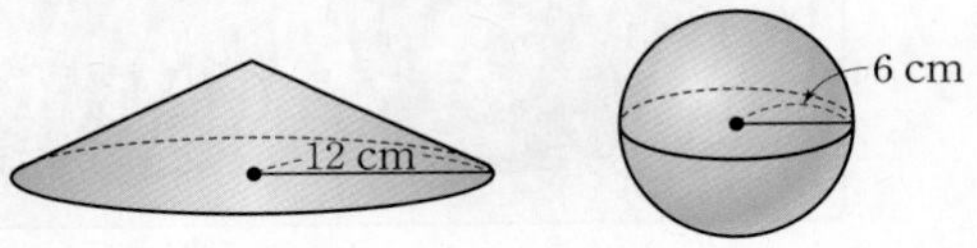

채점기준 1 구의 부피 구하기

채점기준 2 원뿔의 높이를 h cm라 하고 식 세우기

채점기준 3 원뿔의 높이 구하기

미션 그림 찾기

모양이 다른 그림 하나를 찾아봐.

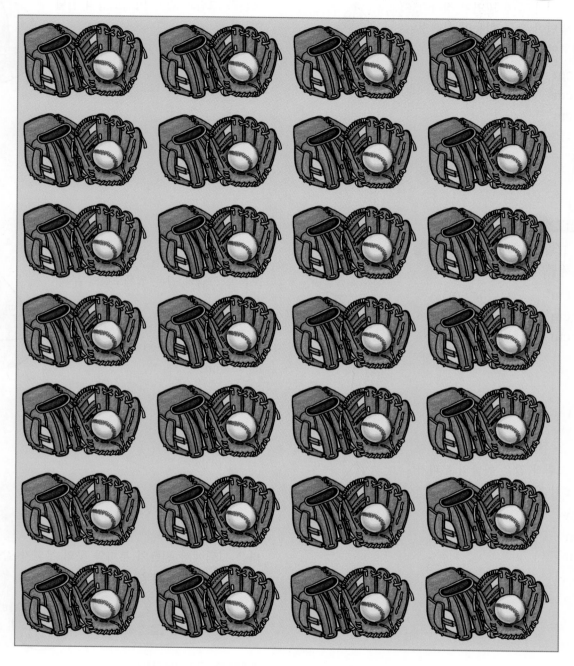

IV

자료의 정리와 해석

 자료의 정리와 해석은 왜 배우나요?

자료의 정리와 해석은 현대 정보화 사회의
불확실성을 이해하는 데 필요해요.
다양한 자료를 수집, 정리, 해석함으로써
미래를 예측하고 합리적인 의사 결정을 하는
민주 시민으로서의 기본 소양을 기를 수 있어요.

개념 Q&A

Q. 대푯값에는 무엇이 있을까?

A. 대푯값에는 평균, 중앙값, 최빈값 등이 있으며 그중에서 평균이 가장 많이 쓰인다.

Q. 최빈값이 평균이나 중앙값과 달리 갖는 특징은?

A. 최빈값은 평균이나 중앙값과 달리 자료가 문자나 기호인 경우에도 사용할 수 있고, 자료에 따라 2개 이상일 수도 있다.

Q. 줄기와 잎 그림을 그릴 때 주의할 점은?

A. 줄기에는 중복되는 수를 한 번만 적고, 잎에는 중복되는 수를 모두 적어야 한다.

Q. 계급을 어떻게 정하면 좋을까?

A. 주어진 자료에서 가장 큰 변량과 가장 작은 변량을 찾아 두 변량이 포함되는 구간을 일정한 간격으로 나누어 계급을 정한다.

01 대푯값

(1) 대푯값

① **변량** : 점수, 키, 몸무게 등의 자료를 수량으로 나타낸 것

② **대푯값** : 자료 전체의 특징을 대표적으로 나타내는 값

(2) 평균 : 변량의 총합을 변량의 개수로 나눈 값 → $(평균) = \dfrac{(변량의\ 총합)}{(변량의\ 개수)}$

(3) 중앙값 : 자료를 크기순으로 나열하였을 때 가운데 위치한 값

n개의 변량을 작은 값부터 크기순으로 나열하였을 때

① n이 홀수 → 가운데 위치한 값이 중앙값이다. → $\dfrac{n+1}{2}$번째 변량

② n이 짝수 → 가운데 위치한 두 값의 평균이 중앙값이다. → $\dfrac{n}{2}$번째와 $\left(\dfrac{n}{2}+1\right)$번째 변량의 평균

(4) 최빈값 : 자료에서 가장 많이 나타나는 값

02 줄기와 잎 그림

(1) 줄기와 잎 그림 : 줄기와 잎으로 자료를 구분하여 나타낸 그림

(2) 줄기와 잎 그림을 그리는 방법

❶ 변량을 줄기와 잎으로 구분한다.

❷ 줄기에 해당하는 십의 자리의 수를 작은 수부터 세로로 적는다.

❸ 각 십의 자리의 수에 해당하는 일의 자리의 수, 즉 잎을 작은 값부터 차례로 가로로 적는다. 이때 중복되는 변량은 중복된 횟수만큼 적는다.

〈줄기와 잎 그림〉
(7|2는 72점)

줄기	잎
7	2 6 6
8	0 2 4 8
9	4 5 8 9

→ 십의 자리의 수

일의 자리의 수

03 도수분포표

(1) 도수분포표

① **계급** : 변량을 일정한 간격으로 나눈 구간

② **계급의 크기** : 구간의 너비 → 계급의 양 끝 값의 차

참고 $(계급값) = \dfrac{(계급의\ 양\ 끝\ 값의\ 합)}{2}$

③ **도수** : 각 계급에 속하는 자료의 개수

④ **도수분포표** : 자료를 몇 개의 계급으로 나누고, 각 계급에 속하는 도수를 조사하여 나타낸 표

〈도수분포표〉

점수(점)	학생 수(명)
70 이상 ~ 80 미만	6
80 ~ 90	9
90 ~ 100	5
합계	20

(2) 도수분포표를 만드는 방법

❶ 변량 중 가장 큰 값과 가장 작은 값을 찾는다.

❷ 변량을 일정한 간격으로 나눌 수 있는 계급의 크기를 정하여 계급을 나눈다.

❸ 각 계급에 속하는 자료의 수를 센다.

❹ 각 계급의 도수를 적는다.

04 히스토그램

(1) **히스토그램** : 도수분포표에서 각 계급을 가로로, 도수를 세로로 하여 직사각형으로 나타낸 그래프

(2) **히스토그램을 그리는 방법**

❶ 가로축에 각 계급의 양 끝 값을 차례로 적는다.

❷ 세로축에 도수를 적는다.

❸ 각 계급의 크기를 가로로 하고, 그 계급의 도수를 세로로 하는 직사각형을 그린다.

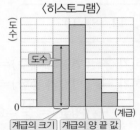

〈히스토그램〉

계급의 크기 / 계급의 양 끝 값

Q. 히스토그램의 특징은?

Q. 히스토그램의 특징은?

A. ① 자료의 전체적인 분포 상태를 한눈에 쉽게 알아볼 수 있다.

② 각 직사각형의 넓이는 그 계급의 도수에 정비례한다.

③ (직사각형의 넓이의 합)
= {(각 계급의 크기)
× (그 계급의 도수)}
의 총합
= (계급의 크기)
× (도수의 총합)

05 도수분포다각형

(1) **도수분포다각형** : 히스토그램에서 각 직사각형의 윗변의 중앙에 점을 찍은 후 차례로 선분으로 연결하여 나타낸 그래프

(2) **도수분포다각형을 그리는 방법**

❶ 히스토그램의 각 직사각형에서 윗변의 중앙에 점을 찍는다.

❷ 히스토그램의 양 끝에 도수가 0인 계급이 하나씩 더 있는 것으로 생각하여 그 중앙에 점을 찍는다.

❸ 위에서 찍은 점들을 차례로 선분으로 연결한다.

〈도수분포다각형〉

Q. 도수분포다각형의 특징은?

A. ① 자료의 전체적인 분포 상태를 연속적으로 관찰할 수 있다.

② 두 개 이상의 자료의 분포 상태를 동시에 나타내어 비교하는 데 편리하다.

③ (도수분포다각형과 가로축으로 둘러싸인 부분의 넓이)
= (히스토그램의 각 직사각형의 넓이의 합)

같은 색의 두 삼각형끼리 넓이가 같다.

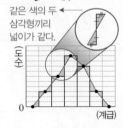

06 상대도수와 그 그래프

(1) **상대도수** : 도수의 총합에 대한 각 계급의 도수의 비율

→ (어떤 계급의 상대도수) = $\dfrac{(그\ 계급의\ 도수)}{(도수의\ 총합)}$

(2) **상대도수의 분포표** : 각 계급의 상대도수를 나타낸 표

〈상대도수의 분포표〉

점수(점)		도수(명)	상대도수
70 이상 ~ 80 미만		6	$0.3 = \dfrac{6}{20}$
80 ~ 90		9	0.45
90 ~ 100		5	0.25
합계		20	1

(3) **상대도수의 분포를 나타낸 그래프** : 상대도수의 분포표를 히스토그램이나 도수분포다각형 모양으로 나타낸 그래프

(4) **상대도수의 분포를 나타낸 그래프를 그리는 방법**

❶ 가로축에 각 계급의 양 끝 값을 차례로 적는다.

❷ 세로축에 상대도수를 적는다.

❸ 히스토그램이나 도수분포다각형과 같은 방법으로 직사각형을 그리거나, 점을 찍어 선분으로 연결한다.

〈상대도수의 분포를 나타낸 그래프〉

Q. 상대도수의 특징은?

A. ① 상대도수의 총합은 항상 1이고, 상대도수는 0 이상 1 이하인 수이다.

② 각 계급의 상대도수는 그 계급의 도수에 정비례한다.

③ 도수의 총합이 다른 두 집단의 분포 상태를 비교할 때 편리하다.

 대푯값과 평균

(1) **변량** : 점수, 키, 몸무게 등의 자료를 수량으로 나타낸 것

(2) **대푯값** : 자료 전체의 특징을 대표적으로 나타내는 값 → 평균, 중앙값, 최빈값 등

대푯값으로 가장 많이 사용되는 것은 평균이야.

(3) 다음 자료의 평균을 구해 보자.

$$7, \ 6, \ 11, \ 12, \ 8, \ 10$$

개념 POINT

$$(평균) = \dfrac{(변량의 \ 총합)}{(변량의 \ 개수)}$$

❶ 변량의 개수 구하기 → (변량의 개수) = 6

❷ 변량을 모두 더하기 → (변량의 총합) = 7+6+11+12+8+10 = 54

❸ 평균 구하기 → (평균) = $\dfrac{54}{6}$ = 9

✱ 다음 자료의 평균을 구하시오.

따라해 01

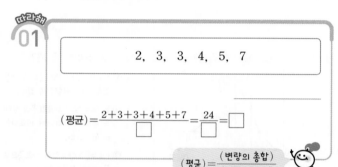

$$2, \ 3, \ 3, \ 4, \ 5, \ 7$$

$$(평균) = \dfrac{2+3+3+4+5+7}{\square} = \dfrac{24}{\square} = \square$$

$$(평균) = \dfrac{(변량의 \ 총합)}{(변량의 \ 개수)}$$

02
$$4, \ 5, \ 8, \ 13, \ 15$$

03
$$10, \ 30, \ 20, \ 40, \ 50, \ 60$$

04
$$12, \ 13, \ 14, \ 24, \ 37$$

05
$$8, \ 11, \ 19, \ 12, \ 21, \ 7, \ 20$$

✱ 다음 자료의 평균이 [ ] 안의 수와 같을 때, x의 값을 구하시오.

따라해 06

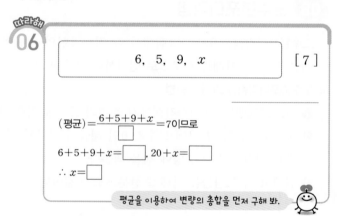

$$6, \ 5, \ 9, \ x \qquad [\, 7 \,]$$

$$(평균) = \dfrac{6+5+9+x}{\square} = 7 \ 이므로$$

$$6+5+9+x = \square, \ 20+x = \square$$

$$\therefore x = \square$$

평균을 이용하여 변량의 총합을 먼저 구해 봐.

07
$$x, \ 5, \ 8, \ 4, \ 7 \qquad [\, 6 \,]$$

08
$$5, \ 8, \ 10, \ 14, \ x \qquad [\, 10 \,]$$

09
$$20, \ 12, \ x, \ 15, \ 18, \ 19 \qquad [\, 18 \,]$$

(1) **중앙값** : 자료를 크기순으로 나열하였을 때 가운데 위치한 값

(2) 다음 자료의 중앙값을 구해 보자.

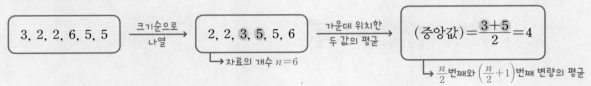

① 변량의 개수가 홀수일 때

2, 9, 6, 4, 7 → (크기순으로 나열) → 2, 4, 6, 7, 9 → (가운데 위치한 값) → (중앙값) = 6

→ 자료의 개수 $n=5$ → $\dfrac{n+1}{2}$ 번째 변량

② 변량의 개수가 짝수일 때

3, 2, 2, 6, 5, 5 → (크기순으로 나열) → 2, 2, 3, 5, 5, 6 → (가운데 위치한 두 값의 평균) → (중앙값) = $\dfrac{3+5}{2}=4$

→ 자료의 개수 $n=6$ → $\dfrac{n}{2}$ 번째와 $\left(\dfrac{n}{2}+1\right)$ 번째 변량의 평균

✿ **다음 자료의 중앙값을 구하시오.**

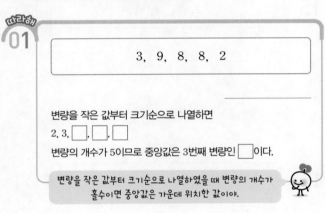

따라해

01

3, 9, 8, 8, 2

_____

변량을 작은 값부터 크기순으로 나열하면

2, 3, ☐, ☐, ☐

변량의 개수가 5이므로 중앙값은 3번째 변량인 ☐ 이다.

> 변량을 작은 값부터 크기순으로 나열하였을 때 변량의 개수가 홀수이면 중앙값은 가운데 위치한 값이야.

02

2, 5, 1, 6, 4

_____

03

4, 8, 10, 2, 6

_____

04

13, 8, 10, 12, 9

_____

05

7, 18, 16, 16, 13, 12, 19

_____

06

22, 15, 11, 21, 20, 14, 26

_____

07

10, 60, 30, 50, 10, 20, 30

_____

✽ 다음 자료의 중앙값을 구하시오.

08

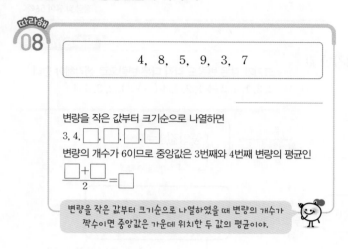

4, 8, 5, 9, 3, 7

변량을 작은 값부터 크기순으로 나열하면

3, 4, ☐, ☐, ☐, ☐

변량의 개수가 6이므로 중앙값은 3번째와 4번째 변량의 평균인

$$\frac{☐+☐}{2}=☐$$

변량을 작은 값부터 크기순으로 나열하였을 때 변량의 개수가 짝수이면 중앙값은 가운데 위치한 두 값의 평균이야.

09

24, 45, 36, 20

10

8, 9, 4, 7, 2, 5

11

19, 6, 12, 16, 11, 20

12

26, 15, 19, 12, 15, 13

13

20, 10, 10, 30, 20, 40, 50, 20

✽ 다음은 자료의 변량을 작은 값부터 크기순으로 나열한 것이다. 이 자료의 중앙값이 [ ] 안의 수와 같을 때, x의 값을 구하시오.

14

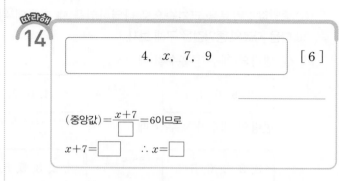

4, x, 7, 9   [6]

(중앙값)$=\dfrac{x+7}{☐}=6$이므로

$x+7=☐$ ∴ $x=☐$

15

3, 6, x, 12   [8]

16

2, 3, x, 8, 9, 11   [7]

17

3, 5, x, 9, 11, 12   [8]

18

4, 6, 10, 12, x, 20, 21, 26   [14]

VISUAL 개념연산 최빈값

➜ 정답 및 풀이 56쪽

(1) **최빈값** : 자료에서 가장 많이 나타나는 값

(2) 다음 자료의 최빈값을 구해 보자.

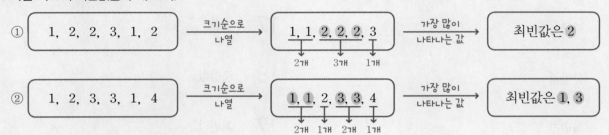

참고
• 최빈값은 자료에 따라 2개 이상일 수도 있다.
• 최빈값은 자료가 문자나 기호인 경우에도 사용할 수 있다.

✿ 다음 자료의 최빈값을 구하시오.

따라해
01

$$2, \ 2, \ 3, \ 4, \ 5, \ 9$$

자료에서 가장 많이 나타나는 값은 ☐이므로 최빈값은 ☐이다.

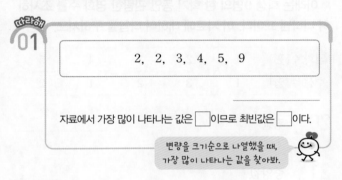

변량을 크기순으로 나열했을 때,
가장 많이 나타나는 값을 찾아봐.

02

$$4, \ 5, \ 5, \ 6, \ 7, \ 8, \ 11$$

03

$$16, \ 17, \ 19, \ 17, \ 16$$

04

$$10, \ 20, \ 20, \ 30, \ 30, \ 40, \ 40, \ 50, \ 60$$

05 다음은 준석이네 반 학생 20명을 대상으로 혈액형을 조사하여 나타낸 표이다. 이 자료의 최빈값을 구하시오.

혈액형	A형	B형	O형	AB형
학생 수(명)	7	6	5	2

06 다음은 어느 동아리 회원 20명이 좋아하는 운동을 조사하여 나타낸 표이다. 이 자료의 최빈값을 구하시오.

운동	농구	야구	축구	수영	탁구
학생 수(명)	2	5	8	3	2

07 다음은 예원이가 친구 30명의 취미 활동을 조사하여 나타낸 표이다. 이 자료의 최빈값을 구하시오.

취미 활동	독서	음악 감상	춤	영화 감상	게임
학생 수(명)	9	6	9	4	2

✿ 아래는 학생 7명의 오래 매달리기 기록을 조사하여 나타낸 것이다. 이 자료에 대하여 다음을 구하시오.

(단위 : 초)

17, 21, 21, 15, 1, 24, 20

08 평균 _____

09 중앙값 _____

10 최빈값 _____

✿ 아래는 은혁이네 모둠 10명의 국어 점수를 조사하여 나타낸 것이다. 이 자료에 대하여 다음을 구하시오.

(단위 : 점)

60, 78, 82, 65, 88, 69, 70, 94, 76, 78

11 평균 _____

12 중앙값 _____

13 최빈값 _____

✿ 아래는 소원이네 모둠 9명의 하루 동안의 휴대 전화 문자 발신 횟수를 조사하여 나타낸 것이다. 이 자료에 대하여 다음을 구하시오.

(단위 : 회)

10, 28, 9, 8, 15, 9, 33, 15, 26

14 평균 _____

15 중앙값 _____

16 최빈값 _____

✿ 아래는 학생 8명의 수학 수행 평가 점수를 조사하여 나타낸 표이다. 이 자료에 대하여 다음을 구하시오.

점수(점)	6	7	8	9	10
학생 수(명)	1	1	4	1	1

17 평균 _____

18 중앙값 _____

19 최빈값 _____

✿ 아래는 학생 9명의 한 학기 동안 관람한 영화 수를 조사하여 나타낸 표이다. 이 자료에 대하여 다음을 구하시오.

영화 수(편)	1	2	3	4	5
학생 수(명)	1	3	2	1	2

20 평균 _____

21 중앙값 _____

22 최빈값 _____

✿ 아래는 학생 20명의 일주일 동안의 독서량을 조사하여 나타낸 표이다. 이 자료에 대하여 다음을 구하시오.

독서량(권)	1	2	3	4	5
학생 수(명)	4	4	3	6	3

23 평균 _____

24 중앙값 _____

25 최빈값 _____

10분 연산 TEST 1회

01 다음 자료의 평균을 구하시오.

> 10, 12, 9, 6, 8

02 다음 자료의 평균이 8일 때, x의 값을 구하시오.

> 2, 8, x, 4, 6, 9

[03~04] 다음 자료의 중앙값을 구하시오.

03

> 8, 3, 6, 9, 4

04

> 8, 6, 7, 5, 6, 9

05 다음은 자료의 변량을 작은 값부터 크기순으로 나열한 것이다. 이 자료의 중앙값이 22일 때, x의 값을 구하시오.

> 12, 15, 20, x, 25, 30

06 다음 자료의 최빈값을 구하시오.

> 6, 8, 9, 3, 8, 6, 5

07 다음은 사진 공모전에서 입상한 작품 20점의 입상 결과를 조사하여 나타낸 표이다. 이 자료의 최빈값을 구하시오.

구분	대상	최우수상	우수상	장려상	특별상
입상작 수(점)	1	2	3	5	9

[08~10] 아래 자료에서 다음을 구하시오.

> 35, 20, 25, 15, 15, 15, 50

08 평균

09 중앙값

10 최빈값

[11~12] 아래는 학생 10명의 2단 뛰기 줄넘기 기록을 조사하여 나타낸 것이다. 이 자료에 대하여 다음을 구하시오.

(단위 : 회)

> 8, 12, 23, 16, 20, 23, 23, 20, 14, 18

11 중앙값

12 최빈값

맞힌 개수   개 / 12개

정답 및 풀이 58쪽

10분 연산 TEST 2회

VISUAL 01-03

01 다음 자료의 평균을 구하시오.

13, 15, 24, 36, 12

02 다음 자료의 평균이 10일 때, x의 값을 구하시오.

4, 12, x, 6, 10, 13

[03~04] 다음 자료의 중앙값을 구하시오.

03 3, 12, 15, 2, 6

04 23, 16, 52, 33, 41, 50

05 다음은 자료의 변량을 작은 값부터 크기순으로 나열한 것이다. 이 자료의 중앙값이 25일 때, x의 값을 구하시오.

21, 22, 24, x, 28, 29

06 다음 자료의 최빈값을 구하시오.

1, 3, 2, 4, 5, 4, 3

07 다음은 서준이네 반 학생 24명을 대상으로 가족 수를 조사하여 나타낸 표이다. 이 자료의 최빈값을 구하시오.

가족 수(명)	2	3	4	5	6
학생 수(명)	2	10	8	3	1

[08~10] 아래 자료에서 다음을 구하시오.

12, 23, 15, 22, 15, 14, 11

08 평균

09 중앙값

10 최빈값

[11~12] 아래는 어느 독서 동아리 회원 10명이 여름 방학 동안 읽은 책의 수를 조사하여 나타낸 것이다. 이 자료에 대하여 다음을 구하시오.

(단위 : 권)

5, 23, 10, 11, 13, 11, 16, 16, 7, 16

11 중앙값

12 최빈값

맞힌 개수 개/12개

04 VISUAL 개념연산 줄기와 잎 그림 그리기

→ 정답 및 풀이 59쪽

줄기와 잎 그림 : 줄기와 잎으로 자료를 구분하여 나타낸 그림

① 변량을 줄기와 잎으로 구분한다.

② 줄기에 해당하는 십의 자리의 수를 작은 수부터 세로로 적는다.

③ 각 십의 자리의 수에 해당하는 일의 자리의 수, 즉 잎을 작은 값부터 차례로 가로로 적는다.

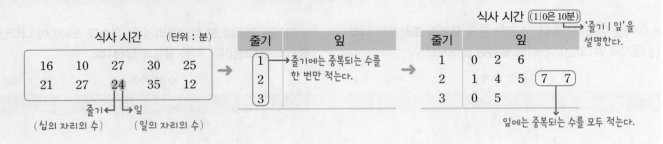

식사 시간 (단위 : 분)

16	10	27	30	25
21	27	24	35	12

줄기 ↙ ↘ 잎
(십의 자리의 수) (일의 자리의 수)

줄기	잎
1	
2	
3	

→줄기에는 중복되는 수를 한 번만 적는다.

식사 시간 (1|0은 10분)

줄기	잎			
1	0	2	6	
2	1	4	5	7 7
3	0	5		

→'줄기 | 잎'을 설명한다.

잎에는 중복되는 수를 모두 적는다.

✱ 아래는 어느 맛집 동호회 회원 14명의 나이를 조사하여 나타낸 것이다. 다음 물음에 답하시오.

(단위 : 세)

20	14	18	40	38	34	26
45	17	27	34	20	32	23

01 □ 안에 알맞은 말을 써넣으시오.

회원들의 나이에서 □의 자리의 수를 줄기, □의 자리의 수를 잎으로 구분한다.

02 줄기를 모두 구하시오. _____

03 □ 안에 알맞은 수를 써넣어 줄기와 잎 그림을 완성하시오.

동호회 회원들의 나이 (1|4는 14세)

줄기	잎			
1	4	□	8	
2	0	□	3	□ 7
□	2	4	□	8
4	0	□		

✱ 아래는 지우네 반 학생 16명의 윗몸 일으키기 기록을 조사하여 나타낸 것이다. 다음 물음에 답하시오.

(단위 : 회)

29	12	25	32	43	41	30	36
25	31	33	41	27	26	17	32

04 □ 안에 알맞은 말을 써넣으시오.

윗몸 일으키기 기록에서 십의 자리의 수를 □, 일의 자리의 수를 □으로 구분한다.

05 줄기를 모두 구하시오. _____

06 줄기와 잎 그림을 완성하시오.

윗몸 일으키기 기록 (1|2는 12회)

줄기	잎
1	2

05 VISUAL 개념연산 줄기와 잎 그림 이해하기

정답 및 풀이 59쪽

독서반 학생들의 독서량 (1|2는 12권)

줄기	잎					
1	2	5				→ 잎이 2개
2	0	4	6	6	8	→ 잎이 5개
3	1	3	7			→ 잎이 3개

- 전체 학생 수 : 2+5+3=10(명) → 잎의 총 개수
- 잎이 가장 적은 줄기 : 1
- 독서량이 30권 이상인 학생 수 : 3명 → 독서량이 31권, 33권, 37권

아래는 어느 농장에서 수확한 귤의 무게를 조사하여 나타낸 줄기와 잎 그림이다. 다음 물음에 답하시오.

귤의 무게 (3|7은 37 g)

줄기	잎					
3	7	9	9			
4	0	3	5	5		
5	1	1	2	6	7	8
6	0	3				

따라해

01 전체 귤은 몇 개인지 구하시오.

3+□+□+2=□(개)

전체 귤의 개수는 잎의 총 개수와 같아.

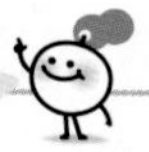

02 줄기가 5인 잎을 모두 구하시오.

03 잎이 가장 많은 줄기를 구하시오.

04 무게가 40 g 이하인 귤은 몇 개인지 구하시오.

05 무게가 가장 무거운 귤의 무게를 구하시오.

아래는 건후네 반 학생들의 수학 점수를 조사하여 나타낸 줄기와 잎 그림이다. 다음 물음에 답하시오.

수학 점수 (6|2는 62점)

줄기	잎							
6	2	6	6					
7	0	2	4	4	7			
8	2	2	5	5	6	8	8	9
9	0	2	2	5				

06 전체 학생은 몇 명인지 구하시오.

07 잎이 가장 적은 줄기를 구하시오.

08 점수가 74점 이상 85점 이하인 학생은 몇 명인지 구하시오.

09 점수가 가장 높은 학생과 가장 낮은 학생의 점수의 차를 구하시오.

10 점수가 5번째로 높은 학생의 점수를 구하시오.

06 VISUAL 개념연산 도수분포표 만들기

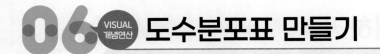

도수분포표 : 자료를 몇 개의 계급으로 나누고, 각 계급에 속하는 도수를 조사하여 나타낸 표
→ 변량을 일정한 간격으로 나눈 구간   → 각 계급에 속하는 자료의 수

❶ 변량 중 가장 큰 값과 가장 작은 값을 찾는다.

❷ 계급의 크기를 정하여 계급을 나눈다. → 구간의 너비

❸ 각 계급에 속하는 자료의 수를 세어 도수를 적는다.

〈도수분포표〉

공 던지기 기록 (단위 : m)

가장 작은 변량

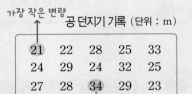

21	22	28	25	33
24	29	24	32	25
27	28	34	29	23

→ 가장 큰 변량

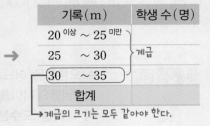

기록(m)	학생 수(명)
20 이상 ~ 25 미만	
25 ~ 30	
30 ~ 35	
합계	

→ 계급의 크기는 모두 같아야 한다.

기록(m)	학생 수(명)	
20 이상 ~ 25 미만	5	
25 ~ 30	7	
30 ~ 35	3	
합계	15	

✿ **다음 자료에 대한 도수분포표를 완성하시오.**

01 재희네 모둠 학생들의 국어 점수

국어 점수 (단위 : 점)

| 78 | 75 | 95 | 64 | 72 | 89 | 67 | 71 |

↓

국어 점수(점)	학생 수(명)	
60 이상 ~ 70 미만	//	2
70 ~ 80		
80 ~ 90		
90 ~ 100		
합계	8	

02 민정이네 학교 농구부 학생들의 키

농구부 학생들의 키 (단위 : cm)

| 171 | 162 | 169 | 165 | 168 | 156 | 164 | 159 |
| 158 | 170 | 159 | 160 | 163 | 174 | 168 | 160 |

↓

키(cm)	학생 수(명)	
155 이상 ~ 160 미만	////	4
160 ~ 165		
합계		

03 연수네 반 학생들의 제기차기 기록

제기차기 기록 (단위 : 회)

24	4	13	31	27	35	40	39
15	38	27	32	6	16	44	28
22	32	42	38	29	7	36	10

↓

기록(회)	학생 수(명)
0 이상 ~ 10 미만	
합계	

04 예원이네 반 학생들의 한 달 동안의 스마트폰 데이터 사용량

데이터 사용량 (단위 : GB)

| 1.5 | 0.5 | 1.2 | 2.3 | 1.9 | 2.1 | 1.6 | 1 |
| 1.2 | 2 | 1.8 | 1.3 | 2.4 | 0.8 | 1.3 | 1.5 |

↓

사용량(GB)	학생 수(명)
0 이상 ~ 1 미만	
합계	

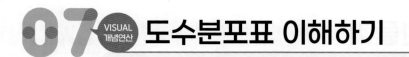

몸무게(kg)	학생 수(명)
40 이상 ~ 45 미만	5
45 ~ 50	7
50 ~ 55	9
55 ~ 60	8
60 ~ 65	1
합계	30

- 계급의 크기 : $45-40=50-45=\cdots=65-60=5$(kg) ← 계급의 양 끝 값의 차
- 계급의 개수 : 5
- (몸무게가 50 kg 이상 60 kg 미만인 학생 수)
= (몸무게가 50 kg 이상 55 kg 미만인 학생 수)
  + (몸무게가 55 kg 이상 60 kg 미만인 학생 수)
= $9+8=17$(명)
- 도수가 가장 작은 계급 : 60 kg 이상 65 kg 미만

실수 Check

계급, 계급의 크기, 도수는 항상 단위를 포함하여 쓴다.

✿ 오른쪽은 연호네 반 학생들의 충치 수를 조사하여 나타낸 도수분포표이다. 다음 물음에 답하시오.

충치 수(개)	학생 수(명)
0 이상 ~ 2 미만	5
2 ~ 4	14
4 ~ 6	7
6 ~ 8	4
합계	

따라해
01 계급의 크기를 구하시오. _____

$2-0=4-\square=6-4=8-\square=\square$(개)

계급의 양 끝 값의 차를 구해 봐.

02 계급의 개수를 구하시오. _____

따라해
03 전체 학생은 몇 명인지 구하시오. _____

$5+\square+7+\square=\square$(명)

도수의 총합을 구해 봐.

04 충치가 6개 이상 8개 미만인 학생은 몇 명인지 구하시오. _____

05 도수가 가장 큰 계급을 구하시오. _____

06 충치가 5개인 학생이 속하는 계급을 구하시오. _____

✿ 오른쪽은 어느 중학교 선생님들의 나이를 조사하여 나타낸 도수분포표이다. 다음 물음에 답하시오.

나이(세)	선생님 수(명)
25 이상 ~ 30 미만	2
30 ~ 35	6
35 ~ 40	14
40 ~ 45	10
45 ~ 50	7
50 ~ 55	1
합계	40

07 계급의 크기를 구하시오. _____

08 계급의 개수를 구하시오. _____

따라해
09 나이가 40세 이상 50세 미만인 선생님은 몇 명인지 구하시오. _____

나이가 40세 이상 45세 미만인 선생님 수 : $\square$명
나이가 45세 이상 50세 미만인 선생님 수 : $\square$명
→ 나이가 40세 이상 50세 미만인 선생님 수 :
$\square+\square=\square$(명)

따라해
10 나이가 4번째로 많은 선생님이 속하는 계급을 구하시오. _____

나이가 50세 이상 55세 미만인 선생님 수 : $\square$명
나이가 45세 이상 50세 미만인 선생님 수 : $\square$명
→ 나이가 4번째로 많은 선생님이 속하는 계급 :
$\square$세 이상 $\square$세 미만

✿ 아래는 정원이네 반 학생들의 한 뼘의 길이를 조사하여 나타낸 도수분포표이다. 다음 물음에 답하시오.

한 뼘의 길이(cm)	학생 수(명)
15^{이상} ~ 17^{미만}	2
17 ~ 19	7
19 ~ 21	A
21 ~ 23	5
23 ~ 25	1
합계	25

따라해 11 A의 값을 구하시오. _____

$A=25-(2+\boxed{}+\boxed{}+1)=\boxed{}$

(도수의 총합) − (나머지 계급의 도수의 합)으로 구해 봐.

12 한 뼘의 길이가 19 cm 이상인 학생은 몇 명인지 구하시오. _____

✿ 아래는 소영이네 반 학생들의 100 m 달리기 기록을 조사하여 나타낸 도수분포표이다. 다음 물음에 답하시오.

달리기 기록(초)	학생 수(명)
16^{이상} ~ 17^{미만}	1
17 ~ 18	A
18 ~ 19	10
19 ~ 20	3
20 ~ 21	2
합계	20

13 A의 값을 구하시오. _____

14 달리기 기록이 18초 미만인 학생은 몇 명인지 구하시오. _____

15 달리기 기록이 3번째로 빠른 학생이 속하는 계급을 구하시오. _____

✿ 아래는 승재네 반 학생들의 수면 시간을 조사하여 나타낸 도수분포표이다. 다음 물음에 답하시오.

수면 시간(시간)	학생 수(명)
5^{이상} ~ 6^{미만}	3
6 ~ 7	7
7 ~ 8	12
8 ~ 9	2
9 ~ 10	1
합계	25

16 수면 시간이 6시간 이상 7시간 미만인 학생은 몇 명인지 구하시오. _____

따라해 17 수면 시간이 6시간 이상 7시간 미만인 학생은 전체의 몇 %인지 구하시오. _____

전체 학생은 25명이고, 수면 시간이 6시간 이상 7시간 미만인 학생은 $\boxed{}$명이므로

$\dfrac{\boxed{}}{25}\times100=\boxed{}$(%)

(특정 계급의 백분율)=$\dfrac{(해당 계급의 도수)}{(도수의 총합)}\times100$(%)

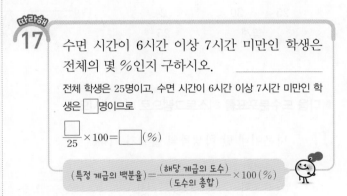

✿ 아래는 어느 사진 동호회 회원들이 주말에 찍은 사진 수를 조사하여 나타낸 도수분포표이다. 다음 물음에 답하시오.

사진 수(장)	회원 수(명)
50^{이상} ~ 60^{미만}	3
60 ~ 70	A
70 ~ 80	9
80 ~ 90	4
90 ~ 100	2
합계	30

18 A의 값을 구하시오. _____

19 찍은 사진이 60장 이상 80장 미만인 회원은 몇 명인지 구하시오. _____

20 찍은 사진이 60장 이상 80장 미만인 회원은 전체의 몇 %인지 구하시오. _____

08 VISUAL 개념연산 히스토그램 그리기

정답 및 풀이 60쪽

히스토그램 : 도수분포표에서 각 계급을 가로로, 도수를 세로로 하여 직사각형으로 나타낸 그래프

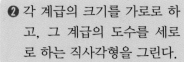

❶ 가로축에 각 계급의 양 끝 값을 적고, 세로축에 도수를 적는다.

❷ 각 계급의 크기를 가로로 하고, 그 계급의 도수를 세로로 하는 직사각형을 그린다.

〈도수분포표〉

봉사활동 시간(시간)	학생 수(명)
5 이상 ~ 10 미만	1
10 ~ 15	5
15 ~ 20	10
20 ~ 25	7
25 ~ 30	2
합계	25

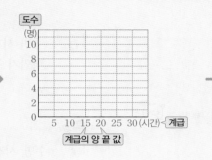

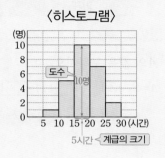

❋ 다음 도수분포표를 히스토그램으로 나타내시오.

01 나은이네 반 학생들의 줄넘기 기록

줄넘기 기록 (회)	학생 수 (명)
30 이상 ~ 40 미만	2
40 ~ 50	7
50 ~ 60	13
60 ~ 70	8
합계	30

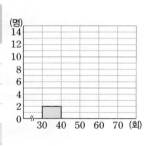

02 태우네 반 학생들의 한 달 동안의 도서관 이용 횟수

이용 횟수 (회)	학생 수 (명)
6 이상 ~ 8 미만	3
8 ~ 10	5
10 ~ 12	11
12 ~ 14	7
14 ~ 16	4
합계	30

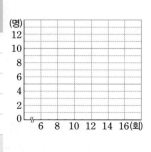

03 세빈이네 반 학생들의 필기구 수

필기구 수 (개)	학생 수 (명)
4 이상 ~ 6 미만	2
6 ~ 8	5
8 ~ 10	8
10 ~ 12	7
12 ~ 14	3
합계	25

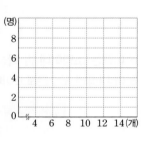

04 한 상자에 들어 있는 자두의 무게

자두의 무게 (g)	개수 (개)
50 이상 ~ 70 미만	3
70 ~ 90	7
90 ~ 110	12
110 ~ 130	9
130 ~ 150	4
합계	35

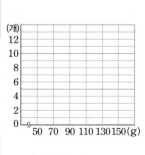

09 VISUAL 개념연산 히스토그램 이해하기

➡ 정답 및 풀이 60쪽

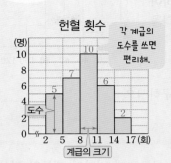

- 계급의 크기 : 5−2=8−5=⋯=17−14=3(회) ← 직사각형의 가로의 길이
- 계급의 개수 : 5 ← 직사각형의 개수
- 도수가 가장 큰 계급 : 8회 이상 11회 미만 ← 세로의 길이가 가장 긴 직사각형의 계급
- 전체 학생 수 : 5+7+10+6+2=30(명)
- (직사각형의 넓이의 합)=(계급의 크기)×(도수의 총합)=3×30=90

✱ 오른쪽 그림은 어느 영화 감상반 학생들의 일 년 동안의 영화 관람 횟수를 조사하여 나타낸 히스토그램이다. 다음 물음에 답하시오.

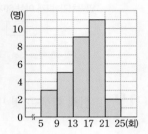

01 계급의 크기를 구하시오. _____

$9−5=13−\boxed{}=\cdots=25−\boxed{}=\boxed{}$(회)

직사각형의 가로의 길이를 구해 봐.

02 계급의 개수를 구하시오. _____

직사각형의 개수를 구해 봐.

03 전체 학생은 몇 명인지 구하시오.

_____

$3+5+\boxed{}+11+\boxed{}=\boxed{}$(명)

04 영화 관람 횟수가 13회 이상 17회 미만인 학생은 몇 명인지 구하시오. _____

해당 계급의 직사각형의 세로의 길이를 구해 봐.

05 영화 관람 횟수가 13회 이상 17회 미만인 학생은 전체의 몇 %인지 구하시오.

_____

✱ 오른쪽 그림은 수애네 반 학생들의 하루 동안의 TV 시청 시간을 조사하여 나타낸 히스토그램이다. 다음 물음에 답하시오.

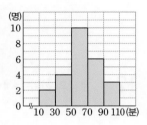

06 계급의 크기를 구하시오. _____

07 계급의 개수를 구하시오. _____

08 전체 학생은 몇 명인지 구하시오.

_____

09 도수가 가장 큰 계급의 도수를 구하시오.

_____

세로의 길이가 가장 긴 직사각형을 찾아봐!

10 도수가 가장 큰 계급에 속하는 학생은 전체의 몇 %인지 구하시오. _____

✿ 아래 그림은 어느 식당 직원들의 하루 동안의 손 씻는 횟수를 조사하여 나타낸 히스토그램이다. 다음 중 옳은 것에는 ○표, 옳지 않은 것에는 ×표를 하시오.

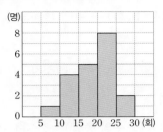

11 계급의 크기는 5회이다. ( )

12 계급의 개수는 4이다. ( )

13 도수가 가장 작은 계급은 25회 이상 30회 미만이다. ( )

14 손 씻는 횟수가 20회 이상인 직원은 10명이다. ( )

15 손 씻는 횟수가 15회 이상 20회 미만인 직원은 전체의 20 %이다. ( )

16 손 씻는 횟수가 많은 쪽에서 5번째인 직원이 속하는 계급은 20회 이상 25회 미만이다. ( )

✿ 오른쪽 그림은 민성이네 반 학생들의 휴대 전화에 저장된 연락처 수를 조사하여 나타낸 히스토그램이다. 다음 물음에 답하시오.

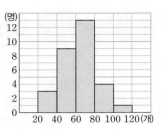

17 계급의 크기를 구하시오. _____

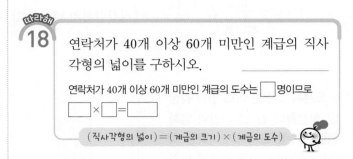

18 연락처가 40개 이상 60개 미만인 계급의 직사각형의 넓이를 구하시오. _____

연락처가 40개 이상 60개 미만인 계급의 도수는 ☐명이므로

☐ × ☐ = ☐

(직사각형의 넓이) = (계급의 크기) × (계급의 도수)

19 전체 학생은 몇 명인지 구하시오.

_____

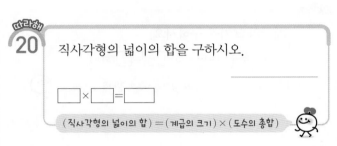

20 직사각형의 넓이의 합을 구하시오.

_____

☐ × ☐ = ☐

(직사각형의 넓이의 합) = (계급의 크기) × (도수의 총합)

✿ 오른쪽 그림은 어느 연극 공연장 관객들의 나이를 조사하여 나타낸 히스토그램이다. 다음 물음에 답하시오.

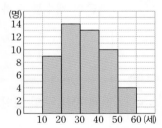

21 계급의 크기를 구하시오. _____

22 도수가 가장 작은 계급의 직사각형의 넓이를 구하시오. _____

23 전체 관객은 몇 명인지 구하시오.

_____

24 직사각형의 넓이의 합을 구하시오.

_____

100 도수분포다각형 그리기

도수분포다각형 : 히스토그램에서 각 직사각형의 윗변의 중앙에 점을 찍은 후 차례로 선분으로 연결하여 나타 낸 그래프

❶ 히스토그램의 각 직사각형에서 윗변의 중앙에 점을 찍는다.

❷ 찍은 점들을 차례로 선분으로 연결한다.

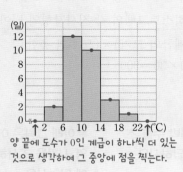

양 끝에 도수가 0인 계급이 하나씩 더 있는 것으로 생각하여 그 중앙에 점을 찍는다.

---

01 다음 히스토그램을 도수분포다각형으로 나타내 시오.

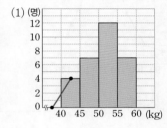

(1)

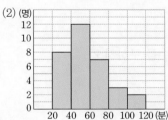

(2)

02 다음 도수분포표를 히스토그램과 도수분포다각 형으로 나타내시오.

미술 점수 (점)		학생 수 (명)
75 이상 ~ 80 미만		1
80 ~ 85		7
85 ~ 90		10
90 ~ 95		4
95 ~ 100		3
합계		25

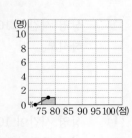

03 다음 도수분포표를 도수분포다각형으로 나타내 시오.

편의점 이용 횟수(회)		학생 수 (명)
1 이상 ~ 4 미만		1
4 ~ 7		2
7 ~ 10		6
10 ~ 13		12
13 ~ 16		9
합계		30

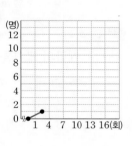

04 다음 도수분포표를 도수분포다각형으로 나타내 시오.

소음도 (dB)		도시 수 (개)
10 이상 ~ 30 미만		4
30 ~ 50		5
50 ~ 70		12
70 ~ 90		15
90 ~ 110		9
합계		45

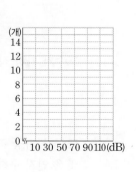

11 VISUAL 개념연산 도수분포다각형 이해하기

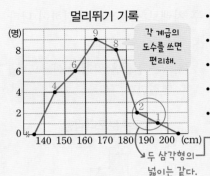

멀리뛰기 기록

- 계급의 크기 : $150-140=160-150=\cdots=200-190=10\,(cm)$
- 계급의 개수 : 6
- 도수가 가장 큰 계급 : 160 cm 이상 170 cm 미만
- 전체 학생 수 : $4+6+9+8+2+1=30$(명)
- (도수분포다각형과 가로축으로 둘러싸인 부분의 넓이)
  = (히스토그램의 각 직사각형의 넓이의 합)
  = (계급의 크기) × (도수의 총합)
  = $10 \times 30 = 300$

각 계급의 도수를 쓰면 편리해.

두 삼각형의 넓이는 같다.

실수 Check

계급의 개수를 셀 때 양 끝에 도수가 0명인 계급은 세지 않는다.

✿ 아래 그림은 지효네 반 학생들의 1분 동안의 맥박 수를 조사하여 나타낸 도수분포다각형이다. 다음 물음에 답하시오.

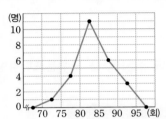

따라해 01 계급의 크기를 구하시오. _____

$75-70=\boxed{}-75=\cdots=95-90=\boxed{}$(회)

02 계급의 개수를 구하시오. _____

양 끝에 도수가 0명인 계급은 세지 않아!

따라해 03 전체 학생은 몇 명인지 구하시오.

$1+\boxed{}+\boxed{}+\boxed{}+3=\boxed{}$(명)

04 도수가 가장 작은 계급의 도수를 구하시오.

_____

05 도수가 가장 작은 계급에 속하는 학생은 전체의 몇 %인지 구하시오. _____

✿ 아래 그림은 어느 영화관에서 일 년 동안 상영한 영화의 상영 시간을 조사하여 나타낸 도수분포다각형이다. 다음 물음에 답하시오.

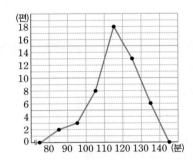

06 계급의 크기를 구하시오. _____

07 계급의 개수를 구하시오. _____

08 전체 영화는 몇 편인지 구하시오.

_____

09 상영 시간이 100분 미만인 영화는 몇 편인지 구하시오. _____

10 상영 시간이 100분 미만인 영화는 전체의 몇 %인지 구하시오. _____

✿ 아래 그림은 어느 수영장 회원들의 준비 운동 시간을 조사하여 나타낸 도수분포다각형이다. 다음 중 옳은 것에는 ○표, 옳지 않은 것에는 ×표를 하시오.

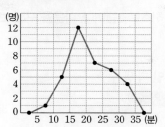

11 계급의 크기는 10분이다.   (   )

12 계급의 개수는 8이다.   (   )

13 도수가 가장 큰 계급은 15분 이상 20분 미만이다.
                                          (   )

14 준비 운동 시간이 15분 미만인 회원은 5명이다.
                                          (   )

15 준비 운동 시간이 20분 이상 25분 미만인 회원
    은 전체의 20 %이다.   (   )

16 준비 운동 시간이 짧은 쪽에서 10번째인 회원이
    속하는 계급은 15분 이상 20분 미만이다.
                                          (   )

✿ 아래 그림은 은제네 반 학생들의 일 년 동안 자란 키를 조사하여 나타낸 도수분포다각형이다. 다음 물음에 답하시오.

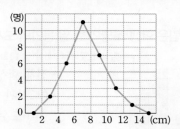

17 계급의 크기를 구하시오. _____

18 전체 학생은 몇 명인지 구하시오.
                          _____

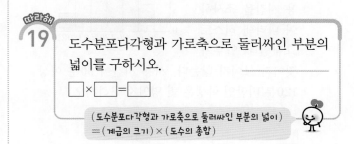

19 도수분포다각형과 가로축으로 둘러싸인 부분의
    넓이를 구하시오. _____

    □ × □ = □

    (도수분포다각형과 가로축으로 둘러싸인 부분의 넓이)
    = (계급의 크기) × (도수의 총합)

✿ 아래 그림은 어느 스키장의 입장객의 나이를 조사하여 나타낸 도수분포다각형이다. 다음 물음에 답하시오.

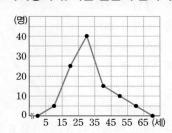

20 계급의 크기를 구하시오. _____

21 전체 입장객은 몇 명인지 구하시오.
                          _____

22 도수분포다각형과 가로축으로 둘러싸인 부분의
    넓이를 구하시오.

12 VISUAL 개념연산 일부가 보이지 않는 그래프

➔ 정답 및 풀이 62쪽

아래 그림은 학생 25명의 한 달 동안의 도서관 이용 횟수를 조사하여 나타낸 히스토그램이다. 다음을 구해 보자.

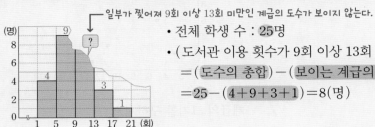

일부가 찢어져 9회 이상 13회 미만인 계급의 도수가 보이지 않는다.

- 전체 학생 수 : 25명
- (도서관 이용 횟수가 9회 이상 13회 미만인 학생 수)
  = (도수의 총합) − (보이는 계급의 도수의 합)
  = 25 − (4+9+3+1) = 8(명)

따라해 01 오른쪽 그림은 학생 30명의 일주일 동안의 컴퓨터 사용 시간을 조사하여 나타낸 히스토그램인데 일부가 찢어져 보이지 않는다. 사용 시간이 90분 이상 120분 미만인 학생은 몇 명인지 구하시오.

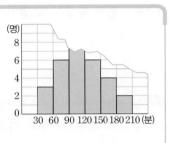

$\boxed{}$ − (3+6+$\boxed{}$+4+2) = $\boxed{}$(명)

(보이지 않는 계급의 도수)
= (도수의 총합) − (보이는 계급의 도수의 합)

02 오른쪽 그림은 어느 방송국 드라마 30편의 최고 시청률을 조사하여 나타낸 도수분포다각형인데 일부가 찢어져 보이지 않는다. 최고 시청률이 5 % 이상 6 % 미만인 드라마는 몇 편인지 구하시오.

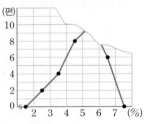

03 오른쪽 그림은 학생 25명의 한 학기 동안 관람한 영화 수를 조사하여 나타낸 도수분포다각형인데 일부가 찢어져 보이지 않는다. 관람한 영화가 6편 이상 9편 미만인 학생은 몇 명인지 구하시오.

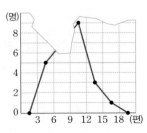

✱ 오른쪽 그림은 연아네 반 학생 25명의 일주일 용돈을 조사하여 나타낸 히스토그램인데 일부가 찢어져 보이지 않는다. 다음 물음에 답하시오.

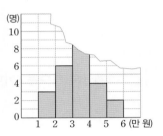

04 용돈이 3만 원 이상 4만 원 미만인 학생은 몇 명인지 구하시오. _____

05 용돈이 3만 원 이상 4만 원 미만인 학생은 전체의 몇 %인지 구하시오. _____

✱ 오른쪽 그림은 어느 은행 고객 40명의 대기 시간을 조사하여 나타낸 도수분포다각형인데 일부가 찢어져 보이지 않는다. 다음 물음에 답하시오.

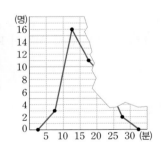

06 대기 시간이 20분 이상 25분 미만인 고객은 몇 명인지 구하시오. _____

07 대기 시간이 20분 이상 25분 미만인 고객은 전체의 몇 %인지 구하시오. _____

08 대기 시간이 20분 이상인 고객은 전체의 몇 %인지 구하시오. _____

10분 연산 TEST 1회

[01~03] 아래는 세훈이네 반 학생들의 팔 굽혀 펴기 기록을 조사하여 나타낸 줄기와 잎 그림이다. 다음 물음에 답하시오.

팔 굽혀 펴기 기록   (1|0은 10회)

줄기	잎						
1	0	1	4	6	8		
2	2	3	5	5	5	8	9
3	0	1	1	2	4	6	
4	1	3					

01 잎이 가장 적은 줄기를 구하시오.

02 팔 굽혀 펴기 기록이 30회 이상인 학생은 몇 명인지 구하시오.

03 팔 굽혀 펴기 기록이 가장 많은 학생과 가장 적은 학생의 기록의 차를 구하시오.

[04~06] 아래는 다연이네 반 학생들이 하루 동안 받은 문자 메시지 수를 조사하여 나타낸 도수분포표이다. 다음 물음에 답하시오.

문자 메시지 수   (단위 : 개)

8	12	16	13	3	18	15	9
19	15	7	14	11	17	4	12

문자 메시지 수 (개)	학생 수 (명)
0 이상 ~ 4 미만	A
4 ~ 8	2
8 ~ 12	B
12 ~ 16	C
16 ~ 20	4
합계	D

04 A~D의 값을 각각 구하시오.

05 계급의 크기를 구하시오.

06 계급의 개수를 구하시오.

[07~09] 아래는 동우네 반 학생들의 신발 크기를 조사하여 나타낸 도수분포표이다. 다음 물음에 답하시오.

신발 크기(mm)	학생 수 (명)
220 이상 ~ 230 미만	2
230 ~ 240	7
240 ~ 250	10
250 ~ 260	8
260 ~ 270	3
합계	

07 전체 학생은 몇 명인지 구하시오.

08 신발 크기가 240 mm 이상 260 mm 미만인 학생은 몇 명인지 구하시오.

09 신발 크기가 큰 쪽에서 10번째인 학생이 속하는 계급을 구하시오.

[10~11] 아래는 어느 편의점에서 한 달 동안 팔린 삼각김밥 수를 조사하여 나타낸 도수분포표이다. 다음 물음에 답하시오.

삼각김밥 수(개)	날수(일)
50 이상 ~ 60 미만	2
60 ~ 70	3
70 ~ 80	9
80 ~ 90	A
90 ~ 100	4
합계	30

10 A의 값을 구하시오.

11 팔린 삼각김밥이 80개 이상 90개 미만인 날은 전체의 몇 %인지 구하시오.

[12~15] 아래 그림은 어느 볼링장 회원들의 볼링 점수를 조사하여 나타낸 히스토그램이다. 다음 물음에 답하시오.

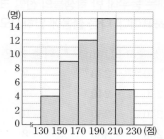

12 계급의 크기를 구하시오.

13 전체 회원은 몇 명인지 구하시오.

14 점수가 150점 이상 170점 미만인 계급의 직사각형의 넓이를 구하시오.

15 직사각형의 넓이의 합을 구하시오.

[16~19] 아래 그림은 어느 독서반 학생들이 갖고 있는 소설책의 수를 조사하여 나타낸 도수분포다각형이다. 다음 물음에 답하시오.

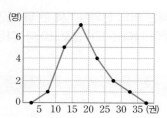

16 계급의 크기를 구하시오.

17 계급의 개수를 구하시오.

18 전체 학생은 몇 명인지 구하시오.

19 도수분포다각형과 가로축으로 둘러싸인 부분의 넓이를 구하시오.

[20~21] 아래 그림은 채아네 반 학생 25명의 일 년 동안의 여행 횟수를 조사하여 나타낸 히스토그램인데 일부가 찢어져 보이지 않는다. 다음 물음에 답하시오.

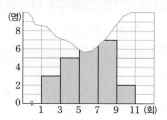

20 여행 횟수가 5회 이상 7회 미만인 학생은 몇 명인지 구하시오.

21 여행 횟수가 5회 이상 7회 미만인 학생은 전체의 몇 %인지 구하시오.

[22~24] 아래 그림은 어느 마라톤 대회에 참가한 선수 50명의 나이를 조사하여 나타낸 도수분포다각형인데 일부가 찢어져 보이지 않는다. 다음 중 옳은 것에는 ○표, 옳지 않은 것에는 ×표를 하시오.

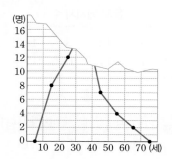

22 계급의 개수는 7이다. ( )

23 나이가 30세 이상 40세 미만인 선수는 17명이다. ( )

24 나이가 30세 이상 40세 미만인 선수는 전체의 17 %이다. ( )

맞힌 개수 개 / 24개

10분 연산 TEST 2회

[01~03] 아래는 서우가 달걀의 무게를 조사하여 나타낸 줄기와 잎 그림이다. 다음 물음에 답하시오.

달걀의 무게   (1|6은 16 g)

줄기	잎				
1	6	8	9		
2	0	3	3	5	7
3	0	3	9		
4	0	2	4		

01 잎이 가장 많은 줄기를 구하시오.

02 무게가 30 g 이상인 달걀은 몇 개인지 구하시오.

03 무게가 가장 무거운 달걀과 가장 가벼운 달걀의 무게의 차를 구하시오.

[04~06] 아래는 진영이네 반 학생들의 영어 점수를 조사하여 나타낸 도수분포표이다. 다음 물음에 답하시오.

영어 점수   (단위 : 점)

52	99	80	85	63	72
85	74	84	93	77	81

영어 점수 (점)	학생 수 (명)
$50^{이상} \sim 60^{미만}$	A
60 ~ 70	1
70 ~ 80	B
80 ~ 90	C
90 ~ 100	2
합계	D

04 $A \sim D$의 값을 각각 구하시오.

05 계급의 크기를 구하시오.

06 계급의 개수를 구하시오.

[07~09] 아래는 민우네 반 학생들의 한 학기 동안의 독서량을 조사하여 나타낸 도수분포표이다. 다음 물음에 답하시오.

독서량 (권)	학생 수 (명)
$0^{이상} \sim 10^{미만}$	1
10 ~ 20	4
20 ~ 30	9
30 ~ 40	5
40 ~ 50	1
합계	

07 전체 학생은 몇 명인지 구하시오.

08 독서량이 20권 이상 40권 미만인 학생은 몇 명인지 구하시오.

09 독서량이 많은 쪽에서 4번째인 학생이 속하는 계급을 구하시오.

[10~11] 아래는 윤정이네 반 학생들의 1분 동안의 턱걸이 기록을 조사하여 나타낸 도수분포표이다. 다음 물음에 답하시오.

턱걸이 기록 (회)	학생 수 (명)
$10^{이상} \sim 12^{미만}$	3
12 ~ 14	2
14 ~ 16	7
16 ~ 18	A
18 ~ 20	3
합계	20

10 A의 값을 구하시오.

11 턱걸이 기록이 16회 이상 18회 미만인 학생은 전체의 몇 %인지 구하시오.

[12~15] 아래 그림은 윤수네 반 학생들의 공 던지기 기록을 조사하여 나타낸 히스토그램이다. 다음 물음에 답하시오.

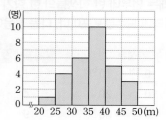

12 계급의 크기를 구하시오.

13 전체 학생은 몇 명인지 구하시오.

14 기록이 30 m 이상 35 m 미만인 계급의 직사각형의 넓이를 구하시오.

15 직사각형의 넓이의 합을 구하시오.

[16~19] 아래 그림은 지운이네 반 학생들의 하루 평균 인터넷 사용 시간을 조사하여 나타낸 도수분포다각형이다. 다음 물음에 답하시오.

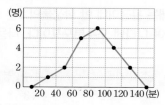

16 계급의 크기를 구하시오.

17 계급의 개수를 구하시오.

18 전체 학생은 몇 명인지 구하시오.

19 도수분포다각형과 가로축으로 둘러싸인 부분의 넓이를 구하시오.

[20~21] 아래 그림은 경아네 반 학생 25명이 등교하는 데 걸리는 시간을 조사하여 나타낸 히스토그램인데 일부가 찢어져 보이지 않는다. 다음 물음에 답하시오.

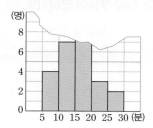

20 등교하는 데 걸리는 시간이 15분 이상 20분 미만인 학생은 몇 명인지 구하시오.

21 등교하는 데 걸리는 시간이 15분 이상 20분 미만인 학생은 전체의 몇 %인지 구하시오.

[22~24] 아래 그림은 어느 편의점에 있는 과자 50개의 남은 유통 기한을 조사하여 나타낸 도수분포다각형인데 일부가 찢어져 보이지 않는다. 다음 중 옳은 것에는 ○표, 옳지 않은 것에는 ×표를 하시오.

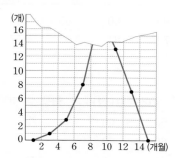

22 계급의 개수는 6이다. (   )

23 유통 기한이 8개월 이상 10개월 미만으로 남은 과자는 18개이다. (   )

24 유통 기한이 8개월 미만으로 남은 과자는 전체의 12 %이다. (   )

맞힌 개수 　　개/24개

상대도수

정답 및 풀이 64쪽

(1) **상대도수** : 도수의 총합에 대한 각 계급의 도수의 비율
(2) 50점 이상 60점 미만인 계급에서 다음을 구해 보자.

〈상대도수의 분포표〉

과학 점수(점)	도수(명)	상대도수
50 이상 ～ 60 미만	2	0.1
60 ～ 70	3	0.15
70 ～ 80	10	0.5
80 ～ 90	4	0.2
90 ～ 100	1	0.05
합계	20	1 ── 상대도수의 총합은 항상 1이다.

- (상대도수) = $\dfrac{(도수)}{(도수의 총합)}$ = $\dfrac{2}{20}$ = 0.1
- (도수) = (도수의 총합) × (상대도수)
  = 20 × 0.1 = 2(명)
- (도수의 총합) = $\dfrac{(도수)}{(상대도수)}$ = $\dfrac{2}{0.1}$ = 20(명)
- (백분율) = (상대도수) × 100(%)
  → 50점 이상 60점 미만인 학생은 전체의 0.1 × 100 = 10(%)

개념 POINT

(어떤 계급의 상대도수)
= $\dfrac{(그\ 계급의\ 도수)}{(도수의\ 총합)}$

❋ **다음을 소수로 나타내시오.**

01 $\dfrac{1}{5}$ → ☐

02 $\dfrac{3}{50}$ → ☐

03 4명의 학생 중 구두를 신은 학생이 1명일 때, 구두를 신은 학생의 비율 _____

04 100명 중 혈액형이 A형인 사람이 38명일 때, 혈액형이 A형인 사람의 비율 _____

❋ **다음 중 옳은 것에는 ○표, 옳지 않은 것에는 ×표를 하시오.**

05 상대도수의 총합은 도수의 총합에 따라 달라진다.
( )

06 상대도수는 0보다 크고 1보다 작다. ( )

07 각 계급의 상대도수는 그 계급의 도수에 정비례한다. ( )

08 도수의 총합이 다른 두 집단의 분포 상태를 비교할 때 상대도수를 이용하면 편리하다. ( )

❋ **다음 상대도수의 분포표를 완성하시오.**

09 성재네 반 학생들의 하루 여가 시간

여가 시간(분)	도수(명)	상대도수
30 이상 ～ 40 미만	4	$\dfrac{4}{20}$ = 0.2
40 ～ 50	8	
50 ～ 60	5	
60 ～ 70	2	
70 ～ 80	1	
합계	20	1

10 어느 산악회 회원들의 일 년 동안의 등산 횟수

등산 횟수(회)	도수(명)	상대도수
0 이상 ～ 5 미만	4	
5 ～ 10	7	
10 ～ 15	20	
15 ～ 20	10	
20 ～ 25	9	
합계	50	

11 아래는 어느 야구 동호회 회원들의 일 년 동안의 안타 수를 조사하여 나타낸 상대도수의 분포표이다. 다음 표를 완성하시오.

안타 수(개)	도수(명)	상대도수
0 이상 ~ 10 미만	20×0.1=2	0.1
10 ~ 20		0.25
20 ~ 30		0.4
30 ~ 40		0.2
40 ~ 50		0.05
합계	20	1

✱ 아래는 어느 미술관의 입장객 수를 조사하여 나타낸 상대도수의 분포표이다. 다음 물음에 답하시오.

입장객 수(명)	도수(일)	상대도수
20 이상 ~ 30 미만	5	0.1
30 ~ 40		0.2
40 ~ 50		0.34
50 ~ 60		0.3
60 ~ 70		0.06
합계		1

12 도수의 총합을 구하시오. _____

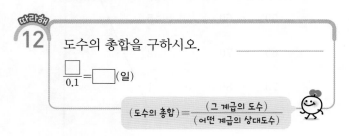

$\dfrac{\square}{0.1}=\square$(일)

$(도수의 총합)=\dfrac{(그 계급의 도수)}{(어떤 계급의 상대도수)}$

13 위의 상대도수의 분포표를 완성하시오.

✱ 다음을 구하시오.

14 도수의 총합이 25이고 어떤 계급의 상대도수가 0.4일 때, 이 계급의 도수 _____

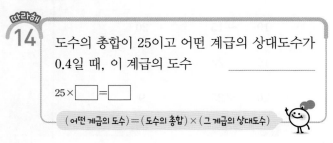

$25×\square=\square$

$(어떤 계급의 도수)=(도수의 총합)×(그 계급의 상대도수)$

15 도수의 총합이 100이고 어떤 계급의 상대도수가 0.12일 때, 이 계급의 도수 _____

16 어떤 계급의 도수가 8이고 이 계급의 상대도수가 0.05일 때, 도수의 총합 _____

✱ 아래는 어느 빵집에서 판매하고 있는 빵의 100 g당 열량을 조사하여 나타낸 상대도수의 분포표이다. 다음 물음에 답하시오.

열량(kcal)	상대도수
100 이상 ~ 120 미만	0.1
120 ~ 140	0.2
140 ~ 160	0.35
160 ~ 180	0.2
180 ~ 200	0.1
200 ~ 220	0.05
합계	1

17 열량이 100 kcal 이상 120 kcal 미만인 빵은 전체의 몇 %인지 구하시오. _____

$\square×100=\square$(%)

$(백분율)=(상대도수)×100(\%)$

18 열량이 200 kcal 이상 220 kcal 미만인 빵은 전체의 몇 %인지 구하시오. _____

19 열량이 140 kcal 미만인 빵은 전체의 몇 %인지 구하시오. _____

$(0.1+\square)×100=\square$(%)

20 열량이 180 kcal 이상인 빵은 전체의 몇 %인지 구하시오. _____

❀ 아래는 한 상자에 들어 있는 사과의 무게를 조사하여 나타낸 상대도수의 분포표이다. 다음 물음에 답하시오.

사과의 무게(g)	도수(개)	상대도수
180 이상 ~ 190 미만	2	A
190 ~ 200	8	0.16
200 ~ 210	B	0.2
210 ~ 220	14	0.28
220 ~ 230	16	0.32
합계	C	D

21 D의 값을 구하시오. _____

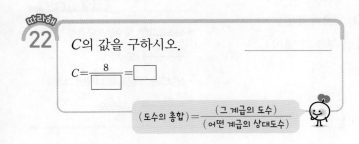

22 C의 값을 구하시오. _____

$$C = \frac{8}{\boxed{}} = \boxed{}$$

(도수의 총합) = $\dfrac{(\text{그 계급의 도수})}{(\text{어떤 계급의 상대도수})}$

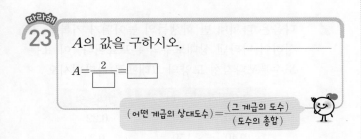

23 A의 값을 구하시오. _____

$$A = \frac{2}{\boxed{}} = \boxed{}$$

(어떤 계급의 상대도수) = $\dfrac{(\text{그 계급의 도수})}{(\text{도수의 총합})}$

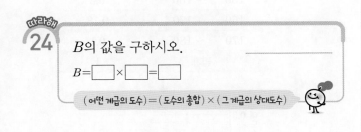

24 B의 값을 구하시오. _____

$$B = \boxed{} \times \boxed{} = \boxed{}$$

(어떤 계급의 도수) = (도수의 총합) × (그 계급의 상대도수)

25 도수가 가장 작은 계급의 상대도수를 구하시오.

_____

26 무게가 210 g 이상인 사과는 전체의 몇 %인지 구하시오. _____

❀ 오른쪽은 어느 박물관의 입장객 200명의 나이를 조사하여 나타낸 상대도수의 분포표이다. 다음 물음에 답하시오.

입장객 나이(세)	상대도수
10 이상 ~ 20 미만	0.15
20 ~ 30	0.18
30 ~ 40	0.27
40 ~ 50	A
50 ~ 60	0.05
합계	1

27 A의 값을 구하시오.

_____

28 나이가 30세 이상 40세 미만인 입장객은 몇 명인지 구하시오. _____

❀ 아래는 어느 공원에 있는 나무의 키를 조사하여 나타낸 상대도수의 분포표이다. 다음 물음에 답하시오.

키(m)	도수(그루)	상대도수
1 이상 ~ 2 미만	12	0.1
2 ~ 3	A	0.2
3 ~ 4	48	B
4 ~ 5		0.15
5 ~ 6	12	0.1
6 ~ 7	6	0.05
합계	C	D

29 D의 값을 구하시오. _____

30 C의 값을 구하시오. _____

31 A의 값을 구하시오. _____

32 B의 값을 구하시오. _____

33 상대도수가 가장 큰 계급의 도수를 구하시오.

_____

34 키가 30번째로 큰 나무가 속하는 계급의 상대도수를 구하시오. _____

〈상대도수의 분포표〉

최고 기온(°C)	상대도수
15 이상 ~ 17 미만	0.1
17 ~ 19	0.15
19 ~ 21	0.3
21 ~ 23	0.25
23 ~ 25	0.2
합계	1

〈상대도수의 분포를 나타낸 그래프〉

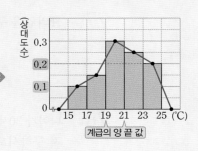

상대도수의 분포를 나타낸 그래프는 히스토그램 또는 도수분포다각형 모양이야.

위의 상대도수의 분포를 나타낸 그래프에서 전체 날수가 40일일 때, 다음을 구해 보자.

• 최고 기온이 15 °C 이상 17 °C 미만인 날의 백분율 : $0.1 \times 100 = 10(\%)$

• 최고 기온이 23 °C 이상 25 °C 미만인 계급의 도수 : $40 \times 0.2 = 8(일)$

• (도수분포다각형 모양의 그래프와 가로축으로 둘러싸인 부분의 넓이)

$= (계급의 크기) \times (상대도수의 총합)$

$= (계급의 크기) \times 1$

$= (계급의 크기) = 2 \rightarrow 17-15=19-17=\cdots=25-23=2(°C)$

실수 Check

• 히스토그램, 도수분포다각형
  $\xrightarrow{세로축}$ 도수

• 상대도수의 분포를 나타낸 그래프
  $\xrightarrow{세로축}$ 상대도수

---

01 다음은 소미네 반 학생들의 한 달 동안의 분식집 이용 횟수를 조사하여 나타낸 상대도수의 분포표이다. 이 표를 히스토그램 모양의 그래프로 나타내시오.

이용 횟수(회)	상대도수
1 이상 ~ 5 미만	0.15
5 ~ 9	0.2
9 ~ 13	0.35
13 ~ 17	0.2
17 ~ 21	0.1
합계	1

↓

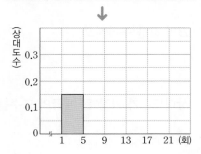

모눈 한 칸의 세로의 길이는 0.05야.

02 다음은 다희네 반 학생들의 높이뛰기 기록을 조사하여 나타낸 상대도수의 분포표이다. 이 표를 도수분포다각형 모양의 그래프로 나타내시오.

높이뛰기 기록(cm)	상대도수
130 이상 ~ 140 미만	0.22
140 ~ 150	0.3
150 ~ 160	0.2
160 ~ 170	0.18
170 ~ 180	0.1
합계	1

↓

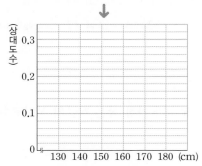

모눈 한 칸의 세로의 길이는 0.02야.

✿ 아래 그림은 어느 도서관 회원 50명이 한 달 동안 대출한 책의 수에 대한 상대도수의 분포를 나타낸 그래프이다. 다음 물음에 답하시오.

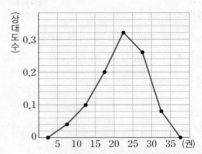

03 상대도수가 가장 큰 계급을 구하시오.

_____

04 대출한 책이 15권 이상 20권 미만인 계급의 상대도수를 구하시오.

_____

05 대출한 책이 15권 이상 20권 미만인 회원은 몇 명인지 구하시오.

_____

$50 \times \boxed{} = \boxed{}$ (명)

(어떤 계급의 도수) = (도수의 총합) × (그 계급의 상대도수)

06 도수가 가장 작은 계급의 상대도수를 구하시오.

_____

도수가 가장 작은 계급은 상대도수도 가장 작아!

07 대출한 책이 25권 이상인 회원은 전체의 몇 %인지 구하시오.

_____

08 대출한 책이 20권 이상 30권 미만인 회원은 몇 명인지 구하시오.

_____

✿ 아래 그림은 어느 병원의 환자들의 대기 시간에 대한 상대도수의 분포를 나타낸 그래프이다. 대기 시간이 20분 이상 24분 미만인 환자가 40명일 때, 다음 물음에 답하시오.

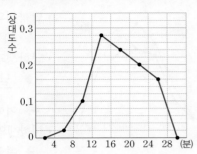

09 대기 시간이 20분 이상 24분 미만인 계급의 상대도수를 구하시오.

_____

10 전체 환자는 몇 명인지 구하시오.

_____

$\dfrac{40}{\boxed{}} = \boxed{}$ (명)

(도수의 총합) = $\dfrac{(\text{그 계급의 도수})}{(\text{어떤 계급의 상대도수})}$

11 대기 시간이 12분 미만인 환자는 전체의 몇 %인지 구하시오.

_____

12 도수가 가장 작은 계급의 환자는 몇 명인지 구하시오.

_____

13 대기 시간이 16분 이상인 환자는 몇 명인지 구하시오.

_____

14 대기 시간이 짧은 쪽에서 10번째인 환자가 속하는 계급을 구하시오. _____

대기 시간이 4분 이상 8분 미만인 환자 수 : $200 \times \boxed{} = \boxed{}$ (명)
대기 시간이 8분 이상 12분 미만인 환자 수 : $200 \times \boxed{} = \boxed{}$ (명)

→ 대기 시간이 짧은 쪽에서 10번째인 환자가 속하는 계급 :
  $\boxed{}$분 이상 $\boxed{}$분 미만

15 VISUAL 개념연산 도수의 총합이 다른 두 집단의 비교

→ 정답 및 풀이 66쪽

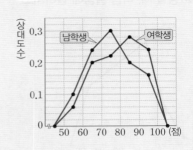

- 남학생의 상대도수가 여학생의 상대도수보다 더 큰 계급
  → 50점 이상 60점 미만, 60점 이상 70점 미만, 70점 이상 80점 미만
- 남학생과 여학생 중 90점 이상 100점 미만인 학생의 비율이 더 높은 쪽
  → (남학생의 상대도수) < (여학생의 상대도수)
    　　　　0.16　　　　　　　0.24
  → 여학생의 비율이 더 높다.

'비율' 비교는 상대도수를 이용해.

- 여학생의 그래프가 남학생의 그래프보다 전체적으로 오른쪽으로 치우쳐 있다.
  → 여학생이 남학생보다 점수가 상대적으로 더 높다고 할 수 있다.

❋ 아래는 어느 중학교의 남학생 50명과 여학생 40명의 키를 조사하여 나타낸 상대도수의 분포표이다. 다음 물음에 답하시오.

키(cm)	남학생		여학생	
	도수(명)	상대도수	도수(명)	상대도수
130 이상 ~ 140 미만	2	0.04	4	0.1
140 ~ 150	10		8	
150 ~ 160	13		14	
160 ~ 170	20		8	
170 ~ 180	5		6	
합계	50	1	40	1

01 위의 상대도수의 분포표를 완성하시오.

02 남학생과 여학생의 상대도수가 같은 계급을 구하시오.

03 남학생과 여학생 중 키가 150 cm 이상 160 cm 미만인 학생의 비율이 더 높은 쪽을 구하시오.

04 남학생과 여학생 중 키가 160 cm 이상인 학생의 비율이 더 높은 쪽을 구하시오.

❋ 아래는 A 중학교와 B 중학교 학생들의 통학 거리를 조사하여 나타낸 상대도수의 분포표이다. 다음 물음에 답하시오.

통학 거리(km)	A 중학교		B 중학교	
	도수(명)	상대도수	도수(명)	상대도수
1 이상 ~ 2 미만	28		42	
2 ~ 3	70		75	
3 ~ 4	50		90	
4 ~ 5	32		66	
5 ~ 6	20		27	
합계	200	1	300	1

05 위의 상대도수의 분포표를 완성하시오.

06 A 중학교와 B 중학교의 상대도수가 같은 계급을 구하시오.

07 A 중학교와 B 중학교 중 통학 거리가 5 km 이상 6 km 미만인 학생의 비율이 더 높은 중학교를 구하시오.

08 A 중학교와 B 중학교 중 통학 거리가 3 km 미만인 학생의 비율이 더 높은 중학교를 구하시오.

❀ 아래 그림은 A 농장에서 수확한 딸기 300개와 B 농장에서 수확한 딸기 200개의 무게에 대한 상대도수의 분포를 나타낸 그래프이다. 다음 물음에 답하시오.

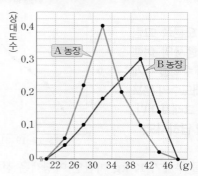

09 A 농장의 상대도수가 B 농장의 상대도수보다 더 큰 계급을 모두 구하시오.

_____

10 A 농장과 B 농장 중 무게가 34 g 이상 38 g 미만인 딸기의 비율이 더 높은 농장을 구하시오.

_____

11 A 농장과 B 농장 중 무게가 34 g 이상 38 g 미만인 딸기가 더 많은 농장을 구하시오.

_____

무게가 34 g 이상 38 g 미만인 딸기의 수는 각각 다음과 같다.

A 농장 : 300 × ☐ = ☐ (개)

B 농장 : 200 × ☐ = ☐ (개)

➡ 무게가 34 g 이상 38 g 미만인 딸기는 ☐ 농장이 더 많다.

두 그래프 중 전체적으로 오른쪽으로 치우쳐 있는 그래프를 찾아봐.

12 A 농장과 B 농장 중 어느 농장의 딸기의 무게가 상대적으로 더 무겁다고 할 수 있는지 구하시오.

_____

❀ 아래 그림은 어느 학교 1반과 2반 학생들의 하루 동안의 스마트폰 사용 시간에 대한 상대도수의 분포를 나타낸 그래프이다. 다음 물음에 답하시오.

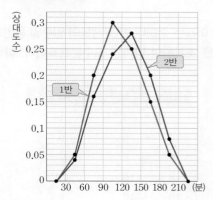

13 1반의 상대도수가 2반의 상대도수보다 더 큰 계급을 모두 구하시오.

_____

14 1반과 2반 중 스마트폰 사용 시간이 150분 이상인 학생의 비율이 더 높은 반을 구하시오.

_____

15 1반과 2반에서 스마트폰 사용 시간이 60분 이상 90분 미만인 학생이 4명으로 같을 때, 1반과 2반의 전체 학생은 각각 몇 명인지 구하시오.

1반 : _____ , 2반 : _____

스마트폰 사용 시간이 60분 이상 90분 미만인 계급의 상대도수가

1반은 ☐ , 2반은 ☐ 이므로

1반의 전체 학생 수 : $\dfrac{4}{☐}$ = ☐ (명)

2반의 전체 학생 수 : $\dfrac{4}{☐}$ = ☐ (명)

16 1반과 2반 중 어느 반 학생들의 스마트폰 사용 시간이 상대적으로 더 많다고 할 수 있는지 구하시오.

_____

10분 연산 TEST 1회

[01~02] 아래는 수하네 반 학생들의 일주일 동안의 컴퓨터 사용 시간을 조사하여 나타낸 도수분포표이다. 다음 물음에 답하시오.

사용 시간(시간)	도수(명)
2 이상 ~ 4 미만	1
4 ~ 6	5
6 ~ 8	7
8 ~ 10	10
10 ~ 12	2
합계	25

01 컴퓨터 사용 시간이 4시간 이상 6시간 미만인 계급의 상대도수를 구하시오.

02 도수가 가장 큰 계급의 상대도수를 구하시오.

[03~06] 아래는 어느 동물원의 입장객 나이를 조사하여 나타낸 상대도수의 분포표이다. 다음 물음에 답하시오.

나이(세)	도수(명)	상대도수
1 이상 ~ 11 미만	C	0.15
11 ~ 21	54	D
21 ~ 31	E	0.1
31 ~ 41	75	F
41 ~ 51	60	0.2
51 ~ 61	36	0.12
합계	A	B

03 A~F의 값을 각각 구하시오.

04 나이가 21세 미만인 입장객은 전체의 몇 %인지 구하시오.

05 상대도수가 가장 작은 계급의 도수를 구하시오.

06 나이가 많은 쪽에서 50번째인 입장객이 속하는 계급의 상대도수를 구하시오.

[07~09] 오른쪽 그림은 어느 여행사의 여행객 150명의 수화물 무게에 대한 상대도수의 분포를 나타낸 그래프이다. 다음 물음에 답하시오.

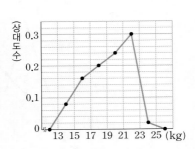

07 수화물 무게가 17 kg 미만인 여행객은 전체의 몇 %인지 구하시오.

08 수화물 무게가 17 kg 이상 19 kg 미만인 여행객은 몇 명인지 구하시오.

09 수화물 무게가 21 kg 이상인 여행객은 몇 명인지 구하시오.

[10~12] 오른쪽 그림은 어느 학교 1반과 2반 학생들의 체육 수행 평가 점수에 대한 상대도수의 분포를 나타낸 그래프이다. 다음 물음에 답하시오.

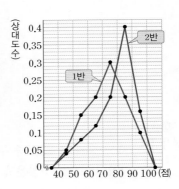

10 2반의 상대도수가 1반의 상대도수보다 더 큰 계급을 모두 구하시오.

11 점수가 60점 이상 70점 미만인 학생이 1반은 4명, 2반은 3명일 때, 1반과 2반의 전체 학생은 각각 몇 명인지 구하시오.

12 1반과 2반 중 어느 반 학생들의 점수가 상대적으로 더 높다고 할 수 있는지 구하시오.

맞힌 개수 [   ] 개/12개

10분 연산 TEST 2회

[01~02] 아래는 수현이네 반 학생들의 몸무게를 조사하여 나타낸 도수분포표이다. 다음 물음에 답하시오.

몸무게(kg)	도수(명)
40 이상 ~ 45 미만	1
45 ~ 50	2
50 ~ 55	7
55 ~ 60	6
60 ~ 65	4
합계	20

01 몸무게가 45 kg 이상 50 kg 미만인 계급의 상대도수를 구하시오.

02 도수가 가장 작은 계급의 상대도수를 구하시오.

[03~06] 아래는 어느 중학교 수학 경시 대회 점수를 조사하여 나타낸 상대도수의 분포표이다. 다음 물음에 답하시오.

점수(점)	도수(명)	상대도수
50 이상 ~ 60 미만	C	0.16
60 ~ 70	10	D
70 ~ 80	E	0.24
80 ~ 90	13	F
90 ~ 100	7	0.14
합계	A	B

03 $A \sim F$의 값을 각각 구하시오.

04 점수가 70점 미만인 학생은 전체의 몇 %인지 구하시오.

05 상대도수가 가장 큰 계급의 도수를 구하시오.

06 점수가 높은 쪽에서 10번째인 학생이 속하는 계급의 상대도수를 구하시오.

[07~09] 오른쪽 그림은 서진이네 중학교 남학생 150명의 하루 운동 시간에 대한 상대도수의 분포를 나타낸 그래프이다. 다음 물음에 답하시오.

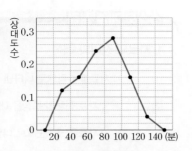

07 운동 시간이 60분 미만인 남학생은 전체의 몇 %인지 구하시오.

08 운동 시간이 60분 이상 80분 미만인 남학생은 몇 명인지 구하시오.

09 운동 시간이 100분 이상인 남학생은 몇 명인지 구하시오.

[10~12] 오른쪽 그림은 A 중학교와 B 중학교 학생들의 지난 해 독서량에 대한 상대도수의 분포를 나타낸 그래프이다. 다음 물음에 답하시오.

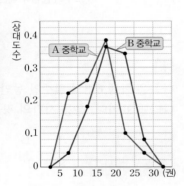

10 B 중학교의 상대도수가 A 중학교의 상대도수보다 더 큰 계급을 모두 구하시오.

11 독서량이 5권 이상 10권 미만인 학생이 A 중학교는 22명, B 중학교는 6명일 때, A 중학교와 B 중학교의 전체 학생은 각각 몇 명인지 구하시오.

12 A 중학교와 B 중학교 중 어느 중학교 학생들의 독서량이 상대적으로 더 많다고 할 수 있는지 구하시오.

맞힌 개수 ___개/12개

스스로 개념 점검

1. 자료의 정리와 해석

(1) ☐ : 자료를 수량으로 나타낸 것

(2) ☐ : 자료 전체의 특징을 대표적으로 나타내는 값

(3) ☐ : 자료를 크기순으로 나열하였을 때 가운데 위치한 값

(4) ☐ : 자료에서 가장 많이 나타나는 값

(5) ☐ : 줄기와 잎으로 자료를 구분하여 나타낸 그림

(6) 자료를 몇 개의 계급으로 나누고, 각 계급에 속하는 도수를 조사하여 나타낸 표를 ☐ 라 한다. 이때 변량을 일정한 간격으로 나눈 구간을 ☐ , 구간의 너비를 ☐ , 각 계급에 속하는 자료의 개수를 ☐ 라 한다.

(7) ☐ : 도수분포표에서 각 계급을 가로로, 도수를 세로로 하여 직사각형으로 나타낸 그래프

(8) ☐ : 히스토그램에서 각 직사각형의 윗변의 중앙에 점을 찍은 후 차례로 선분으로 연결하여 나타낸 그래프

(9) ☐ : 도수의 총합에 대한 각 계급의 도수의 비율

01

다음은 학생 6명의 일주일 동안의 운동 시간을 조사하여 나타낸 표이다. 운동 시간의 평균은?

학생	A	B	C	D	E	F
운동 시간(시간)	8	12	5	4	6	7

① 5시간 ② 6시간 ③ 7시간
④ 8시간 ⑤ 9시간

02

다음은 주은이의 6회에 걸친 미술 성적을 조사하여 나타낸 것이다. 미술 성적의 평균이 92점일 때, x의 값은?

(단위 : 점)

$$82, \ 88, \ x, \ 94, \ 96, \ 97$$

① 92 ② 93 ③ 94
④ 95 ⑤ 96

03

다음 자료에서 세 변량 a, b, c의 총합이 18일 때, 이 자료의 평균은?

$$a, \ b, \ c, \ 8, \ 9$$

① 5 ② 6 ③ 7
④ 8 ⑤ 9

04 출제율 80%

다음은 자료의 변량을 작은 값부터 크기순으로 나열한 것이다. 이 자료의 평균과 중앙값이 같을 때, x의 값은?

$$4, \ 8, \ 9, \ 13, \ x, \ 17$$

① 13 ② 14 ③ 15
④ 16 ⑤ 17

05

다음 자료의 평균을 a, 중앙값을 b, 최빈값을 c라 할 때, abc의 값은?

$$2, \ 2, \ 2, \ 4, \ 4, \ 5, \ 5, \ 8$$

① 28 ② 32 ③ 40
④ 52 ⑤ 60

06 실수 주의

다음 설명 중 옳은 것을 모두 고르면? (정답 2개)

① 중앙값은 자료가 문자나 기호일 때도 사용할 수 있다.
② 최빈값은 항상 중앙값보다 크다.
③ 최빈값은 항상 한 개이다.
④ 평균, 중앙값, 최빈값이 모두 같은 경우도 있다.
⑤ 변량의 개수가 홀수일 때는 작은 값부터 크기순으로 나열하였을 때 가운데 위치한 값이 중앙값이다.

07

오른쪽은 어느 투수가 15회의 경기에서 던진 공의 수를 조사하여 나타낸 줄기와 잎 그림이다. 던진 공이 40개 이상인 경기는 몇 회인가?

공의 수 (2|6은 26개)

줄기		잎		
2	6	8	9	
3	0	3	3	5	7
4	0	3	5	9
5	0	2	4	

① 4회　　　　② 5회　　　　③ 6회
④ 7회　　　　⑤ 8회

08

다음은 민재네 반 남학생과 여학생의 2단 줄넘기 기록을 조사하여 나타낸 줄기와 잎 그림이다. **보기**에서 옳은 것을 모두 고른 것은?

2단 줄넘기 기록　　　(1|0은 10회)

잎(남학생)				줄기	잎(여학생)						
	7	4	0	0	0	0	1	2	3	6	7	8
5	5	4	3	1	0	1	0	1	2	2	
		4	2	2	6					

• 보기 •

ㄱ. 여학생 중 잎이 가장 적은 줄기는 2이다.
ㄴ. 민재네 반 전체 학생은 24명이다.
ㄷ. 2단 줄넘기 기록이 가장 많은 학생은 남학생이다.

① ㄱ　　　　② ㄴ　　　　③ ㄱ, ㄴ
④ ㄱ, ㄷ　　　　⑤ ㄴ, ㄷ

09

다음 중 옳지 <u>않은</u> 것은?

① 자료를 수량으로 나타낸 것을 변량이라 한다.
② 변량을 일정한 간격으로 나눈 구간을 계급이라 한다.
③ 변량을 나눈 구간의 너비를 계급의 크기라 한다.
④ 각 계급에 속하는 자료의 개수를 계급의 개수라 한다.
⑤ 각 계급에 속하는 도수를 조사하여 나타낸 표를 도수분포표라 한다.

[10~12]

오른쪽은 민우네 반 학생들의 **50 m** 달리기 기록을 조사하여 나타낸 도수분포표이다. 다음 물음에 답하시오.

달리기 기록(초)	학생 수(명)
6 이상 ~ 7 미만	2
7 ~ 8	6
8 ~ 9	A
9 ~ 10	7
10 ~ 11	1
합계	25

10 출제율 85%

A의 값은?

① 8　　　　② 9　　　　③ 10
④ 11　　　　⑤ 12

11

도수가 가장 큰 계급의 도수를 a명, 도수가 가장 작은 계급의 도수를 b명이라 할 때, $a-b$의 값은?

① 1　　　　② 3　　　　③ 5
④ 6　　　　⑤ 8

12

달리기 기록이 빠른 쪽에서 3번째인 학생이 속하는 계급은?

① 6초 이상 7초 미만　　　② 7초 이상 8초 미만
③ 8초 이상 9초 미만　　　④ 9초 이상 10초 미만
⑤ 10초 이상 11초 미만

13

오른쪽 그림은 어느 등산 동호회 회원들이 1년 동안 등산한 횟수를 조사하여 나타낸 히스토그램이다. 다음 중 옳지 <u>않은</u> 것을 모두 고르면?

（정답 2개）

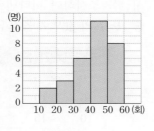

① 계급의 개수는 5이다.
② 계급의 크기는 10회이다.
③ 전체 회원은 30명이다.
④ 등산 횟수가 40회 이상인 회원은 11명이다.
⑤ 직사각형의 넓이의 합은 150이다.

[14~15] 오른쪽 그림은 어느 카페에서 판매하는 음료 **30**잔의 가격을 조사하여 나타낸 도수분포다각형인데 일부가 찢어져 보이지 않는다. 다음 물음에 답하시오.

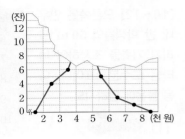

14

가격이 4천 원 이상 5천 원 미만인 음료는 몇 잔인가?

① 9잔   ② 10잔   ③ 11잔
④ 12잔   ⑤ 13잔

15

가격이 4천 원 이상 5천 원 미만인 음료는 전체의 몇 %인가?

① 30 %   ② 40 %   ③ 50 %
④ 60 %   ⑤ 70 %

16 출제율 80%

아래는 어느 버스정류장에서 승객들이 버스를 기다린 시간을 조사하여 나타낸 상대도수의 분포표이다. 다음 중 $A \sim E$의 값으로 옳지 않은 것은?

기다린 시간(분)	도수(명)	상대도수
0 이상 ~ 5 미만	A	0.25
5 ~ 10	16	0.4
10 ~ 15	8	B
15 ~ 20	C	0.1
20 ~ 25	2	0.05
합계	D	E

① $A=10$ ② $B=0.25$ ③ $C=4$
④ $D=40$ ⑤ $E=1$

17 실수 주의

오른쪽 그림은 A 중학교와 B 중학교 학생들의 독서량에 대한 상대도수의 분포를 나타낸 그래프이다. **보기**에서 옳은 것을 모두 고른 것은?

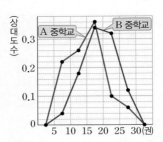

● 보기 ●

ㄱ. 독서량이 10권 이상 15권 미만인 학생의 비율은 A 중학교가 B 중학교보다 더 높다.

ㄴ. A 중학교의 전체 학생 수는 B 중학교의 전체 학생 수보다 더 많다.

ㄷ. B 중학교 학생들이 A 중학교 학생들보다 책을 상대적으로 더 많이 읽었다고 할 수 있다.

① ㄱ   ② ㄷ   ③ ㄱ, ㄴ
④ ㄱ, ㄷ   ⑤ ㄴ, ㄷ

18 서술형

오른쪽 그림은 어느 도시의 미세 먼지 농도에 대한 상대도수의 분포를 나타낸 그래프이다. 이 도시의 미세 먼지 농도가 $50\,\mu g/m^3$ 이상 $70\,\mu g/m^3$ 미만인 날이 60일일 때, 미세 먼지 농도가 $30\,\mu g/m^3$ 미만인 날은 며칠인지 구하시오.

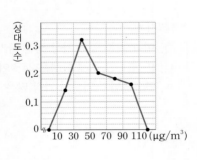

채점기준 1   미세 먼지 농도가 $50\,\mu g/m^3$ 이상 $70\,\mu g/m^3$ 미만인 계급의 상대도수 구하기

채점기준 2   도수의 총합 구하기

채점기준 3   미세 먼지 농도가 $30\,\mu g/m^3$ 미만인 날수 구하기

내신을 위한 강력한 한 권!

2022 개정
교육과정
2025년 중1부터 적용

모바일 빠른 정답

MATHING

수 매씽 개념연산

중학 수학

1·2

정답 및 풀이

동아출판

모바일 빠른 정답
QR 코드를 찍으면 정답 및 풀이를
쉽고 빠르게 확인할 수 있습니다.

Ⅰ. 기본 도형과 작도

1. 기본 도형

01 평면도형과 입체도형 8쪽

01 평 **02** 입 **03** 입 **04** 평
05 입 **06** ㄴ, ㄷ **07** ㄱ, ㄹ **08** ○
09 × **10** × **11** ○

02 교점과 교선 9쪽

01 꼭짓점 B / B, B **02** 꼭짓점 E **03** 꼭짓점 F
04 모서리 DE / DE, DE **05** 모서리 BC **06** 꼭짓점, 4
07 8 **08** (1) 꼭짓점, 6 (2) 모서리, 9 **09** 5, 8

03 직선, 반직선, 선분 10쪽~11쪽

01 $\overrightarrow{PQ}$ **02** $\overrightarrow{PQ}$ **03** $\overrightarrow{QP}$ **04** $\overline{PQ}$
05 = **06** ≠ **07** =
08 A B C , = **09** A B C , =
10 A B C , ≠ **11** A B C , =
12 A B C , ≠ **13** $\overrightarrow{BC}$ **14** $\overrightarrow{AB}$
15 $\overrightarrow{BC}$ **16** $\overrightarrow{DA}$ **17** $\overrightarrow{CB}$ **18** $\overrightarrow{CB}$
19 $\overline{AC}$ **20** $\overrightarrow{DB}$
21 예

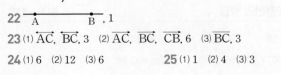

, 무수히 많다.

22 A B , 1
23 (1) $\overrightarrow{AC}$, $\overrightarrow{BC}$, 3 (2) $\overrightarrow{AC}$, $\overrightarrow{BC}$, $\overrightarrow{CB}$, 6 (3) $\overline{BC}$, 3
24 (1) 6 (2) 12 (3) 6 **25** (1) 1 (2) 4 (3) 3

04 두 점 사이의 거리 12쪽

01 5 **02** 8 cm **03** 4 cm **04** 9 cm
05 7 cm **06** 5 cm **07** 10 cm **08** 4 cm
09 3 cm **10** $\overline{EC}$, 6, 10 **11** 11 cm

05 선분의 중점 13쪽

01 $\frac{1}{2}$, $\frac{1}{2}$, 5 **02** 2, 2, 2, 8 **03** $\frac{1}{3}$, $\frac{1}{3}$, 5 **04** 3, 3, 3, 3, 6
05 6 cm **06** 3 cm **07** 9 cm **08** $\frac{1}{2}$
09 $\overline{NB}$ **10** $\frac{1}{2}$, $\frac{1}{2}$, $\frac{1}{2}$, $\frac{1}{2}$, 20, 10

06 각 14쪽~15쪽

01 ∠CAB **02** ∠ABC, ∠CBA
03 ∠BCA, ∠ACB **04** 55° **05** 60°
06 115° **07** 직각 **08** 둔각 **09** 평각
10 예각 **11** 40°, 5°, 75° **12** 90° **13** 135°, 100°
14 180° **15** 60° / 90, 90, 60 **16** 35°
17 18° / 90, 90, 18 **18** 15° **19** 30°
20 110° / 180, 180, 110 **21** 18°
22 20° / 180, 180, 20 **23** 15° **24** 30°

07 맞꼭지각 16쪽~17쪽

01 ∠DOE **02** ∠FOA **03** ∠BOC **04** ∠EOC
05 ∠DOB **06** ∠AOC **07** 50° / ∠DOE, ∠DOE, 50
08 90° **09** 75°, 40° **10** 60°, 90° **11** 15°
12 55° **13** 30°, 150° / 30, 30, 150 **14** 35°, 35°
15 40°, 65° **16** 62°, 28° **17** 55° / 130, 55
18 35° **19** 30° **20** 45° / 55, 180, 45
21 30° **22** 25°

08 직교와 수선 18쪽

01 ⊥ **02** 수직이등분선 **03** O **04** $\overline{DO}$
05 $\overline{BO}$, 3 **06** $\overline{DC}$ **07** 점 C **08** 4 cm
09 5 cm **10** 점 D **11** 4.8 cm **12** 8 cm

10분 연산 TEST 1회 19쪽

01 6 **02** 교점의 개수 : 6, 교선의 개수 : 10
03 $\overrightarrow{BC}$, $\overrightarrow{AC}$ **04** $\overrightarrow{CB}$ **05** $\overrightarrow{CA}$ **06** 10
07 20 **08** 10 **09** 5 cm **10** 10 cm
11 20 cm **12** 15 cm **13** 15° **14** 50°
15 20° **16** 7 cm **17** 12 cm

10분 연산 TEST 2회   20쪽

01 9   02 교점의 개수 : 7, 교선의 개수 : 12
03 $\overrightarrow{AB}$, $\overrightarrow{AC}$ 04 $\overline{BA}$ 05 $\overrightarrow{CB}$ 06 6
07 12   08 6   09 4 cm   10 8 cm
11 16 cm   12 12 cm   13 25°   14 35°
15 30°   16 15 cm   17 10 cm

09 점과 직선, 점과 평면의 위치 관계   21쪽

01 ×   02 ○   03 ×   04 ×
05 ○   06 점 D, 점 E, 점 F
07 점 B, 점 E, 점 F, 점 C   08 점 C, 점 F
09 면 ABC, 면 ADEB, 면 ADFC
10 면 ABC, 면 ADFC

10 평면에서 두 직선의 위치 관계   22쪽

01 $\overline{AD}$ 02 $\overline{BC}$ 03 $\overline{AB}$, $\overline{DC}$ / $\overline{AB}$, $\overline{DC}$
04 $\overline{DC}$ 05 $\overline{AB}$, $\overline{DC}$ 06 $\overline{AD}$, $\overline{BC}$
07 $\overline{BC}$ 08 ○   09 ×   10 ○
11 ○   12 ×   13 ×

11 공간에서 두 직선의 위치 관계   23쪽~24쪽

01 한 점에서 만난다.   02 꼬인 위치에 있다.
03 평행하다.   04 한 점에서 만난다.   05 평행하다.
06 꼬인 위치에 있다.   07 ○   08 ×
09 ○   10 ○   11 $\overline{AC}$, $\overline{BE}$, $\overline{CD}$
12 $\overline{ED}$ 13 $\overline{AD}$, $\overline{AE}$ 14 $\overline{AB}$, $\overline{AD}$, $\overline{EF}$, $\overline{EH}$
15 $\overline{BF}$, $\overline{CG}$, $\overline{DH}$ 16 $\overline{BC}$, $\overline{CD}$, $\overline{FG}$, $\overline{GH}$
17 ○ / //   18 ×   19 ×
20 $\overline{CD}$ / ❶ $\overline{AD}$, $\overline{BD}$ ❸ $\overline{CD}$ 21 $\overline{AD}$ 22 $\overline{AC}$
23 $\overline{BE}$, $\overline{BF}$, $\overline{DE}$, $\overline{FG}$ / ❶ $\overline{AE}$, $\overline{CG}$ ❷ $\overline{EF}$ ❸ $\overline{BF}$, $\overline{DE}$, $\overline{FG}$
24 $\overline{BC}$, $\overline{BF}$, $\overline{CG}$, $\overline{DG}$, $\overline{FG}$ 25 $\overline{AC}$, $\overline{AE}$, $\overline{DE}$, $\overline{DG}$

12 공간에서 직선과 평면의 위치 관계   25쪽

01 $\overline{BF}$, $\overline{CG}$, $\overline{DH}$ 02 $\overline{BC}$, $\overline{CD}$, $\overline{AD}$
03 $\overline{FG}$, $\overline{GH}$, $\overline{EH}$ 04 면 ABCDE, 면 FGHIJ
05 $\overline{AF}$, $\overline{BG}$, $\overline{CH}$, $\overline{DI}$, $\overline{EJ}$ 06 점 F
07 면 ADFC, 면 BEFC   08 $\overline{AD}$, $\overline{DF}$, $\overline{CF}$, $\overline{AC}$
09 면 DEF   10 $\overline{AB}$, $\overline{DE}$ 11 8 cm   12 7 cm

13 공간에서 두 평면의 위치 관계   26쪽

01 면 ABFE, 면 BFGC, 면 CGHD, 면 AEHD   02 면 EFGH
03 면 AEHD, 면 CGHD
04 면 ABC, 면 BEFC, 면 DEF / ABC, DEF   05 $\overline{AC}$
06 면 ADEB, 면 ADFC   07 ○   08 ×
09 ×   10 ○   11 ○

10분 연산 TEST 1회   27쪽

01 점 A, 점 C   02 면 ABC, 면 BCDE   03 $\overline{AD}$
04 $\overline{BC}$, $\overline{DC}$ 05 $\overline{AD}$, $\overline{CD}$, $\overline{EH}$, $\overline{GH}$
06 면 ABFE, 면 AEHD   07 $\overline{AB}$, $\overline{CD}$, $\overline{EF}$, $\overline{GH}$
08 면 DCGH   09 ○   10 ×   11 ○
12 ×   13 ×   14 ○   15 ○
16 ×

10분 연산 TEST 2회   28쪽

01 점 A, 점 D   02 면 ADE, 면 BCDE   03 $\overline{DC}$
04 $\overline{AB}$, $\overline{BC}$ 05 $\overline{AB}$, $\overline{BF}$, $\overline{CD}$, $\overline{CG}$
06 면 AEHD, 면 EFGH   07 $\overline{AD}$, $\overline{BC}$, $\overline{EH}$, $\overline{FG}$
08 면 AEHD   09 ×   10 ○   11 ○
12 ×   13 ×   14 ×   15 ×
16 ○

14 동위각과 엇각   29쪽~30쪽

01 $\angle e$ 02 $\angle g$ 03 $\angle b$ 04 $\angle d$
05 $\angle e$ 06 $\angle b$ 07 $\angle f$ 08 $\angle h$
09 $\angle c$ 10 $\angle a$ 11 $\angle f$ 12 $\angle c$
13 d, 60, 120   14 b, 95   15 b, 85   16 f, 110, 70
17 120°   18 120°   19 100°   20 80°
21 90°   22 120°   23 60°   24 90°

15 평행선의 성질   31쪽~33쪽

01 50° / 50   02 110°   03 65°   04 60°
05 55°, 55° / 125, 55, 55   06 80°, 80°   07 105°, 105°
08 120°, 120°   09 120° / 70, 120   10 125°
11 75° / 180, 75   12 40°   13 60°
14 95° / 40, 55, 95   15 20°   16 55°
17 110°   18 20°   19 85° / 35, 50, 85
20 125°   21 25°   22 70° / 60, 20, 20, 50, 70
23 30°   24 60° / 60, 60, 60   25 80°
26 70°   27 80°   28 70°

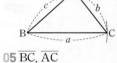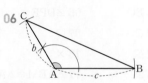

07 삼각형의 합동 조건　　50쪽~51쪽

01 $\overline{DE}$, $\overline{EF}$, $\overline{AC}$, SSS　　02 $\overline{DF}$, ∠F, $\overline{BC}$, SAS

03 ∠A, $\overline{AB}$, ∠E, ASA　　04 △QRP, SSS

05 △JLK, SAS　　06 △MON, ASA

07 △ABD≡△CBD, SSS 합동 / $\overline{BD}$, △CBD, SSS

08 △ABD≡△CDB, ASA 합동

09 △ABO≡△CDO, SAS 합동

10 ○　11 ○　12 ×　13 ○

14 ×　15 (1) $\overline{DF}$, ㄷ　(2) ∠E, ㅁ

16 (1) ㄷ　(2) ㅁ, ㅂ　17 ㄱ, ㄴ, ㄷ

10분 연산 TEST 1회　　52쪽

01 ㄱ, ㄷ　02 ⓜ, ⓒ, ⓗ, ⓛ　03 $\overline{AB}$, $\overline{PD}$

04 $\overline{BC}$　05 ∠DPE　06 ×　07 ○

08 ○　09 ○　10 ○　11 ×

12 ○　13 ×　14 ○　15 8 cm

16 25°　17 △ABM≡△ACM, SAS 합동

10분 연산 TEST 2회　　53쪽

01 ㄱ, ㄷ　02 ⓜ, ⓛ, ⓗ, ⓒ　03 $\overline{AB}$, $\overline{PE}$　04 $\overline{BC}$

05 ∠DPE　06 ○　07 ×　08 ○

09 ×　10 ○　11 ○　12 ○

13 ×　14 ○　15 7 cm　16 100°

17 △ABD≡△CBD, SAS 합동

학교 시험 PREVIEW　　54쪽~55쪽

스스로 개념 점검

(1) 작도　(2) △ABC　① 대변　② 대각　(3) ≡

(4) ① 변, SSS　② 변, 끼인각, SAS　③ 변, 양 끝 각, ASA

01 ⑤　02 ②　03 ①, ⑤　04 ②, ④

05 ⑤　06 ②　07 ①　08 ④

09 ⑤　10 65°

Ⅱ. 평면도형의 성질

1. 다각형

01 다각형　　59쪽~60쪽

01 ×　02 ○　03 ×　04 ×

05

다각형			
변의 개수	3	5	7
꼭짓점의 개수	3	5	7
다각형의 이름	삼각형	오각형	칠각형

06 ⓛ　07 ㄱ　08 ㄷ　09 ㄹ

10 　　11

12 128°　13 112°　14 70°　15 90°

16 80°　17 75°, 105° / 180, 180, 105　18 50°, 130°

19 116°, 64°　20 60°, 135°　21 94°, 90°　22 62°, 110°

02 정다각형　　61쪽

01 ○　02 ○　03 ×　04 ×

05 ○　06 ×　07 팔각형, 정다각형, 정팔각형

08 정육각형　09 정칠각형

03 다각형의 대각선의 개수　　62쪽~63쪽

	다각형	꼭짓점의 개수	한 꼭짓점에서 그을 수 있는 대각선의 개수	대각선의 개수
01		4	1	2
02		5	2	5
03		6	3	9
04		7	4	14

05 칠각형 / 3, 7, 칠각형   **06** 십각형   **07** 십이각형

08 십사각형   **09** 십육각형   **10** 3, 20   **11** 35

12 54   **13** 77   **14** 90   **15** 170

16 칠각형 / 3, 3, 7, 7, 칠각형   **17** 육각형   **18** 구각형

19 십일각형   **20** 십삼각형

04 삼각형의 세 내각의 크기의 합   64쪽~65쪽

01 $45°$ / 180, 180, 180, 45   **02** $40°$ **03** $32°$

04 $40°$ **05** $45°$ **06** $15°$ **07** $50°$

08 $30°$ **09** $65°$ **10** $65°$ **11** $45°$

12 $30°$ **13** $36°$ **14** $90°$ / 180, 180, 30, 30, 90

15 $80°$ **16** $75°$ **17** $130°$ / 180, 50, 50, 130

18 $125°$

05 삼각형의 내각과 외각 사이의 관계   66쪽~67쪽

01 $135°$ / 합, 80, 135   **02** $115°$ **03** $35°$

04 $50°$ **05** 140, 40, 125   **06** $140°$ **07** $125°$

08 $80°$ / 180, 70, 35, 35, 80   **09** $95°$ **10** $85°$

11 $30°$ / 60, 30, a, 30   **12** $40°$

13 $126°$ / 42, 42, 84, 84, 84, 126   **14** $75°$ **15** $40°$

10분 연산 TEST 1회   68쪽

01 ×   **02** ○   **03** ×   **04** ○

05 $\angle x=50°$, $\angle y=150°$ **06** $\angle x=80°$, $\angle y=95°$

07 정구각형   **08** 9   **09** 14   **10** 팔각형

11 십각형   **12** $70°$ **13** $110°$ **14** $30°$

15 $20°$

10분 연산 TEST 2회   69쪽

01 ○   **02** ×   **03** ○   **04** ×

05 $\angle x=40°$, $\angle y=145°$ **06** $\angle x=75°$, $\angle y=85°$

07 정오각형   **08** 27   **09** 44   **10** 십이각형

11 십사각형   **12** $80°$ **13** $125°$ **14** $70°$

15 $40°$

06 다각형의 내각의 크기의 합   70쪽~71쪽

01 (1) 2, 2 (2) 2, 360   **02** (1) 2, 5 (2) 5, 900

03 2, 720   **04** $1080°$ **05** $1800°$

06 구각형 / 2, 2, 9, 구각형   **07** 십각형   **08** 십오각형

09 $55°$ / 2, 360, 360, 55   **10** $85°$ **11** $110°$

12 $160°$ **13** $102°$ / 360, 120, 360, 102   **14** $150°$

15 $90°$ / 540, 540, 90, 90, 90   **16** $85°$

07 다각형의 외각의 크기의 합   72쪽~73쪽

01 $360°$ **02** $360°$ **03** $360°$

04 $105°$ / 360, 105   **05** $85°$ **06** $102°$

07 $76°$ **08** $60°$ **09** $65°$

10 $125°$ / 65, 360, 125   **11** $90°$ **12** $80°$

13 $95°$ **14** $92°$ **15** $123°$

08 정다각형의 한 내각과 한 외각의 크기   74쪽~75쪽

01 $90°$, 4, 4, 90   **02** $135°$ **03** $144°$

04 $162°$ **05** 정삼각형 / 60, 60, 120, 3, 정삼각형

06 정육각형   **07** 정구각형   **08** 정십이각형

09 $90°$ / 360, 360, 90   **10** $45°$ **11** $36°$

12 $24°$ **13** $18°$

14 정십팔각형 / 360, 18, 정십팔각형   **15** 정십이각형

16 정구각형   **17** 정육각형   **18** 정삼각형

19 정팔각형 / 1, 45, 45, 8, 정팔각형   **20** 정오각형

21 정구각형

10분 연산 TEST 1회   76쪽

01 $540°$ **02** $1260°$ **03** $1440°$ **04** $55°$

05 $95°$ **06** $70°$ **07** $130°$ **08** $70°$

09 $80°$ **10** $120°$ **11** $140°$ **12** 정오각형

13 정팔각형   **14** $60°$ **15** $30°$ **16** 정팔각형

17 정오각형

10분 연산 TEST 2회   77쪽

01 1620°	02 2160°	03 2340°	04 100°
05 80°	06 72°	07 140°	08 30°
09 95°	10 150°	11 156°	12 정사각형
13 정십각형	14 72°	15 40°	16 정십오각형
17 정십각형			

학교 시험 PREVIEW   78쪽~79쪽

✎ 스스로 개념 점검

(1) 다각형	(2) 내각	(3) 외각	(4) 정다각형
(5) $n-3$	(6) 합	(7) $n-2$	(8) 360°

(9) ① $n-2, n$ ② 360°, n

01 ①, ④	02 ③	03 ⑤	04 ③
05 ②	06 ②	07 ②	08 ④
09 ③	10 ④	11 ③	12 ①
13 54, 150°			

2. 원과 부채꼴

01 원과 부채꼴   82쪽

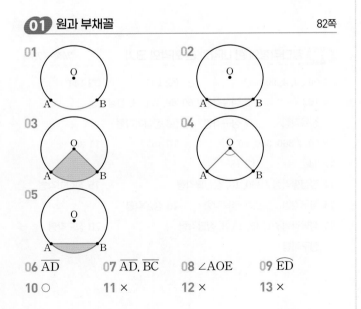

06 $\overline{AD}$	07 $\overline{AD}$, $\overline{BC}$	08 ∠AOE	09 $\overparen{ED}$
10 ○	11 ×	12 ×	13 ×

02 부채꼴의 중심각의 크기와 호의 길이   83쪽~84쪽

01 3	02 70	03 2	04 4
05 16 / 정비례, 100, 4, 16	06 8		07 40
08 60	09 $x=36, y=40$ / 20, 6, 36, 20, 12, 40		
10 $x=6, y=60$	11 $x=3, y=30$	12 $x=18, y=90$	
13 21 / 20, 20, 140, 140, 21	14 5		15 20
16 24			

03 부채꼴의 중심각의 크기와 넓이   85쪽

01 8	02 35	03 80 / 120, 18, 80	
04 30	05 96	06 8	07 14

04 부채꼴의 중심각의 크기와 현의 길이   86쪽

01 =	02 <	03 =	04 2
05 65	06 ○	07 ×	08 ○
09 ×	10 ×		

05 원의 둘레의 길이와 넓이   87쪽

01 $4, 8\pi, 4, 16\pi$	02 18π cm, 81π cm²	
03 10π cm, 25π cm²	04 12π cm, 36π cm²	
05 3 cm / 2π, 3, 3	06 5 cm	07 13 cm
08 3 cm / π, 3, 3, 3	09 7 cm	10 8 cm

06 부채꼴의 호의 길이와 넓이   88쪽~90쪽

01 6, 60, 2π	02 2π cm	03 14π cm	04 4, 45, 2π
05 25π cm²	06 54π cm²	07 45° / 12, 3π, 45, 45	
08 120°	09 60°	10 18 cm / 50, 5π, 18, 18	
11 4 cm	12 90° / 2, π, 90, 90		13 30°
14 240°	15 2 cm / 90, π, 2, 2, 2		16 8 cm
17 4, 2π	18 16π cm²	19 9π cm²	20 60π cm²
21 15π cm²	22 4, 4π, 2π	23 4π cm	24 3π cm
25 3 cm / 2π, 3π, 3, 3	26 4 cm		27 14 cm

07 색칠한 부분의 둘레의 길이와 넓이 구하기   91쪽~92쪽

01 (1) 6, 12π, 3, 6π, 18π (2) 6, 36π, 3, 9π, 36π, 9π, 27π

02 24π cm, 48π cm²	03 20π cm, 12π cm²
04 14π cm, 12π cm²	05 (1) 3, 2, 6π (2) 2, 1, 3π
06 16π cm, 16π cm²	

07 (1) 8, 90, 4π, 4, 4π, 8, $8\pi+8$
    (2) 8, 90, 16π, 4, 8π, 16π, 8π, 8π

08 $(20\pi+20)$ cm, 50π cm²	09 $(2\pi+4)$ cm, 2π cm²
10 $(3\pi+12)$ cm, $(36-9\pi)$ cm²	
11 4π cm, $(8\pi-16)$ cm²	

10분 연산 TEST 1회
93쪽

01 4 **02** 160 **03** 45 **04** 6

05 8 **06** 120 **07** $l=16\pi$ cm, $S=64\pi$ cm²

08 $l=13\pi$ cm, $S=\dfrac{169}{4}\pi$ cm²

09 $l=(4\pi+12)$ cm, $S=12\pi$ cm²

10 $l=(4\pi+10)$ cm, $S=10\pi$ cm²

11 $l=8\pi$ cm, $S=4\pi$ cm²

12 $l=(7\pi+6)$ cm, $S=\dfrac{21}{2}\pi$ cm²

10분 연산 TEST 2회
94쪽

01 10 **02** 65 **03** 40 **04** 20

05 7 **06** 135 **07** $l=10\pi$ cm, $S=25\pi$ cm²

08 $l=8\pi$ cm, $S=16\pi$ cm² **09** $l=(2\pi+18)$ cm, $S=9\pi$ cm²

10 $l=(5\pi+12)$ cm, $S=15\pi$ cm²

11 $l=12\pi$ cm, $S=12\pi$ cm²

12 $l=(4\pi+16)$ cm, $S=16\pi$ cm²

학교 시험 PREVIEW
95쪽~97쪽

스스로 개념 점검

(1) 호, $\widehat{AB}$ (2) 현 (3) 할선 (4) 부채꼴

(5) 중심각 (6) 활꼴 (7) 같다, 정비례한다

(8) 같다 (9) 정비례하지 않는다 (10) 원주율, π

(11) ① 2 ② r^2 (12) ① $2\pi r$ ② πr^2 (13) $\dfrac{1}{2}$

01 ⑤ **02** ③ **03** ③ **04** ②

05 ② **06** ① **07** ⑤ **08** ⑤

09 ① **10** ④ **11** ③ **12** ④

13 ⑤ **14** ③ **15** ⑤

16 $l=12\pi$ cm, $S=9\pi$ cm²

III. 입체도형의 성질

1. 다면체와 회전체

01 기둥, 뿔, 구
102쪽

01 ㄱ, ㄹ **02** ㄴ **03** ㅂ **04** ㅁ

05 ㄷ **06**

	밑면의 모양	옆면의 모양	밑면의 개수	옆면의 개수
오각기둥	오각형	직사각형	2	5
오각뿔	오각형	삼각형	1	5

07 ○ **08** × **09** ○ **10** ×

11 ○ **12** ○

02 다면체
103쪽

01 ○ **02** ○ **03** × **04** ×

05 × **06** ○ **07** ○ **08** ×

09

다면체			
면의 개수	5	8	7
모서리의 개수	9	12	12
꼭짓점의 개수	6	6	7

10 5, 오 **11** 5, 오 **12** 6, 육 **13** 7, 칠

03 다면체의 종류
104쪽~105쪽

01 삼각형, 삼각뿔대 **02** 오각형, 오각뿔대

03 육각형, 육각뿔대

04

다면체				
이름	오각기둥	오각뿔	오각뿔대	육각뿔대
옆면의 모양	직사각형	삼각형	사다리꼴	사다리꼴
면의 개수	7	6	7	8
모서리의 개수	15	10	15	18
꼭짓점의 개수	10	6	10	12

05 9, 21, 14 **06** 9, 16, 9 **07** 11, 27, 18 **08** ㄱ, ㄷ, ㄹ, ㅁ

09 ㄱ, ㄷ **10** ㄷ, ㄹ **11** ㄴ, ㅂ **12** ㄱ, ㄴ, ㄷ

13 ㅁ **14** ㄱ, ㄷ, ㅂ **15** 삼각기둥 / 각기둥, 삼각기둥

16 칠각뿔 **17** 사각뿔대

04 정다면체 106쪽~108쪽

01

정다면체					
이름	정사면체	정육면체	정팔면체	정십이면체	정이십면체
면의 모양	정삼각형	정사각형	정삼각형	정오각형	정삼각형
한 꼭짓점에 모인 면의 개수	3	3	4	3	5
면의 개수	4	6	8	12	20
꼭짓점의 개수	4	8	6	20	12
모서리의 개수	6	12	12	30	30

02 ○ 03 ○ 04 × 05 ×
06 ○ 07 ○ 08 ㄱ, ㄷ, ㅁ 09 ㄴ
10 ㄹ 11 ㄱ, ㄴ, ㄹ 12 ㄷ 13 ㅁ
14 ㉡ 15 ㉤ 16 ㉠ 17 ㉢
18 ㉣ 19 ○ 20 × 21 ×
22 ○

23

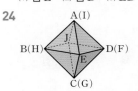

(1) 점 E (2) 점 D (3) $\overline{ED}$ (4) $\overline{CF}$

24

A(I)
J
B(H)   D(F)
E
C(G)

(1) 점 G (2) 점 F (3) $\overline{GF}$ (4) $\overline{BJ}$ (또는 $\overline{HJ}$)

10분 연산 TEST 1회 109쪽

01 ㅁ, ㅇ 02 ㄱ, ㄹ, ㅅ, ㅈ 03 ㄱ, ㄴ 04 ㄷ, ㅈ
05 ㅂ, ㅅ 06 8, 14, 8 07 10, 24, 16 08 ○
09 × 10 ○ 11 × 12 정팔면체
13 정육면체 14 $\overline{HG}$ 15 점 I, 점 M

10분 연산 TEST 2회 110쪽

01 ㄴ, ㅂ 02 ㄹ, ㅅ 03 ㄷ, ㅇ 04 ㄹ, ㅈ
05 ㄱ, ㅁ 06 7, 12, 7 07 9, 21, 14 08 ○
09 ○ 10 × 11 ○ 12 정이십면체
13 정사면체 14 점 B 15 $\overline{AB}$

05 회전체 111쪽~112쪽

01 × 02 ○
03 × 04 ○
05 × 06 ○

07   08

09   10

11 ㉡ 12 ㉢
13 ㉠ 14 ○
15 ○ 16 ×
17 ㄹ 18 ㄴ
19 ㅁ 20 ㄷ

06 회전체의 성질 113쪽~114쪽

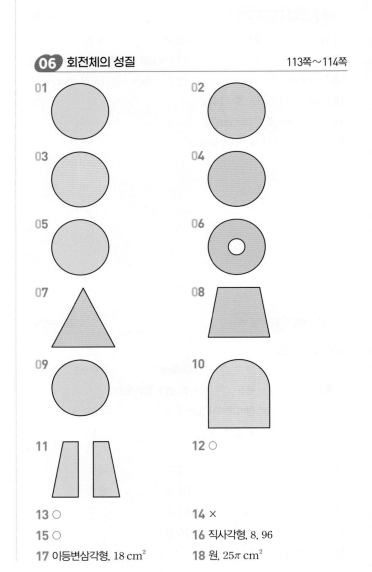

01   02
03   04
05   06
07   08
09   10
11   12 ○
13 ○   14 ×
15 ○   16 직사각형, 8, 96
17 이등변삼각형, 18 cm² 18 원, 25π cm²

01 원기둥   **02** 원뿔   **03** 원뿔대

04   / ❶ 10   ❷ 4, 8π

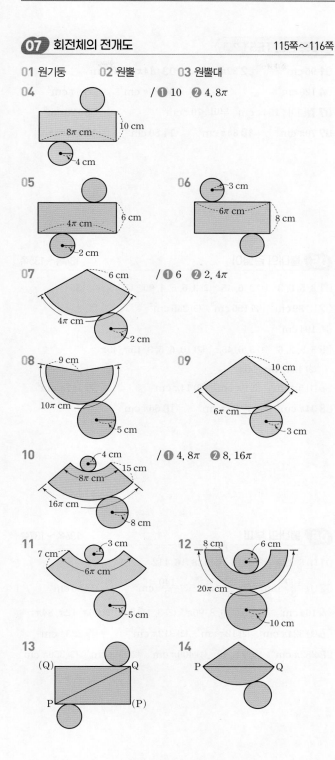

10분 연산 TEST 2회   118쪽

01 ㄷ, ㅁ   **02** (1) ⓒ (2) ⓔ (3) ⓐ (4) ⓑ   **03** ×

04 ○   **05** ×   **06** 원기둥   **07** 4 cm

08 7 cm   **09** 40 cm²   **10** 6π cm   **11** 12π cm

12 9 cm   **13** 81π cm²

학교 시험 PREVIEW   119쪽~120쪽

✦스스로 개념 점검✦

(1) 다면체   (2) 각뿔대   (3) 정다면체

(4) 회전체, 회전축   (5) 원뿔대

01 ④   **02** ⑤   **03** ④   **04** ②

05 ④   **06** ③   **07** ④   **08** ⑤

09 ③   **10** ④   **11** ②   **12** ④

13 (6π+10) cm

2. 입체도형의 겉넓이와 부피

01 기둥의 겉넓이   122쪽~124쪽

01 6, 14   (1) 6, 24   (2) 10, 14, 336   (3) 24, 336, 384

02 (1) 24 cm²   (2) 160 cm²   (3) 208 cm²

03 (1) 18 cm²   (2) 180 cm²   (3) 216 cm²   **04** 280 cm²

05 60 cm²   **06** 360 cm²   **07** 224 cm²

08 3, 3, 5   (1) 3, 9π   (2) 3, 5, 30π   (3) 9π, 30π, 48π

09 (1) 16π cm²   (2) 96π cm²   (3) 128π cm²   **10** 78π cm²

11 36π cm²

12 4, 6   (1) 4, 90, 4π   (2) 4, 4, 2π+8   (3) 2π+8, 12π+48

     (4) 4π, 12π+48, 20π+48

13 (1) 12π cm²   (2) (4π+12) cm   (3) (32π+96) cm²

     (4) (56π+96) cm²

14 (24π+40) cm²

15 5, 2, 8   (1) 5, 2, 21π   (2) 5, 8, 80π   (3) 2, 8, 32π

     (4) 21π, 80π, 32π, 154π

16 (1) 24 cm²   (2) 140 cm²   (3) 100 cm²   (4) 288 cm²

17 280π cm²

10분 연산 TEST 1회   117쪽

01 ㄴ, ㄹ   **02** (1) ⓔ (2) ⓐ (3) ⓑ (4) ⓒ   **03** ×

04 ×   **05** ○   **06** ○   **07** 원뿔

08 3 cm   **09** 5 cm   **10** 9π cm²   **11** 2π cm

12 4π cm   **13** 8 cm   **14** 64π cm²

02 기둥의 부피   125쪽~127쪽

01 (1) 6, 24   (2) 9   (3) 24, 9, 216

02 (1) 6 cm²   (2) 4 cm   (3) 24 cm³   03 36 cm³

04 90 cm³   05 70 cm³

06 36π cm³ / 3, 9π, 4, 9π, 4, 36π   07 90π cm³

08 125π cm³   09 (1) 24π cm³   (2) 48π cm³   (3) 72π cm³

10 (1) 3, 120, 3π   (2) 5   (3) 3π, 5, 15π

11 (1) 6π cm²   (2) 7 cm   (3) 42π cm³

12 12π cm³   13 (1) 4, 5, 80π   (2) 2, 5, 20π   (3) 80π, 20π, 60π

14 (1) 150 cm³   (2) 54 cm³   (3) 96 cm³   15 210π cm³

16

17 54π cm² / 3, 9π, 3, 6, 36π, 9π, 36π, 54π

18 54π cm³ / 9π, 54π   19 (1) 130π cm²   (2) 200π cm³

03 뿔의 겉넓이   128쪽~129쪽

01 10, 8, 8   (1) 8, 8, 64   (2) 8, 4, 160   (3) 64, 160, 224

02 (1) 36 cm²   (2) 96 cm²   (3) 132 cm²   03 64 cm²

04 400 cm²   05 245 cm²

06 6, 3, 3   (1) 3, 9π   (2) 6, 3, 18π   (3) 9π, 18π, 27π

07 (1) 25π cm²   (2) 65π cm²   (3) 90π cm²   08 12π cm²

09 36π cm² / 9, 120, 3, 3, 9, 3, 9π, 27π, 36π   10 40π cm²

11 56π cm² / 144, 4, 10, 4, 10, 4, 16π, 40π, 56π   12 20π cm²

04 뿔의 부피   130쪽~131쪽

01 (1) 4, 16   (2) 6   (3) 16, 6, 32

02 (1) 21 cm²   (2) 8 cm   (3) 56 cm³

03 384 cm³   04 20 cm³   05 30 cm³

06 48π cm³ / 6, 36π, 4, 36π, 4, 48π   07 8π cm³

08 75π cm³   09 (1) 9π cm³   (2) 12π cm³   (3) 21π cm³

10 (1) 6, 18   (2) 7   (3) 18, 7, 42

11 (1) 36 cm²   (2) 9 cm   (3) 108 cm³   12 12 cm³

10분 연산 TEST 1회   132쪽

01 150 cm²   02 42π cm²   03 (36π+144) cm²

04 440 cm³   05 112π cm³   06 20π cm³

07 겉넓이 : 176π cm², 부피 : 144π cm³   08 56 cm²

09 144π cm²   10 16π cm²   11 24 cm³   12 15π cm³

10분 연산 TEST 2회   133쪽

01 96 cm²   02 32π cm²   03 (14π+24) cm²

04 120 cm³   05 80π cm³   06 8π cm³

07 겉넓이 : 154π cm², 부피 : 70π cm³   08 120 cm²

09 70π cm²   10 84π cm²   11 80 cm³   12 100π cm³

05 뿔대의 겉넓이   134쪽~135쪽

01 3, 5, 6, 3   (1) 3, 6, 45   (2) 3, 6, 5, 4, 90   (3) 45, 90, 135

02 (1) 89 cm²   (2) 156 cm²   (3) 245 cm²   03 85 cm²

04 194 cm²

05 5, 5, 3, 6   (1) 3, 6, 45π   (2) 10, 6, 5, 3, 15π, 45π

    (3) 45π, 45π, 90π

06 (1) 5π cm²   (2) 9π cm²   (3) 14π cm²   07 117π cm²

08 34π cm²   09 28π cm²   10 66π cm²

06 뿔대의 부피   136쪽~137쪽

01 (1) 8, 128   (2) 4, 16   (3) 128, 16, 112

02 (1) $\frac{160}{3}$ cm³   (2) $\frac{20}{3}$ cm³   (3) $\frac{140}{3}$ cm³   03 56 cm³

04 104 cm³   05 (1) 6, 8, 96π   (2) 3, 4, 12π   (3) 96π, 12π, 84π

06 (1) 324π cm³   (2) 12π cm³   (3) 312π cm³   07 228π cm³

08 252π cm³   09 6, 10   (1) 400π cm³   (2) 50π cm³   (3) 350π cm³

07 구의 겉넓이   138쪽~139쪽

01 36π cm² / 3, 3, 36π   02 64π cm²   03 100π cm²

04 144π cm²   05 256π cm²   06 196π cm²   07 400π cm²

08 (1) 4, 3, 36π   (2) 3, 9π   (3) 36π, 9π, 27π

09 (1) 100π cm²   (2) 25π cm²   (3) 75π cm²

10 (1) 144π cm²   (2) 36π cm²   (3) 108π cm²

11 (1) 4, 4, 64π   (2) 4, 8π   (3) 64π, 8π, 64π

12 (1) 16π cm²   (2) 2π cm²   (3) 16π cm²

08 구의 부피
140쪽~141쪽

01 $36\pi \text{ cm}^3$ / 3, 3, 36π
02 $288\pi \text{ cm}^3$

03 $\dfrac{500}{3}\pi \text{ cm}^3$
04 $\dfrac{256}{3}\pi \text{ cm}^3$
05 $\dfrac{128}{3}\pi \text{ cm}^3$
06 $9\pi \text{ cm}^3$

07 $252\pi \text{ cm}^3$
08 (1) $18\pi \text{ cm}^3$ (2) $45\pi \text{ cm}^3$ (3) $63\pi \text{ cm}^3$

09 (1) $144\pi \text{ cm}^3$ (2) $96\pi \text{ cm}^3$ (3) $240\pi \text{ cm}^3$

10 (1) $\dfrac{16}{3}\pi \text{ cm}^3$ (2) $16\pi \text{ cm}^3$ (3) $\dfrac{80}{3}\pi \text{ cm}^3$

11 (1) $\dfrac{16}{3}\pi \text{ cm}^3$ (2) $\dfrac{32}{3}\pi \text{ cm}^3$ (3) $16\pi \text{ cm}^3$ (4) 1 : 2 : 3

10분 연산 TEST 1회
142쪽

01 320 cm^2
02 $360\pi \text{ cm}^2$
03 112 cm^3
04 $105\pi \text{ cm}^3$

05 겉넓이 : $100\pi \text{ cm}^2$, 부피 : $\dfrac{500}{3}\pi \text{ cm}^3$
06 $48\pi \text{ cm}^2$

07 $36\pi \text{ cm}^3$
08 $36\pi \text{ cm}^3$
09 $\dfrac{224}{3}\pi \text{ cm}^3$

10분 연산 TEST 2회
143쪽

01 68 cm^2
02 $152\pi \text{ cm}^2$
03 84 cm^3
04 $76\pi \text{ cm}^3$

05 겉넓이 : $64\pi \text{ cm}^2$, 부피 : $\dfrac{256}{3}\pi \text{ cm}^3$
06 $147\pi \text{ cm}^2$

07 $\dfrac{500}{3}\pi \text{ cm}^3$
08 $\dfrac{9}{2}\pi \text{ cm}^3$
09 $288\pi \text{ cm}^3$

학교 시험 PREVIEW
144쪽~145쪽

스스로 개념 점검

(1) 2
(2) 높이
(3) 옆넓이
(4) $\dfrac{1}{3}$

(5) 4, $\dfrac{4}{3}$

01 ③
02 ④
03 ③
04 ③

05 ①
06 ⑤
07 ③
08 ④

09 ②
10 ③
11 ⑤
12 ②

13 6 cm

Ⅳ. 자료의 정리와 해석

1. 자료의 정리와 해석

01 대푯값과 평균
150쪽

01 4 / 6, 6, 4
02 9
03 35
04 20

05 14
06 8 / 4, 28, 28, 8
07 6

08 13
09 24

02 중앙값
151쪽~152쪽

01 8 / 8, 8, 9, 8
02 4
03 6
04 10

05 16
06 20
07 30

08 6 / 5, 7, 8, 9, 5, 7, 6
09 30
10 6

11 14
12 15
13 20
14 5 / 2, 12, 5

15 10
16 6
17 7
18 16

03 최빈값
153쪽~154쪽

01 2 / 2, 2
02 5
03 16, 17
04 20, 30, 40

05 A형
06 축구
07 독서, 춤
08 17초

09 20초
10 21초
11 76점
12 77점

13 78점
14 17회
15 15회
16 9회, 15회

17 8점
18 8점
19 8점
20 3편

21 3편
22 2편
23 3권
24 3권

25 4권

10분 연산 TEST 1회
155쪽

01 9
02 19
03 6
04 6.5

05 24
06 6, 8
07 특별상
08 25

09 20
10 15
11 19회
12 23회

10분 연산 TEST 2회
156쪽

01 20
02 15
03 6
04 37

05 26
06 3, 4
07 3명
08 16

09 15
10 15
11 12권
12 16권

04 줄기와 잎 그림 그리기　157쪽

01 십, 일　02 1, 2, 3, 4　03 7, 0, 6, 3, 4, 5

04 줄기, 잎　05 1, 2, 3, 4

06

줄기	잎					
1	2	7				
2	5	5	6	7	9	
3	0	1	2	2	3	6
4	1	1	3			

05 줄기와 잎 그림 이해하기　158쪽

01 15개 / 4, 6, 15　02 1, 1, 2, 6, 7, 8

03 5　04 4개　05 63 g　06 20명

07 6　08 7명　09 33점　10 89점

06 도수분포표 만들기　159쪽

01

국어 점수(점)		학생 수(명)	
60 이상 ~ 70 미만	//	2
70 ~ 80	////	4
80 ~ 90	/	1
90 ~ 100	/	1
합계		8

02

키(cm)		학생 수(명)
155 이상 ~ 160 미만	////	4
160 ~ 165	/////	5
165 ~ 170	////	4
170 ~ 175	///	3
합계		16

03

기록(회)	학생 수(명)
0 이상 ~ 10 미만	3
10 ~ 20	4
20 ~ 30	6
30 ~ 40	8
40 ~ 50	3
합계	24

04

사용량(GB)	학생 수(명)
0 이상 ~ 1 미만	2
1 ~ 2	10
2 ~ 3	4
합계	16

07 도수분포표 이해하기　160쪽~161쪽

01 2개 / 2, 6, 2　02 4　03 30명 / 14, 4, 30

04 4명　05 2개 이상 4개 미만

06 4개 이상 6개 미만　07 5세　08 6

09 17명 / 10, 7, 10, 7, 17

10 45세 이상 50세 미만 / 1, 7, 45, 50

11 10 / 7, 5, 10　12 16명　13 4　14 5명

15 17초 이상 18초 미만　16 7명

17 28 % / 7, 7, 28　18 12　19 21명

20 70 %

08 히스토그램 그리기　162쪽

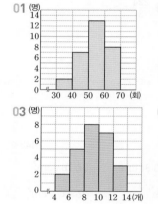

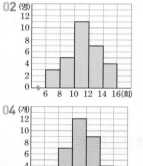

09 히스토그램 이해하기　163쪽~164쪽

01 4회 / 9, 21, 4　02 5

03 30명 / 9, 2, 30　04 9명　05 30 %

06 20분　07 5　08 25명　09 10명

10 40 %　11 ○　12 ×　13 ×

14 ○　15 ×　16 ○　17 20개

18 180 / 9, 20, 9, 180　19 30명

20 600 / 20, 30, 600　21 10세　22 40

23 50명　24 500

⑩ 도수분포다각형 그리기 165쪽

01 (1) 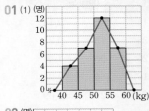 (2)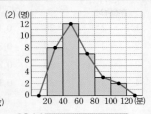

02 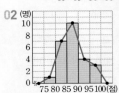 03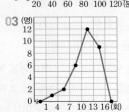

04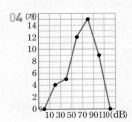

⑪ 도수분포다각형 이해하기 166쪽~167쪽

01 5회 / 80, 5　　02 5　　　　03 25명 / 4, 11, 6, 25

04 1명　　　　05 4 %　　　06 10분　　　07 6

08 50편　　　09 5편　　　10 10 %　　11 ×

12 ×　　　　13 ○　　　14 ×　　　15 ○

16 ○　　　　17 2 cm　　18 30명　　19 60 / 2, 30, 60

20 10세　　　21 100명　　22 1000

⑫ 일부가 보이지 않는 그래프 168쪽

01 9명 / 30, 6, 9　　　　02 10편　　　03 7명

04 10명　　05 40 %　　06 8명　　　07 20 %

08 25 %

01 4　　　　　02 8명　　　　03 33회

04 $A=1$, $B=3$, $C=6$, $D=16$　　05 4개　　　06 5

07 30명　　　08 18명　　　09 250 mm 이상 260 mm 미만

10 12　　　　11 40 %　　　12 20점　　　13 45명

14 180　　　15 900　　　16 5권　　　17 6

18 20명　　　19 100　　　20 8명　　　21 32 %

22 ×　　　　23 ○　　　24 ×

01 2　　　　　02 6개　　　　03 28 g

04 $A=1$, $B=3$, $C=5$, $D=12$　　05 10점　　　06 5

07 20명　　　08 14명　　　09 30권 이상 40권 미만

10 5　　　　11 25 %　　　12 5 m　　　13 29명

14 30　　　15 145　　　16 20분　　　17 6

18 20명　　　19 400　　　20 9명　　　21 36 %

22 ○　　　23 ○　　　24 ×

⑬ 상대도수 173쪽~175쪽

01 0.2　　02 0.06　　03 0.25　　04 0.38

05 ×　　　06 ×　　　07 ○　　　08 ○

09

여가 시간(분)	도수(명)	상대도수
30 이상 ~ 40 미만	4	0.2
40 ~ 50	8	0.4
50 ~ 60	5	0.25
60 ~ 70	2	0.1
70 ~ 80	1	0.05
합계	20	1

10

등산 횟수(회)	도수(명)	상대도수
0 이상 ~ 5 미만	4	0.08
5 ~ 10	7	0.14
10 ~ 15	20	0.4
15 ~ 20	10	0.2
20 ~ 25	9	0.18
합계	50	1

11

안타 수(개)	도수(명)	상대도수
0 이상 ~ 10 미만	2	0.1
10 ~ 20	5	0.25
20 ~ 30	8	0.4
30 ~ 40	4	0.2
40 ~ 50	1	0.05
합계	20	1

12 50일 / 5, 50

13

입장객 수(명)	도수(일)	상대도수
20 이상 ~ 30 미만	5	0.1
30 ~ 40	10	0.2
40 ~ 50	17	0.34
50 ~ 60	15	0.3
60 ~ 70	3	0.06
합계	50	1

14 10 / 0.4, 10　　**15** 12　　**16** 160

17 10 % / 0.1, 10　　**18** 5 %

19 30 % / 0.2, 30　　**20** 15 %　　**21** 1

22 50 / 0.16, 50　　**23** 0.04 / 50, 0.04

24 10 / 50, 0.2, 10　　**25** 0.04　　**26** 60 %

27 0.35　　**28** 54명　　**29** 1　　**30** 120

31 24　　**32** 0.4　　**33** 48그루　　**34** 0.15

⑭ 상대도수의 분포를 나타낸 그래프　　176쪽~177쪽

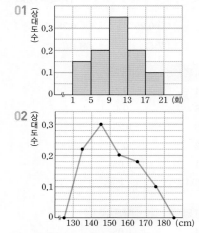

01 (그래프)

02 (그래프)

03 20권 이상 25권 미만　　**04** 0.2

05 10명 / 0.2, 10　　**06** 0.04　　**07** 34 %

08 29명　　**09** 0.2　　**10** 200명 / 0.2, 200

11 12 %　　**12** 4명　　**13** 120명

14 8분 이상 12분 미만 / 0.02, 4, 0.1, 20, 8, 12

⑮ 도수의 총합이 다른 두 집단의 비교　　178쪽~179쪽

01

키(cm)	남학생		여학생	
	도수(명)	상대도수	도수(명)	상대도수
130 이상 ~ 140 미만	2	0.04	4	0.1
140 ~ 150	10	0.2	8	0.2
150 ~ 160	13	0.26	14	0.35
160 ~ 170	20	0.4	8	0.2
170 ~ 180	5	0.1	6	0.15
합계	50	1	40	1

02 140 cm 이상 150 cm 미만　　**03** 여학생　　**04** 남학생

05

통학 거리(km)	A 중학교		B 중학교	
	도수(명)	상대도수	도수(명)	상대도수
1 이상 ~ 2 미만	28	0.14	42	0.14
2 ~ 3	70	0.35	75	0.25
3 ~ 4	50	0.25	90	0.3
4 ~ 5	32	0.16	66	0.22
5 ~ 6	20	0.1	27	0.09
합계	200	1	300	1

06 1 km 이상 2 km 미만　　**07** A 중학교　　**08** A 중학교

09 22 g 이상 26 g 미만, 26 g 이상 30 g 미만, 30 g 이상 34 g 미만

10 B 농장　　**11** A 농장 / 0.2, 60, 0.24, 48, A　　**12** B 농장

13 30분 이상 60분 미만, 60분 이상 90분 미만, 90분 이상 120분 미만

14 2반　　**15** 20명, 25명 / 0.2, 0.16, 0.2, 20, 0.16, 25

16 2반

10분 연산 TEST 1회　　180쪽

01 0.2　　**02** 0.4

03 $A=300$, $B=1$, $C=45$, $D=0.18$, $E=30$, $F=0.25$

04 33 %　　**05** 30명　　**06** 0.2　　**07** 24 %

08 30명　　**09** 48명

10 80점 이상 90점 미만, 90점 이상 100점 미만

11 1반 : 20명, 2반 : 25명　　**12** 2반

10분 연산 TEST 2회　　181쪽

01 0.1　　**02** 0.05

03 $A=50$, $B=1$, $C=8$, $D=0.2$, $E=12$, $F=0.26$

04 36 %　　**05** 13명　　**06** 0.26　　**07** 28 %

08 36명　　**09** 30명

10 20권 이상 25권 미만, 25권 이상 30권 미만

11 A 중학교 : 100명, B 중학교 : 150명　　**12** B 중학교

학교 시험 PREVIEW　　182쪽~184쪽

스스로 개념 점검

(1) 변량　　(2) 대푯값　　(3) 중앙값　　(4) 최빈값

(5) 줄기와 잎 그림　　(6) 도수분포표, 계급, 계급의 크기, 도수

(7) 히스토그램　　(8) 도수분포다각형　　(9) 상대도수

01 ③　　**02** ④　　**03** ③　　**04** ③

05 ②　　**06** ④, ⑤　　**07** ④　　**08** ③

09 ④　　**10** ②　　**11** ⑤　　**12** ②

13 ④, ⑤　　**14** ④　　**15** ②　　**16** ②

17 ④　　**18** 42일

I. 기본 도형과 작도

1 기본 도형

01 평면도형과 입체도형
─8쪽─

01 평	02 입	03 입	04 평	05 입
06 ㄴ, ㄷ	07 ㄱ, ㄹ	08 ○	09 ×	10 ×
11 ○				

08 도형을 구성하는 기본 요소는 점, 선, 면이다.

> **참고** 점이 움직인 자리는 선이 되고, 선이 움직인 자리는 면이 된다.

09 선에는 곡선과 직선이 있다.

> **참고** 선에는 곡선과 직선이 있고, 면에는 곡면과 평면이 있다.

10 삼각뿔은 입체도형이다.

02 교점과 교선
─9쪽─

01 꼭짓점 B / B, B	02 꼭짓점 E	03 꼭짓점 F
04 모서리 DE / DE, DE		05 모서리 BC
06 꼭짓점, 4	07 8	
08 (1) 꼭짓점, 6 (2) 모서리, 9	09 5, 8	

03 모서리 CF와 면 DEF가 만나는 점은 점 F이므로 교점은 꼭짓점 F이다.

05 면 ABC와 면 BEFC가 만나는 모서리는 모서리 BC이므로 교선은 모서리 BC이다.

> **참고** 교선은 직선이 될 수도 있고, 곡선이 될 수도 있다.

07 (교점의 개수)=(꼭짓점의 개수)=8

09 (교점의 개수)=(꼭짓점의 개수)=5
(교선의 개수)=(모서리의 개수)=8

03 직선, 반직선, 선분
─10쪽~11쪽─

01 $\overleftrightarrow{PQ}$	02 $\overrightarrow{PQ}$	03 $\overrightarrow{QP}$	04 $\overline{PQ}$	05 =
06 ≠	07 =	08 풀이 참조	09 풀이 참조	
10 풀이 참조	11 풀이 참조	12 풀이 참조		
13 $\overrightarrow{BC}$	14 $\overrightarrow{AB}$	15 $\overline{BC}$	16 $\overline{DA}$	17 $\overrightarrow{CB}$
18 $\overrightarrow{CB}$	19 $\overrightarrow{AC}$	20 $\overline{DB}$		

21 (예)

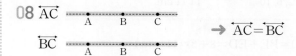

, 무수히 많다. **22** A·——·B , 1

23 (1) $\overrightarrow{AC}$, $\overrightarrow{BC}$, 3 (2) $\overrightarrow{AC}$, $\overrightarrow{BC}$, $\overrightarrow{CB}$, 6 (3) $\overline{BC}$, 3

24 (1) 6 (2) 12 (3) 6   **25** (1) 1 (2) 4 (3) 3

06 $\overrightarrow{PQ}$와 $\overrightarrow{QP}$는 시작점과 뻗는 방향이 다르므로 $\overrightarrow{PQ} \neq \overrightarrow{QP}$

> **참고** 두 반직선이 같으려면 시작점과 뻗는 방향이 모두 같아야 한다.

08 $\overrightarrow{AC}$ A B C
$\overrightarrow{BC}$ A B C
→ $\overrightarrow{AC}=\overrightarrow{BC}$

09 $\overline{AB}$ A B C
$\overline{BA}$ A B C
→ $\overline{AB}=\overline{BA}$

10 $\overrightarrow{BC}$ A B C
$\overrightarrow{CA}$ A B C
→ $\overrightarrow{BC} \neq \overrightarrow{CA}$

11 $\overrightarrow{AB}$ A B C
$\overrightarrow{AC}$ A B C
→ $\overrightarrow{AB}=\overrightarrow{AC}$

12 $\overrightarrow{BA}$ A B C
$\overrightarrow{CA}$ A B C
→ $\overrightarrow{BA} \neq \overrightarrow{CA}$

24 (1) 직선은 $\overleftrightarrow{AB}$, $\overleftrightarrow{AC}$, $\overleftrightarrow{AD}$, $\overleftrightarrow{BC}$, $\overleftrightarrow{BD}$, $\overleftrightarrow{CD}$의 6개이다.
(2) 반직선은 $\overrightarrow{AB}$, $\overrightarrow{AC}$, $\overrightarrow{AD}$, $\overrightarrow{BA}$, $\overrightarrow{BC}$, $\overrightarrow{BD}$, $\overrightarrow{CA}$, $\overrightarrow{CB}$, $\overrightarrow{CD}$, $\overrightarrow{DA}$, $\overrightarrow{DB}$, $\overrightarrow{DC}$의 12개이다.
(3) 선분은 $\overline{AB}$, $\overline{AC}$, $\overline{AD}$, $\overline{BC}$, $\overline{BD}$, $\overline{CD}$의 6개이다.

> **참고** 두 점 A, B를 지나는 직선은 $\overleftrightarrow{AB}$의 1개이지만, 반직선은 $\overrightarrow{AB}$, $\overrightarrow{BA}$의 2개이므로 두 점을 지나는 반직선의 개수는 직선의 개수의 2배가 된다.

참고 어느 세 점도 한 직선 위에 있지 않은 n개의 점 중에서 두 점을 지나는 서로 다른 직선, 반직선, 선분의 개수는 다음과 같이 공식을 이용할 수도 있다.

① 직선의 개수, 선분의 개수 → $\dfrac{n(n-1)}{2}$

② 반직선의 개수 → $n(n-1)$

25 (1) 직선은 $\overleftrightarrow{AB}$의 1개이다.

(2) 반직선은 $\overrightarrow{AB}$, $\overrightarrow{BA}$, $\overrightarrow{BC}$, $\overrightarrow{CB}$의 4개이다.

(3) 선분은 $\overline{AB}$, $\overline{AC}$, $\overline{BC}$의 3개이다.

04 두 점 사이의 거리

→ 12쪽 ←

01 5	02 8 cm	03 4 cm	04 9 cm	05 7 cm
06 5 cm	07 10 cm	08 4 cm	09 3 cm	
10 $\overline{EC}$, 6, 10		11 11 cm		

11 $\overline{BD}=\overline{BE}+\overline{ED}=8+3=11\,(\text{cm})$

05 선분의 중점

→ 13쪽 ←

01 $\dfrac{1}{2}$, $\dfrac{1}{2}$, 5	02 2, 2, 2, 8	03 $\dfrac{1}{3}$, $\dfrac{1}{3}$, 5
04 3, 3, 3, 3, 6	05 6 cm	06 3 cm	07 9 cm
08 $\dfrac{1}{2}$	09 $\overline{NB}$	10 $\dfrac{1}{2}$, $\dfrac{1}{2}$, $\dfrac{1}{2}$, $\dfrac{1}{2}$, 20, 10

05 $\overline{AM}=\dfrac{1}{2}\overline{AB}=\dfrac{1}{2}\times12=6\,(\text{cm})$

06 $\overline{MN}=\dfrac{1}{2}\overline{MB}=\dfrac{1}{2}\overline{AM}=\dfrac{1}{2}\times6=3\,(\text{cm})$

07 $\overline{AN}=\overline{AM}+\overline{MN}=6+3=9\,(\text{cm})$

다른 풀이

$\overline{NB}=\dfrac{1}{2}\overline{MB}=\dfrac{1}{2}\times\dfrac{1}{2}\overline{AB}$

$\quad=\dfrac{1}{4}\overline{AB}=\dfrac{1}{4}\times12=3\,(\text{cm})$

$\therefore \overline{AN}=\overline{AB}-\overline{NB}$

$\quad=12-3=9\,(\text{cm})$

06 각

→ 14쪽~15쪽 ←

01 ∠CAB	02 ∠ABC, ∠CBA	03 ∠BCA, ∠ACB
04 55°	05 60°	06 115°	07 직각	08 둔각
09 평각	10 예각	11 40°, 5°, 75°	12 90°
13 135°, 100°	14 180°	15 60° / 90, 90, 60
16 35°	17 18° / 90, 90, 18	18 15°	19 30°
20 110° / 180, 180, 110	21 18°	
22 20° / 180, 180, 20	23 15°	24 30°

07 ∠AOB의 크기는 90°이므로 직각이다.

08 ∠AOC의 크기는 90°< ∠AOC <180°이므로 둔각이다.

09 ∠AOD의 크기는 180°이므로 평각이다.

10 ∠BOC의 크기는 0°< ∠BOC <90°이므로 예각이다.

16 $40°+\angle x+15°=90°$이므로

$\angle x+55°=90°$ $\quad\therefore \angle x=35°$

18 $(3\angle x+10°)+35°=90°$이므로

$3\angle x+45°=90°$, $3\angle x=45°$ $\quad\therefore \angle x=15°$

19 $(\angle x+15°)+25°+(\angle x-10°)=90°$이므로

$2\angle x+30°=90°$, $2\angle x=60°$ $\quad\therefore \angle x=30°$

21 $\angle x+90°+72°=180°$이므로

$\angle x+162°=180°$ $\quad\therefore \angle x=18°$

23 $3\angle x+5\angle x+4\angle x=180°$이므로

$12\angle x=180°$ $\quad\therefore \angle x=15°$

24 $40°+\angle x+(4\angle x-10°)=180°$이므로

$5\angle x+30°=180°$, $5\angle x=150°$ $\quad\therefore \angle x=30°$

07 맞꼭지각

→ 16쪽~17쪽 ←

01 ∠DOE	02 ∠FOA	03 ∠BOC	04 ∠EOC	05 ∠DOB
06 ∠AOC	07 50° / ∠DOE, ∠DOE, 50		08 90°
09 75°, 40°	10 60°, 90°	11 15°	12 55°
13 30°, 150° / 30, 30, 150		14 35°, 35°	15 40°, 65°
16 62°, 28°	17 55° / 130, 55	18 35°	19 30°
20 45° / 55, 180, 45	21 30°	22 25°	

08 ∠COD＝∠FOA＝90° (맞꼭지각)

11 맞꼭지각의 크기는 서로 같으므로
$2\angle x+15°=45°$, $2\angle x=30°$ ∴ $\angle x=15°$

12 맞꼭지각의 크기는 서로 같으므로
$3\angle x-30°=\angle x+80°$, $2\angle x=110°$ ∴ $\angle x=55°$

14 $\angle x+145°=180°$이므로 $\angle x=35°$
∴ $\angle y=\angle x=35°$ (맞꼭지각)

15 $\angle x=40°$ (맞꼭지각)
$\angle y+40°+75°=180°$이므로 $\angle y=65°$

16 $\angle x=62°$ (맞꼭지각)
$\angle y+62°+90°=180°$이므로 $\angle y=28°$

18 $3\angle x+10°=90°+25°$이므로
$3\angle x=105°$ ∴ $\angle x=35°$

19 $85°+\angle x=5\angle x-35°$이므로
$4\angle x=120°$ ∴ $\angle x=30°$

21 $3\angle x+2\angle x+\angle x=180°$이므로
$6\angle x=180°$ ∴ $\angle x=30°$

22 $\angle x+(2\angle x+50°)+(3\angle x-20°)=180°$이므로
$6\angle x+30°=180°$, $6\angle x=150°$ ∴ $\angle x=25°$

08 직교와 수선

├18쪽┤

01 ⊥	**02** 수직이등분선	**03** O	**04** $\overline{\text{DO}}$
05 $\overline{\text{BO}}$, 3	**06** $\overline{\text{DC}}$	**07** 점 C	**08** 4 cm	**09** 5 cm
10 점 D	**11** 4.8 cm	**12** 8 cm	

05 $\overline{\text{AO}}=\overline{\text{BO}}=\dfrac{1}{2}\overline{\text{AB}}=\dfrac{1}{2}\times6=3\,(\text{cm})$

08 점 D와 $\overline{\text{BC}}$ 사이의 거리는 $\overline{\text{DC}}=4\,\text{cm}$

09 점 B와 $\overline{\text{DC}}$ 사이의 거리는 $\overline{\text{BC}}=5\,\text{cm}$

11 점 C와 $\overline{\text{AB}}$ 사이의 거리는 $\overline{\text{CD}}=4.8\,\text{cm}$

12 점 A와 $\overline{\text{BC}}$ 사이의 거리는 $\overline{\text{AC}}=8\,\text{cm}$

10분 연산 TEST 1회

├19쪽┤

01 6	**02** 교점의 개수 : 6, 교선의 개수 : 10		
03 $\overrightarrow{\text{BC}}$, $\overrightarrow{\text{AC}}$	**04** $\overrightarrow{\text{CB}}$	**05** $\overrightarrow{\text{CA}}$	**06** 10
07 20	**08** 10	**09** 5 cm	**10** 10 cm	**11** 20 cm
12 15 cm	**13** 15°	**14** 50°	**15** 20°	**16** 7 cm
17 12 cm				

06 직선은 $\overleftrightarrow{\text{AB}}$, $\overleftrightarrow{\text{AC}}$, $\overleftrightarrow{\text{AD}}$, $\overleftrightarrow{\text{AE}}$, $\overleftrightarrow{\text{BC}}$, $\overleftrightarrow{\text{BD}}$, $\overleftrightarrow{\text{BE}}$, $\overleftrightarrow{\text{CD}}$, $\overleftrightarrow{\text{CE}}$, $\overleftrightarrow{\text{DE}}$의 10개이다.

07 반직선은 $\overrightarrow{\text{AB}}$, $\overrightarrow{\text{AC}}$, $\overrightarrow{\text{AD}}$, $\overrightarrow{\text{AE}}$, $\overrightarrow{\text{BA}}$, $\overrightarrow{\text{BC}}$, $\overrightarrow{\text{BD}}$, $\overrightarrow{\text{BE}}$, $\overrightarrow{\text{CA}}$, $\overrightarrow{\text{CB}}$, $\overrightarrow{\text{CD}}$, $\overrightarrow{\text{CE}}$, $\overrightarrow{\text{DA}}$, $\overrightarrow{\text{DB}}$, $\overrightarrow{\text{DC}}$, $\overrightarrow{\text{DE}}$, $\overrightarrow{\text{EA}}$, $\overrightarrow{\text{EB}}$, $\overrightarrow{\text{EC}}$, $\overrightarrow{\text{ED}}$의 20개이다.

08 선분은 $\overline{\text{AB}}$, $\overline{\text{AC}}$, $\overline{\text{AD}}$, $\overline{\text{AE}}$, $\overline{\text{BC}}$, $\overline{\text{BD}}$, $\overline{\text{BE}}$, $\overline{\text{CD}}$, $\overline{\text{CE}}$, $\overline{\text{DE}}$의 10개이다.

09 $\overline{\text{AN}}=\overline{\text{NM}}=5\,\text{cm}$

10 $\overline{\text{MB}}=\overline{\text{AM}}=2\overline{\text{AN}}=2\times5=10\,(\text{cm})$

11 $\overline{\text{AB}}=2\overline{\text{MB}}=2\times10=20\,(\text{cm})$

12 $\overline{\text{NB}}=\overline{\text{NM}}+\overline{\text{MB}}=5+10=15\,(\text{cm})$

13 $3\angle x+80°+(6\angle x-35°)=180°$이므로
$9\angle x+45°=180°$, $9\angle x=135°$ ∴ $\angle x=15°$

14 $3\angle x-10°=2\angle x+40°$이므로
$\angle x=50°$

15 $(2\angle x+5°)+3\angle x+75°=180°$이므로
$5\angle x+80°=180°$, $5\angle x=100°$ ∴ $\angle x=20°$

16 점 A와 $\overline{\text{BC}}$ 사이의 거리는 $\overline{\text{AB}}=7\,\text{cm}$

17 점 B와 $\overline{\text{CD}}$ 사이의 거리는 $\overline{\text{BC}}=12\,\text{cm}$

10분 연산 TEST 2회
— 20쪽 —

01 9	**02** 교점의 개수 : 7, 교선의 개수 : 12

03 $\overleftrightarrow{AB}$, $\overleftrightarrow{AC}$ **04** $\overrightarrow{BA}$ **05** $\overrightarrow{CB}$ **06** 6

07 12   **08** 6   **09** 4 cm   **10** 8 cm   **11** 16 cm

12 12 cm   **13** 25°   **14** 35°   **15** 30°   **16** 15 cm

17 10 cm

06 직선은 $\overleftrightarrow{AB}$, $\overleftrightarrow{AC}$, $\overleftrightarrow{AD}$, $\overleftrightarrow{BC}$, $\overleftrightarrow{BD}$, $\overleftrightarrow{CD}$의 6개이다.

07 반직선은 $\overrightarrow{AB}$, $\overrightarrow{AC}$, $\overrightarrow{AD}$, $\overrightarrow{BA}$, $\overrightarrow{BC}$, $\overrightarrow{BD}$, $\overrightarrow{CA}$, $\overrightarrow{CB}$, $\overrightarrow{CD}$, $\overrightarrow{DA}$, $\overrightarrow{DB}$, $\overrightarrow{DC}$의 12개이다.

08 선분은 $\overline{AB}$, $\overline{AC}$, $\overline{AD}$, $\overline{BC}$, $\overline{BD}$, $\overline{CD}$의 6개이다.

09 $\overline{NM}=\overline{AN}=4$ cm

10 $\overline{MB}=\overline{AM}=2\overline{AN}=2\times4=8$ (cm)

11 $\overline{AB}=2\overline{MB}=2\times8=16$ (cm)

12 $\overline{NB}=\overline{NM}+\overline{MB}=4+8=12$ (cm)

13 $2\angle x+75°+(4\angle x-45°)=180°$이므로
$6\angle x+30°=180°$, $6\angle x=150°$ ∴ $\angle x=25°$

14 $4\angle x-15°=3\angle x+20°$이므로 $\angle x=35°$

15 $80°+\angle x+(2\angle x+10°)=180°$이므로
$3\angle x+90°=180°$, $3\angle x=90°$ ∴ $\angle x=30°$

16 점 C와 $\overline{AB}$ 사이의 거리는 $\overline{BC}=15$ cm

17 점 D와 $\overline{BC}$ 사이의 거리는 $\overline{DC}=10$ cm

09 점과 직선, 점과 평면의 위치 관계
— 21쪽 —

01 ×   **02** ○   **03** ×   **04** ×   **05** ○

06 점 D, 점 E, 점 F   **07** 점 B, 점 E, 점 F, 점 C

08 점 C, 점 F   **09** 면 ABC, 면 ADEB, 면 ADFC

10 면 ABC, 면 ADFC

01 점 A는 직선 l 위에 있지 않다.

03 직선 l은 점 C를 지난다.

04 직선 m은 점 D를 지나지 않는다.

10 평면에서 두 직선의 위치 관계
— 22쪽 —

01 $\overline{AD}$ **02** $\overline{BC}$ **03** $\overline{AB}$, $\overline{DC}$ / $\overline{AB}$, $\overline{DC}$ **04** $\overline{DC}$

05 $\overline{AB}$, $\overline{DC}$ **06** $\overline{AD}$, $\overline{BC}$ **07** $\overline{BC}$

08 ○   **09** ×   **10** ○   **11** ○   **12** ×

13 ×

09 $\overleftrightarrow{AB}$와 $\overleftrightarrow{CD}$는 한 점에서 만난다.

12 $\overleftrightarrow{BC}$와 $\overleftrightarrow{DE}$는 한 점에서 만난다.

13 $\overleftrightarrow{CD}$와 $\overleftrightarrow{DE}$는 한 점에서 만나지만 수직이 아니다.

11 공간에서 두 직선의 위치 관계
— 23쪽~24쪽 —

01 한 점에서 만난다.   **02** 꼬인 위치에 있다.   **03** 평행하다.

04 한 점에서 만난다.   **05** 평행하다.

06 꼬인 위치에 있다.   **07** ○   **08** ×   **09** ○

10 ○   **11** $\overline{AC}$, $\overline{BE}$, $\overline{CD}$ **12** $\overline{ED}$

13 $\overline{AD}$, $\overline{AE}$ **14** $\overline{AB}$, $\overline{AD}$, $\overline{EF}$, $\overline{EH}$

15 $\overline{BF}$, $\overline{CG}$, $\overline{DH}$ **16** $\overline{BC}$, $\overline{CD}$, $\overline{FG}$, $\overline{GH}$ **17** ○ / ∥

18 ×   **19** ×   **20** $\overline{CD}$ / ❶ $\overline{AD}$, $\overline{BD}$ ❸ $\overline{CD}$

21 $\overline{AD}$ **22** $\overline{AC}$

23 $\overline{BE}$, $\overline{BF}$, $\overline{DE}$, $\overline{FG}$ / ❶ $\overline{AE}$, $\overline{CG}$ ❷ $\overline{EF}$ ❸ $\overline{BF}$, $\overline{DE}$, $\overline{FG}$

24 $\overline{BC}$, $\overline{BF}$, $\overline{CG}$, $\overline{DG}$, $\overline{FG}$ **25** $\overline{AC}$, $\overline{AE}$, $\overline{DE}$, $\overline{DG}$

08 $\overline{BC}$와 $\overline{DJ}$는 꼬인 위치에 있다.

09 $\overline{BC}$와 평행한 모서리는 $\overline{FE}$, $\overline{HI}$, $\overline{LK}$의 3개이다.

13 모서리 BC와 만나지도 않고, 평행하지도 않은 모서리는 $\overline{AD}$, $\overline{AE}$이다.

18 $l \perp m$이고 $m \perp n$이면 다음 그림과 같이 두 직선 l, n은 한 점에서 만나거나 평행하거나 꼬인 위치에 있다.

→ 한 점에서 만난다.   → 평행하다.   → 꼬인 위치에 있다.

19 $l /\!/ m$이고 $m \perp n$이면 다음 그림과 같이 두 직선 l, n은 한 점에서 만나거나 꼬인 위치에 있다.

→ 한 점에서 만난다.   → 꼬인 위치에 있다.

24 ❶ 모서리 AE와 한 점에서 만나는 모서리는
$\overline{AB}$, $\overline{AC}$, $\overline{AD}$, $\overline{BE}$, $\overline{DE}$, $\overline{EF}$

❷ 모서리 AE와 평행한 모서리는 없다.

❸ 모서리 AE와 꼬인 위치에 있는 모서리는
$\overline{BC}$, $\overline{BF}$, $\overline{CG}$, $\overline{DG}$, $\overline{FG}$

25 ❶ 모서리 BF와 한 점에서 만나는 모서리는
$\overline{AB}$, $\overline{BC}$, $\overline{BE}$, $\overline{EF}$, $\overline{FG}$

❷ 모서리 BF와 평행한 모서리는
$\overline{AD}$, $\overline{CG}$

❸ 모서리 BF와 꼬인 위치에 있는 모서리는
$\overline{AC}$, $\overline{AE}$, $\overline{DE}$, $\overline{DG}$

12 공간에서 직선과 평면의 위치 관계
　　　　　　　　　　　　　　　　　　25쪽

01 $\overline{BF}$, $\overline{CG}$, $\overline{DH}$ 02 $\overline{BC}$, $\overline{CD}$, $\overline{AD}$
03 $\overline{FG}$, $\overline{GH}$, $\overline{EH}$ 04 면 ABCDE, 면 FGHIJ
05 $\overline{AF}$, $\overline{BG}$, $\overline{CH}$, $\overline{DI}$, $\overline{EJ}$ 06 점 F
07 면 ADFC, 면 BEFC   08 $\overline{AD}$, $\overline{DF}$, $\overline{CF}$, $\overline{AC}$ 09 면 DEF
10 $\overline{AB}$, $\overline{DE}$ 11 8 cm   12 7 cm

11 점 A에서 면 BEFC에 내린 수선의 발은 점 B이므로 점 A와 면 BEFC 사이의 거리는 $\overline{AB}=8$ cm

12 점 B에서 면 DEF에 내린 수선의 발은 점 E이므로 점 B와 면 DEF 사이의 거리는
$\overline{BE}=\overline{CF}=7$ cm

13 공간에서 두 평면의 위치 관계
　　　　　　　　　　　　　　　　　　26쪽

01 면 ABFE, 면 BFGC, 면 CGHD, 면 AEHD
02 면 EFGH   03 면 AEHD, 면 CGHD
04 면 ABC, 면 BEFC, 면 DEF / ABC, DEF   05 $\overline{AC}$
06 면 ADEB, 면 ADFC   07 ○   08 ×
09 ×   10 ○   11 ○

08 면 EFGH와 면 CGHD는 수직이다.

09 면 ABCD와 평행한 면은 면 EFGH의 1개이다.

01 점 A, 점 C   02 면 ABC, 면 BCDE   03 $\overline{AD}$
04 $\overline{BC}$, $\overline{DC}$ 05 $\overline{AD}$, $\overline{CD}$, $\overline{EH}$, $\overline{GH}$
06 면 ABFE, 면 AEHD   07 $\overline{AB}$, $\overline{CD}$, $\overline{EF}$, $\overline{GH}$
08 면 DCGH   09 ○   10 ×   11 ○
12 ×   13 ×   14 ○   15 ○   16 ×

09 모서리 AD와 평행한 모서리는 $\overline{BC}$, $\overline{EH}$, $\overline{FG}$의 3개이다.

10 모서리 EF와 수직으로 만나는 면은 면 AEHD, 면 BFGC의 2개이다.

12 면 ABFE와 평행한 면은 없다.

13 $l \perp m$이고 $m /\!/ n$이면 다음 그림과 같이 두 직선 l, n은 한 점에서 만나거나 꼬인 위치에 있다.

→ 한 점에서 만난다.   → 꼬인 위치에 있다.

14 $l \perp P$이고 $m \perp P$이면 오른쪽 그림과 같이 두 직선 l과 m은 평행하다.

15 $l \perp P$이고 $l \perp Q$이면 오른쪽 그림과 같이 두 평면 P, Q는 평행하다.

16 $P /\!/ Q$이고 $Q /\!/ R$이면 오른쪽 그림과 같이 두 평면 P, R은 평행하다.

10분 연산 TEST 2회
— 28쪽 —

01 점 A, 점 D	**02** 면 ADE, 면 BCDE **03** $\overline{DC}$
04 $\overline{AB}$, $\overline{BC}$	**05** $\overline{AB}$, $\overline{BF}$, $\overline{CD}$, $\overline{CG}$
06 면 AEHD, 면 EFGH	**07** $\overline{AD}$, $\overline{BC}$, $\overline{EH}$, $\overline{FG}$
08 면 AEHD **09** × **10** ○ **11** ○	
12 × **13** × **14** × **15** × **16** ○	

09 모서리 AB와 평행한 모서리는 $\overline{EF}$의 1개이다.

10 모서리 FG와 수직으로 만나는 면은 면 ABFE의 1개이다.

12 면 CGHD와 평행한 면은 없다.

13 $l /\!/ m$이고 $l /\!/ n$이면 오른쪽 그림과 같이 두 직선 m, n은 평행하다.

14 $l /\!/ P$이고 $m \perp P$이면 다음 그림과 같이 두 직선 l, m은 한 점에서 만나거나 꼬인 위치에 있다.

→ 한 점에서 만난다. → 꼬인 위치에 있다.

15 $l \perp P$이고 $P /\!/ Q$이면 오른쪽 그림과 같이 직선 l과 평면 Q는 수직이다.

16 $P \perp Q$이고 $P /\!/ R$이면 오른쪽 그림과 같이 두 평면 Q, R은 수직이다.

14 동위각과 엇각
— 29쪽~30쪽 —

01 $\angle e$	**02** $\angle g$	**03** $\angle b$	**04** $\angle d$	**05** $\angle e$
06 $\angle b$	**07** $\angle f$	**08** $\angle h$	**09** $\angle c$	**10** $\angle a$
11 $\angle f$	**12** $\angle c$	**13** d, 60, 120		**14** b, 95
15 b, 85	**16** f, 110, 70		**17** 120°	**18** 120°
19 100°	**20** 80°	**21** 90°	**22** 120°	**23** 60°
24 90°				

18 $\angle f$의 동위각은 $\angle c$이고, $\angle c = 120°$ (맞꼭지각)

20 $\angle c$의 엇각은 $\angle d$이고, $\angle d = 180° - 100° = 80°$

22 $\angle a$의 동위각은 $\angle d$이고, $\angle d = 180° - 60° = 120°$

23 $\angle b$의 엇각은 $\angle f$이고, $\angle f = 60°$ (맞꼭지각)

24 $\angle d$의 엇각은 $\angle c$이고, $\angle c = 180° - 90° = 90°$

15 평행선의 성질
— 31쪽~33쪽 —

01 50° / 50 **02** 110°	**03** 65°	**04** 60°	
05 55°, 55° / 125, 55, 55			**06** 80°, 80°
07 105°, 105°	**08** 120°, 120°		
09 120° / 70, 120	**10** 125°	**11** 75° / 180, 75	
12 40°	**13** 60°	**14** 95° / 40, 55, 95	**15** 20°
16 55°	**17** 110°	**18** 20°	**19** 85° / 35, 50, 85
20 125°	**21** 25°	**22** 70° / 60, 20, 20, 50, 70	
23 30°	**24** 60° / 60, 60, 60	**25** 80°	**26** 70°
27 80°	**28** 70°		

04 $l /\!/ m$이므로 $2\angle x + 5° = 125°$ (엇각)
$2\angle x = 120°$ ∴ $\angle x = 60°$

06 $\angle x = 180° - 100° = 80°$
$l /\!/ m$이므로 $\angle y = 80°$ (동위각)

07 $\angle x = 180° - 75° = 105°$
$l /\!/ m$이므로 $\angle y = 105°$ (엇각)

08 $\angle x = 180° - 60° = 120°$
$l /\!/ m$이므로 $\angle y = 120°$ (엇각)

10 $l /\!/ m$이므로
$\angle x = 50° + 75° = 125°$ (엇각)

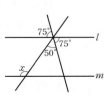

12 $\angle x + 60° + 80° = 180°$이므로
$\angle x = 40°$

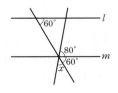

13 $65° + \angle x + 55° = 180°$이므로
$\angle x = 60°$

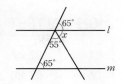

15 오른쪽 그림과 같이 두 직선 l, m
에 평행한 직선 n을 그으면
$\angle x + 50° = 70°$
$\therefore \angle x = 20°$

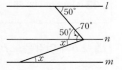

참고 평행선 사이에 꺾인 선이 있으면 평행한 두 직선에 평행한 보조
선을 꺾인 점을 지나도록 긋는다.

16 오른쪽 그림과 같이 두 직선 l, m
에 평행한 직선 n을 그으면
$\angle x + 35° = 90°$
$\therefore \angle x = 55°$

17 오른쪽 그림과 같이 두 직선 l, m
에 평행한 직선 n을 그으면
$\angle x = 45° + 65° = 110°$

18 오른쪽 그림과 같이 두 직선 l, m
에 평행한 직선 n을 그으면
$60° + (3\angle x - 20°) = 100°$
$3\angle x = 60°$
$\therefore \angle x = 20°$

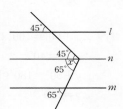

20 오른쪽 그림과 같이 두 직선 l, m
에 평행한 직선 n을 그으면
$\angle x = 55° + 70° = 125°$

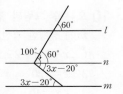

21 오른쪽 그림과 같이 두 직선 l, m
에 평행한 직선 n을 그으면
$30° + (2\angle x + 5°) = 85°$
$2\angle x = 50°$
$\therefore \angle x = 25°$

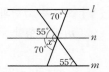

23 오른쪽 그림과 같이 두 직선 l, m
에 평행한 두 직선 p, q를 그으면
$\angle x = 30°$ (동위각)

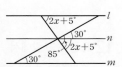

25 오른쪽 그림에서
$50° + 50° + \angle x = 180°$
$\therefore \angle x = 80°$

26 오른쪽 그림에서
$\angle x = 35° + 35° = 70°$ (엇각)

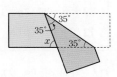

27 오른쪽 그림에서
$\angle x = 40° + 40° = 80°$ (엇각)

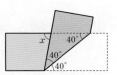

28 오른쪽 그림에서
$55° + 55° + \angle x = 180°$
$\therefore \angle x = 70°$

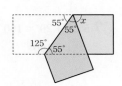

16 평행선이 되기 위한 조건
┤34쪽├

01 ○　　**02** ○　　**03** ×　　**04** ×
05 $l /\!/ n$ / 60, 평행하다, 다르다, 평행하지 않다　　**06** $m /\!/ n$
07 $l /\!/ m$　　**08** $p /\!/ q$

03 동위각의 크기가 다르므로 두 직선 l, m은 평행하지 않다.

04 엇각의 크기가 다르므로 두 직선 l, m은 평행하지 않다.

06 오른쪽 그림에서 두 직선 m, n은 동위
각의 크기가 같으므로 $m /\!/ n$이다.

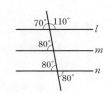

07 오른쪽 그림에서 두 직선 l,
m은 엇각의 크기가 같으므로
$l /\!/ m$이다.

08 오른쪽 그림에서 두 직선 p, q는 동위
각의 크기가 같으므로 $p /\!/ q$이다.

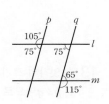

10분 연산 TEST 1회
———35쪽——

01 $\angle f$ **02** $\angle b$ **03** $115°$ **04** $80°$ **05** $100°$

06 $80°$ **07** $20°$ **08** $\angle x=85°$, $\angle y=135°$

09 $\angle x=65°$, $\angle y=115°$ **10** $30°$ **11** $85°$ **12** $100°$

13 (1) $p /\!/ q$ (2) $65°$

04 $\angle f$의 엇각은 $\angle b$이고, $\angle b=80°$ (맞꼭지각)

05 $\angle e$의 엇각은 $\angle a$이고, $\angle a=180°-80°=100°$

06 $2\angle x-25°=\angle x+55°$ (동위각)이므로 $\angle x=80°$

07 $5\angle x+20°=180°-60°$ (엇각)이므로
    $5\angle x=100°$ $\therefore \angle x=20°$

08 $50°+\angle x+45°=180°$이므로
    $\angle x=85°$
    $\angle y=50°+85°=135°$ (엇각)

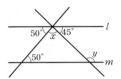

09 $60°+\angle x=125°$ (동위각)
    $\therefore \angle x=65°$
    $\angle y+65°=180°$이므로
    $\angle y=115°$

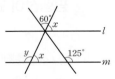

10 오른쪽 그림과 같이 두 직선 l, m에 평행한 직선 n을 그으면
    $(3\angle x-10°)+2\angle x=140°$
    $5\angle x=150°$ $\therefore \angle x=30°$

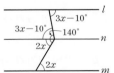

11 오른쪽 그림과 같이 두 직선 l, m에 평행한 두 직선 p, q를 그으면
    $\angle x=50°+35°=85°$

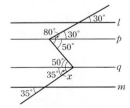

12 오른쪽 그림에서
    $\angle x=50°+50°=100°$ (엇각)

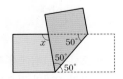

13 (1) 엇각의 크기가 같으므로 $p /\!/ q$
    (2) $p /\!/ q$이므로 $\angle x=180°-115°=65°$ (동위각)

10분 연산 TEST 2회
———36쪽——

01 $\angle g$ **02** $\angle f$ **03** $120°$ **04** $105°$ **05** $75°$

06 $60°$ **07** $30°$ **08** $\angle x=75°$, $\angle y=150°$

09 $\angle x=40°$, $\angle y=120°$ **10** $40°$ **11** $75°$ **12** $130°$

13 (1) $p /\!/ q$ (2) $55°$

04 $\angle b$의 엇각은 $\angle f$이고, $\angle f=180°-75°=105°$

06 $3\angle x-40°=\angle x+80°$ (동위각)이므로
    $2\angle x=120°$ $\therefore \angle x=60°$

07 $4\angle x+10°=180°-50°$ (엇각)이므로
    $4\angle x=120°$ $\therefore \angle x=30°$

08 $\angle x=75°$ (엇각)
    $\angle y=180°-30°=150°$ (엇각)

09 $\angle x+60°=100°$ (동위각)
    $\therefore \angle x=40°$
    $\angle y+60°=180°$이므로
    $\angle y=120°$

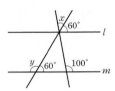

10 오른쪽 그림과 같이 두 직선 l, m에 평행한 직선 n을 그으면
    $(\angle x+5°)+2\angle x=125°$
    $3\angle x=120°$
    $\therefore \angle x=40°$

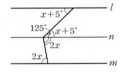

11 오른쪽 그림과 같이 두 직선 l, m에 평행한 두 직선 p, q를 그으면
    $\angle x=50°+25°=75°$

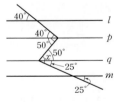

12 오른쪽 그림에서
    $\angle x=65°+65°=130°$ (엇각)

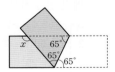

13 (1) 동위각의 크기가 같으므로 $p /\!/ q$
    (2) $p /\!/ q$이므로
    $\angle x=180°-125°=55°$ (동위각)

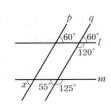

────────────────────37쪽~39쪽

소소로 개념 점검

(1) 교점, 교선　　(2) $\overrightarrow{AB}$, $\overrightarrow{AB}$, $\overline{AB}$　　　(3) 거리

(4) 중점　　　　 (5) ∠AOB, 평각　　 (6) 교각, 맞꼭지각

(7) 직교, ⊥　　　(8) 수직이등분선　　 (9) 수선의 발

(10) //, 꼬인 위치 (11) 동위각, 엇각

01 ④	**02** ②, ⑤	**03** ⑤	**04** ②	**05** ③
06 ③	**07** ③	**08** ①	**09** ③, ⑤	**10** ③
11 ①	**12** ④	**13** ④, ⑤	**14** ②	**15** ③
16 ④	**17** 5°			

01 삼각뿔의 꼭짓점의 개수는 4이므로 $a=4$
삼각뿔의 모서리의 개수는 6이므로 $b=6$
∴ $a+b=4+6=10$

02 $\overrightarrow{AB}$와 시작점과 뻗는 방향이 모두 같은 것은 $\overrightarrow{AC}$, $\overrightarrow{AD}$이다.

03 ⑤ $\overline{AM}=\dfrac{1}{2}\overline{MB}$

04 $\overline{AC}=2\overline{MC}$, $\overline{CB}=2\overline{CN}$이므로
$\overline{AB}=\overline{AC}+\overline{CB}=2\overline{MC}+2\overline{CN}=2(\overline{MC}+\overline{CN})$
$=2\overline{MN}=2\times5=10\,(\text{cm})$

05 $90°+(2\angle x+15°)+\angle x=180°$이므로
$3\angle x=75°$ ∴ $\angle x=25°$

06 $\angle AOC+\angle COD+\angle DOE+\angle EOB=180°$이므로
$2\angle COD+2\angle DOE=180°$, $\angle COD+\angle DOE=90°$
∴ $\angle COE=\angle COD+\angle DOE=90°$

07 $4\angle x-45°=2\angle x+5°$이므로
$2\angle x=50°$ ∴ $\angle x=25°$
∴ $\angle AOC=4\angle x-45°=4\times25°-45°=55°$

08 오른쪽 그림에서
$(\angle x+60°)+2\angle x+(3\angle x-30°)$
$\qquad\qquad\qquad=180°$
$6\angle x+30°=180°$, $6\angle x=150°$
∴ $\angle x=25°$

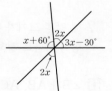

09 오른쪽 그림에서
③ 점 C에서 직선 AD에 내린 수
선의 발은 점 E이다.
⑤ 점 D에서 $\overline{BC}$에 내린 수선의
발은 점 F이므로 점 D와 $\overline{BC}$
사이의 거리는 $\overline{DF}=\overline{AB}=4\,\text{cm}$

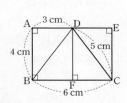

10 ③ 점 C는 직선 m 위에 있다.

11 $\overline{AB}$와 한 점에서 만나는 모서리는 $\overline{AC}$, $\overline{AD}$, $\overline{BC}$, $\overline{BE}$이
므로 $a=4$
면 ABC와 평행한 모서리는 $\overline{DE}$, $\overline{EF}$, $\overline{FD}$이므로 $b=3$
∴ $a+b=4+3=7$

12 ④ $\overline{BC}$와 평행한 면은 면 AEHD, 면 EFGH의 2개이다.
⑤ 면 BFGC와 수직인 면은 면 ABCD, 면 ABFE,
면 CGHD, 면 EFGH의 4개이다.
따라서 옳지 않은 것은 ④이다.

13 ① $\angle a$와 $\angle d$는 동위각이다.
② $\angle b$와 $\angle d$는 엇각이다.
③ $\angle c$의 동위각은 $\angle f$이고, $\angle f=180°-70°=110°$
④ $\angle d$의 엇각은 $\angle b$이고, $\angle b=180°-120°=60°$
⑤ $\angle f$의 동위각은 $\angle c$이고, $\angle c=120°$ (맞꼭지각)
따라서 옳은 것은 ④, ⑤이다.

14 오른쪽 그림에서
$85°+\angle x+60°=180°$이므로
$\angle x+145°=180°$
∴ $\angle x=35°$

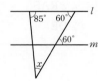

15 오른쪽 그림과 같이 두 직선 l, m에
평행한 직선 n을 그으면
$\angle x=45°+55°=100°$

16 ④ 동위각의 크기가 같지 않으므로 두
직선 l, m은 평행하지 않다.

17 📋 서술형
두 직선 l, m이 평행하므로 $\angle x$, $\angle y$
의 동위각을 찾아 표시하면 오른쪽
그림과 같고, 그 크기는 같다.
$\angle x+120°=180°$이므로
$\angle x=60°$ ……❶
엇각의 크기가 같으므로
$\angle y+65°=120°$ ∴ $\angle y=55°$ ……❷
∴ $\angle x-\angle y=60°-55°=5°$ ……❸

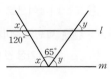

채점 기준	비율
❶ $\angle x$의 크기 구하기	40 %
❷ $\angle y$의 크기 구하기	40 %
❸ $\angle x-\angle y$의 크기 구하기	20 %

2 작도와 합동

01 길이가 같은 선분의 작도
<!-- 42쪽 -->

01 ㄴ, ㄷ 02 ○ 03 × 04 × 05 ○
06 ○ 07 ❶ C ❷ $\overline{AB}$ ❸ C, $\overline{AB}$, D
08 ㉢ → ㉠ → ㉡

03 작도할 때, 눈금 없는 자와 컴퍼스만을 사용한다.

04 선분의 길이를 잴 때, 컴퍼스를 사용한다.

02 크기가 같은 각의 작도
<!-- 43쪽 -->

01 ㉣, ㉢, ㉥ 02 $\overline{OQ}$, $\overline{AS}$ 03 $\overline{PQ}$
04 ∠RAS 05 ㉥, ㉢, ㉤, ㉡ 06 $\overline{AC}$, $\overline{PE}$
07 $\overline{DE}$ 08 ∠BAC

03 삼각형의 세 변의 길이 사이의 관계
<!-- 44쪽 -->

01 $\overline{AC}$ 02 $\overline{AB}$ 03 ∠C 04 ∠A 05 10 cm
06 60° 07 × / =, 없다 08 ○ 09 ○
10 × 11 × 12 ○

05 (∠A의 대변의 길이)＝$\overline{BC}$＝10 cm

06 ($\overline{AC}$의 대각의 크기)＝∠B＝60°

08 5＜3＋4이므로 삼각형을 만들 수 있다.
참고 세 변의 길이가 주어질 때, 삼각형이 만들어질 조건
→ (가장 긴 변의 길이)＜(나머지 두 변의 길이의 합)

09 5＜4＋5이므로 삼각형을 만들 수 있다.

10 12＞5＋6이므로 삼각형을 만들 수 없다.

11 14＝7＋7이므로 삼각형을 만들 수 없다.

12 10＜10＋10이므로 삼각형을 만들 수 있다.

04 삼각형의 작도
<!-- 45쪽~46쪽 -->

01 ❶ a ❷ B, c, A ❸ $\overline{AC}$ 02 $\overline{AC}$
03 04 ❶ ∠XBY ❷ B, c, A ❸ $\overline{AC}$
05 $\overline{BC}$, $\overline{AC}$ 06
07 ❶ a ❷ ∠B, ∠YCB ❸ A 08 $\overline{AB}$, ∠B, $\overline{BC}$
09

05 삼각형이 하나로 정해지는 경우
<!-- 47쪽 -->

01 ○ 02 × 03 × 04 ○ 05 ○
06 ○ / 25, 85 07 × 08 ○ 09 ○
10 × 11 × 12 ○ 13 ○

02 7＝2＋5이므로 삼각형이 그려지지 않는다.
참고 삼각형이 하나로 정해지지 않는 경우
(1) (가장 긴 변의 길이)≥(나머지 두 변의 길이의 합)
→ 삼각형이 그려지지 않는다.
(2) 두 변의 길이와 그 끼인각이 아닌 다른 한 각의 크기가 주어질 때 → 삼각형이 그려지지 않거나 1개 또는 2개 그려진다.
(3) 세 각의 크기가 주어질 때 → 삼각형이 무수히 많이 그려진다.

03 ∠A가 $\overline{AB}$, $\overline{BC}$의 끼인각이 아니므로 삼각형이 하나로 정해지지 않는다.

07 세 각의 크기가 각각 같은 삼각형은 무수히 많으므로 삼각형이 하나로 정해지지 않는다.

10 ∠B가 $\overline{AB}$, $\overline{AC}$의 끼인각이 아니므로 삼각형이 하나로 정해지지 않는다.

11 ∠C가 $\overline{AB}$, $\overline{BC}$의 끼인각이 아니므로 삼각형이 하나로 정해지지 않는다.

13 ∠B＝180°－(∠A＋∠C)이므로 한 변의 길이와 그 양 끝각의 크기가 주어진 경우이다. 즉, 삼각형이 하나로 정해진다.

01 HIG	**02** IHG	**03** FGHE	**04** 점 E	**05** $\overline{AC}$
06 ∠A	**07** 점 D	**08** $\overline{GH}$	**09** ∠F	
10 5 cm / $\overline{EF}$, 5		**11** 4 cm	**12** 85°	**13** 55°
14 3 cm	**15** 7 cm	**16** 70°	**17** 130°	**18** ○
19 ○	**20** ×	**21** ○	**22** ×	**23** ○
24 ×	**25** ○	**26** ×	**27** ○	

11 $\overline{DE}$의 대응변은 $\overline{AB}$이므로
$\overline{DE}=\overline{AB}=4$ cm

12 ∠A의 대응각은 ∠D이므로
∠A=∠D=85°

13 ∠E의 대응각은 ∠B이므로 ∠E=∠B=40°
이때 삼각형의 세 각의 크기의 합은 180°이므로
∠F=180°−(85°+40°)=55°

14 $\overline{AD}$의 대응변은 $\overline{EH}$이므로
$\overline{AD}=\overline{EH}=3$ cm

15 $\overline{GF}$의 대응변은 $\overline{CB}$이므로
$\overline{GF}=\overline{CB}=7$ cm

16 ∠B의 대응각은 ∠F이므로
∠B=∠F=70°

17 ∠E의 대응각은 ∠A이므로
∠E=∠A=130°

20 오른쪽 그림의 두 직사각형은
넓이가 같지만 합동이 아니다.
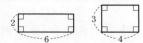

22 오른쪽 그림의 두 삼각형은
세 각의 크기가 각각 같지만
합동이 아니다.
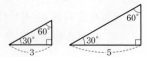

24 모양이 같아도 크기가 다르면 두 도형은 서로 합동이 아니다.

26 오른쪽 그림의 두 직사각형은
넓이가 같지만 합동이 아니다.
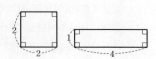

01 $\overline{DE}$, $\overline{EF}$, $\overline{AC}$, SSS	**02** $\overline{DF}$, ∠F, $\overline{BC}$, SAS
03 ∠A, $\overline{AB}$, ∠E, ASA	**04** △QRP, SSS
05 △JLK, SAS	**06** △MON, ASA
07 △ABD≡△CBD, SSS 합동 / $\overline{BD}$, △CBD, SSS	
08 △ABD≡△CDB, ASA 합동	
09 △ABO≡△CDO, SAS 합동	**10** ○ **11** ○
12 × **13** ○ **14** ×	**15** (1) $\overline{DF}$, ㄷ (2) ∠E, ㅁ
16 (1) ㄷ (2) ㅁ, ㅂ	**17** ㄱ, ㄴ, ㄷ

04 △ABC와 △QRP에서
$\overline{AB}=\overline{QR}$, $\overline{BC}=\overline{RP}$, $\overline{AC}=\overline{QP}$이므로
△ABC≡△QRP (SSS 합동)

05 △DEF와 △JLK에서
$\overline{DE}=\overline{JL}$, ∠D=∠J, $\overline{DF}=\overline{JK}$이므로
△DEF≡△JLK (SAS 합동)

06 △MON에서 ∠N=180°−(70°+80°)=30°
△GHI와 △MON에서
∠G=∠M, $\overline{GI}=\overline{MN}$, ∠I=∠N이므로
△GHI≡△MON (ASA 합동)

08 △ABD와 △CDB에서
∠ABD=∠CDB, ∠ADB=∠CBD, $\overline{BD}$는 공통이므로
△ABD≡△CDB (ASA 합동)

09 △ABO와 △CDO에서
$\overline{AO}=\overline{CO}$, $\overline{BO}=\overline{DO}$, ∠AOB=∠COD (맞꼭지각)이므로
△ABO≡△CDO (SAS 합동)

12 두 변의 끼인각이 아닌 다른 각의 크기가 같으므로 합동인
지 알 수 없다.

13 ∠A=∠D, ∠B=∠E이면 ∠C=∠F이므로
△ABC≡△DEF (ASA 합동)

14 세 각의 크기가 각각 같은 삼각형은 무수히 많으므로 합동
인지 알 수 없다.

16 (1) △ABC와 △DEF가 SAS 합동이 되려면 ∠A와 ∠D를
끼인각으로 하는 나머지 한 변의 길이가 같아야 하므로
$\overline{AC}=\overline{DF}$ → ㄷ
(2) △ABC와 △DEF가 ASA 합동이 되려면 $\overline{AB}$와 $\overline{DE}$
의 양 끝 각의 크기가 같아야 하므로
∠B=∠E 또는 ∠C=∠F → ㅁ 또는 ㅂ

17 △ABC와 △DEF가 ASA 합동이 되려면 대응하는 한 변의 길이가 같아야 하므로
$\overline{AB}=\overline{DE}$ 또는 $\overline{BC}=\overline{EF}$ 또는 $\overline{AC}=\overline{DF}$
→ ㄱ 또는 ㄴ 또는 ㄷ

10분 연산 TEST 1회

52쪽

01 ㄱ, ㄷ	**02** ⓜ, ⓒ, ⓗ, ⓛ	**03** $\overline{AB}$, $\overline{PD}$
04 $\overline{BC}$	**05** ∠DPE **06** ×	**07** ○ **08** ○
09 ○	**10** ○ **11** ×	**12** ○ **13** ×
14 ○	**15** 8 cm **16** 25°	
17 △ABM≡△ACM, SAS 합동		

06 10=5+5이므로 삼각형을 만들 수 없다.

07 6<6+6이므로 삼각형을 만들 수 있다.

08 11<7+8이므로 삼각형을 만들 수 있다.

13 ∠C가 $\overline{AB}$, $\overline{BC}$의 끼인각이 아니므로 삼각형이 하나로 정해지지 않는다.

14 ∠C=180°−(65°+30°)=85°이므로 한 변의 길이와 그 양 끝 각의 크기가 주어진 경우이다.
즉, 삼각형이 하나로 정해진다.

15 $\overline{AB}$의 대응변은 $\overline{DE}$이므로 $\overline{AB}=\overline{DE}=8$ cm

16 ∠D의 대응각은 ∠A이므로 ∠D=∠A=45°
이때 삼각형의 세 각의 크기의 합은 180°이므로
∠E=180°−(45°+110°)=25°

17 △ABM과 △ACM에서
$\overline{BM}=\overline{CM}$, ∠AMB=∠AMC, $\overline{AM}$은 공통이므로
△ABM≡△ACM (SAS 합동)

10분 연산 TEST 2회

53쪽

01 ㄱ, ㄷ	**02** ⓜ, ⓛ, ⓗ, ⓒ	**03** $\overline{AB}$, $\overline{PE}$
04 $\overline{BC}$	**05** ∠DPE **06** ○	**07** × **08** ○
09 ×	**10** ○ **11** ○	**12** ○ **13** ×
14 ○	**15** 7 cm **16** 100°	
17 △ABD≡△CBD, SAS 합동		

06 7<7+6이므로 삼각형을 만들 수 있다.

07 8>4+3이므로 삼각형을 만들 수 없다.

08 9<9+9이므로 삼각형을 만들 수 있다.

13 ∠A가 $\overline{AC}$, $\overline{BC}$의 끼인각이 아니므로 삼각형이 하나로 정해지지 않는다.

14 ∠B=180°−(55°+35°)=90°이므로 한 변의 길이와 그 양 끝 각의 크기가 주어진 경우이다.
즉, 삼각형이 하나로 정해진다.

15 $\overline{DE}$의 대응변은 $\overline{AB}$이므로 $\overline{DE}=\overline{AB}=7$ cm

16 ∠B의 대응각은 ∠E이므로 ∠B=∠E=30°
이때 삼각형의 세 각의 크기의 합은 180°이므로
∠C=180°−(50°+30°)=100°

17 △ABD와 △CBD에서
$\overline{AB}=\overline{CB}$, ∠ABD=∠CBD, $\overline{BD}$는 공통이므로
△ABD≡△CBD (SAS 합동)

학교 시험 PREVIEW

54쪽~55쪽

스스로 개념 점검
(1) 작도 (2) △ABC ① 대변 ② 대각 (3) ≡
(4) ① 변, SSS ② 변, 끼인각, SAS ③ 변, 양 끝 각, ASA

01 ⑤	**02** ②	**03** ①, ⑤	**04** ②, ④	**05** ⑤
06 ②	**07** ①	**08** ④	**09** ⑤	**10** 65°

01 ⑤ 선분의 길이를 잴 때는 컴퍼스를 사용한다.

03 ① $\overline{AB}=\overline{BC}$인지는 알 수 없다.
⑤ '서로 다른 두 직선이 한 직선과 만날 때, 동위각의 크기가 같으면 두 직선은 평행하다.'는 성질을 이용한 것이다.

04 ① 7>2+3이므로 삼각형을 만들 수 없다.
② 9<4+7이므로 삼각형을 만들 수 있다.
③ 11=5+6이므로 삼각형을 만들 수 없다.
④ 8<8+8이므로 삼각형을 만들 수 있다.
⑤ 20>9+9이므로 삼각형을 만들 수 없다.
따라서 삼각형의 세 변의 길이가 될 수 있는 것은 ②, ④이다.

05 ⑤ $x=12$이면 $12>4+7$이므로 삼각형을 만들 수 없다.

참고 (ⅰ) 가장 긴 변의 길이가 x cm일 때,
$x<4+7$ ∴ $x<11$
(ⅱ) 가장 긴 변의 길이가 7 cm일 때,
$7<x+4$
이때 $x=3$이면 $7<3+4$가 되어 부등호가 성립하지 않으므로 x는 3보다 큰 수이다.
(ⅰ), (ⅱ)에서 x의 값이 될 수 있는 수는 3보다 크고 11보다 작은 수이다.

06 ㄱ. 세 변의 길이가 주어진 경우이므로 △ABC가 하나로 정해진다.
ㄴ. $9=4+5$이므로 삼각형을 만들 수 없다.
ㄷ. 두 변의 길이와 그 끼인각의 크기가 주어진 경우이므로 △ABC가 하나로 정해진다.
ㄹ. ∠C가 $\overline{AB}$, $\overline{AC}$의 끼인각이 아니므로 △ABC가 하나로 정해지지 않는다.
따라서 나머지 한 조건이 될 수 있는 것은 ㄱ, ㄷ이다.

07 $\overline{AD}$의 대응변은 $\overline{EH}$이므로
$\overline{AD}=\overline{EH}=6$ cm ∴ $x=6$
∠A의 대응각은 ∠E이므로 ∠A$=$∠E$=60°$
사각형 ABCD에서
∠D$=360°-(60°+125°+90°)=85°$ ∴ $y=85$
∴ $x+y=6+85=91$

참고 사각형의 네 각의 크기의 합은 $360°$이다.

08 ④ 오른쪽 그림의 두 부채꼴은 반지름의 길이가 같지만 서로 합동이 아니다.

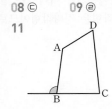

09 주어진 삼각형에서
(나머지 한 각의 크기)$=180°-(50°+60°)=70°$이므로
⑤의 삼각형과 ASA 합동이다.

10 서술형
△OAB와 △OCD에서
$\overline{OA}=\overline{OC}$, $\overline{OB}=\overline{OD}$, ∠AOB$=$∠COD (맞꼭지각)
∴ △OAB≡△OCD (SAS 합동) ……❶
∠D의 대응각은 ∠B이므로
∠D$=$∠B$=60°$ ……❷
△OCD에서 세 각의 크기의 합은 $180°$이므로
∠C$=180°-(55°+60°)=65°$ ……❸

채점 기준	비율
❶ △OAB와 합동인 삼각형 찾기	50 %
❷ ∠D의 크기 구하기	20 %
❸ ∠C의 크기 구하기	30 %

Ⅱ. 평면도형의 성질

1 다각형

01 다각형

59쪽~60쪽

01 × **02** ○ **03** × **04** ×

05

다각형			
변의 개수	3	5	7
꼭짓점의 개수	3	5	7
다각형의 이름	삼각형	오각형	칠각형

06 ㉡ **07** ㉠ **08** ㉢ **09** ㉣

10   **11**

12 $128°$ **13** $112°$ **14** $70°$ **15** $90°$ **16** $80°$
17 $75°, 105°$ / $180, 180, 105$ **18** $50°, 130°$
19 $116°, 64°$ **20** $60°, 135°$
21 $94°, 90°$ **22** $62°, 110°$

01 선분과 곡선으로 둘러싸여 있으므로 다각형이 아니다.

03 선분으로 둘러싸여 있지 않으므로 다각형이 아니다.

04 입체도형이므로 다각형이 아니다.

18 (∠C의 내각의 크기)$=180°-($∠C의 외각의 크기$)$
$=180°-130°=50°$

19 (∠C의 내각의 크기)$=180°-($∠C의 외각의 크기$)$
$=180°-64°=116°$

20 ∠$x=180°-120°=60°$
∠$y=180°-45°=135°$

21 ∠$x=180°-86°=94°$
∠$y=180°-90°=90°$

22 ∠$x=180°-118°=62°$
∠$y=180°-70°=110°$

02 정다각형

61쪽

01 ○	02 ○	03 ×	04 ×	05 ○
06 ×	07 팔각형, 정다각형, 정팔각형		08 정육각형	
09 정칠각형				

03~04 모든 변의 길이가 같고 모든 내각의 크기가 같으면 정다각형이다.

06 네 내각의 크기가 모두 같은 사각형은 직사각형이다.

08 조건 ㈎를 만족시키는 다각형은 육각형이고, 조건 ㈏, ㈐를 만족시키는 다각형은 정다각형이므로 구하는 다각형은 정육각형이다.

09 조건 ㈎를 만족시키는 다각형은 칠각형이고, 조건 ㈏를 만족시키는 다각형은 정다각형이므로 구하는 다각형은 정칠각형이다.

03 다각형의 대각선의 개수

62쪽~63쪽

	다각형	꼭짓점의 개수	한 꼭짓점에서 그을 수 있는 대각선의 개수	대각선의 개수
01	A (사각형)	4	1	2
02	A (오각형)	5	2	5
03	A (육각형)	6	3	9
04	A (칠각형)	7	4	14

05 칠각형 / 3, 7, 칠각형 　**06** 십각형 　**07** 십이각형 　**08** 십사각형
09 십육각형 　**10** 3, 20 　**11** 35 　**12** 54 　**13** 77
14 90 　**15** 170 　**16** 칠각형 / 3, 3, 7, 7, 칠각형
17 육각형 　**18** 구각형 　**19** 십일각형 　**20** 십삼각형

01 사각형의 한 꼭짓점에서 그을 수 있는 대각선의 개수는
$4-3=1$
따라서 구하는 대각선의 개수는 $\dfrac{4\times1}{2}=2$

02 오각형의 한 꼭짓점에서 그을 수 있는 대각선의 개수는
$5-3=2$
따라서 구하는 대각선의 개수는 $\dfrac{5\times2}{2}=5$

03 육각형의 한 꼭짓점에서 그을 수 있는 대각선의 개수는
$6-3=3$
따라서 구하는 대각선의 개수는 $\dfrac{6\times3}{2}=9$

04 칠각형의 한 꼭짓점에서 그을 수 있는 대각선의 개수는
$7-3=4$
따라서 구하는 대각선의 개수는 $\dfrac{7\times4}{2}=14$

06 구하는 다각형을 n각형이라 하면
$n-3=7$에서 $n=10$
따라서 구하는 다각형은 십각형이다.

07 구하는 다각형을 n각형이라 하면
$n-3=9$에서 $n=12$
따라서 구하는 다각형은 십이각형이다.

08 구하는 다각형을 n각형이라 하면
$n-3=11$에서 $n=14$
따라서 구하는 다각형은 십사각형이다.

09 구하는 다각형을 n각형이라 하면
$n-3=13$에서 $n=16$
따라서 구하는 다각형은 십육각형이다.

11 $\dfrac{10\times(10-3)}{2}=35$

12 $\dfrac{12\times(12-3)}{2}=54$

13 $\dfrac{14\times(14-3)}{2}=77$

14 $\dfrac{15 \times (15-3)}{2} = 90$

15 $\dfrac{20 \times (20-3)}{2} = 170$

17 구하는 다각형을 n각형이라 하면

$\dfrac{n(n-3)}{2} = 9$에서

$n(n-3) = 18 = 6 \times 3$ ∴ $n=6$

따라서 구하는 다각형은 육각형이다.

18 구하는 다각형을 n각형이라 하면

$\dfrac{n(n-3)}{2} = 27$에서

$n(n-3) = 54 = 9 \times 6$ ∴ $n=9$

따라서 구하는 다각형은 구각형이다.

19 구하는 다각형을 n각형이라 하면

$\dfrac{n(n-3)}{2} = 44$에서

$n(n-3) = 88 = 11 \times 8$ ∴ $n=11$

따라서 구하는 다각형은 십일각형이다.

20 구하는 다각형을 n각형이라 하면

$\dfrac{n(n-3)}{2} = 65$에서

$n(n-3) = 130 = 13 \times 10$ ∴ $n=13$

따라서 구하는 다각형은 십삼각형이다.

04 삼각형의 세 내각의 크기의 합
├─64쪽~65쪽─┤

01 45° / 180, 180, 180, 45		02 40°	03 32°
04 40°	05 45°	06 15°	07 50°	08 30°
09 65°	10 65°	11 45°	12 30°	13 36°
14 90° / 180, 180, 30, 30, 90			15 80°	16 75°
17 130° / 180, 50, 50, 130			18 125°	

02 $\angle x = 180° - (90° + 50°) = 40°$

03 $\angle x = 180° - (30° + 118°) = 32°$

04 $(\angle x + 40°) + 35° + 65° = 180°$ ∴ $\angle x = 40°$

05 $75° + (\angle x + 15°) + \angle x = 180°$

$2\angle x = 90°$ ∴ $\angle x = 45°$

06 $4\angle x + 2\angle x + 90° = 180°$

$6\angle x = 90°$ ∴ $\angle x = 15°$

07 $(\angle x + 20°) + (\angle x + 10°) + \angle x = 180°$

$3\angle x = 150°$ ∴ $\angle x = 50°$

08 $3\angle x + 2\angle x + \angle x = 180°$

$6\angle x = 180°$ ∴ $\angle x = 30°$

09 $\angle BAC = 180° - 135° = 45°$, $\angle ACB = 180° - 110° = 70°$

이므로

$\triangle ABC$에서 $45° + \angle x + 70° = 180°$ ∴ $\angle x = 65°$

10 $\angle ACB = 50°$ (맞꼭지각)이므로

$\triangle ABC$에서 $\angle x + 65° + 50° = 180°$ ∴ $\angle x = 65°$

11 $\triangle AED$에서 $\angle AED = 180° - (50° + 30°) = 100°$

∴ $\angle BEC = 100°$ (맞꼭지각)

$\triangle EBC$에서 $100° + \angle x + 35° = 180°$ ∴ $\angle x = 45°$

12 $\triangle ABD$에서 $\angle BAD = 180° - (30° + 90°) = 60°$

따라서 $60° + \angle x = 90°$이므로 $\angle x = 30°$

13 $\triangle ABD$에서 $\angle ABD = 180° - (36° + 90°) = 54°$

따라서 $54° + \angle x = 90°$이므로 $\angle x = 36°$

15 세 내각의 크기를 $2\angle x$, $3\angle x$, $4\angle x$라 하면

$2\angle x + 3\angle x + 4\angle x = 180°$, $9\angle x = 180°$ ∴ $\angle x = 20°$

따라서 가장 큰 내각의 크기는

$4\angle x = 4 \times 20° = 80°$

다른 풀이

$180° \times \dfrac{4}{2+3+4} = 180° \times \dfrac{4}{9} = 80°$

16 세 내각의 크기를 $3\angle x$, $4\angle x$, $5\angle x$라 하면

$3\angle x + 4\angle x + 5\angle x = 180°$, $12\angle x = 180°$ ∴ $\angle x = 15°$

따라서 가장 큰 내각의 크기는

$5\angle x = 5 \times 15° = 75°$

다른 풀이

$180° \times \dfrac{5}{3+4+5} = 180° \times \dfrac{5}{12} = 75°$

18 $\angle DBC = \angle a$, $\angle DCB = \angle b$라 하면

$\triangle ABC$에서 $70° + (35° + \angle a) + (20° + \angle b) = 180°$

∴ $\angle a + \angle b = 55°$

$\triangle DBC$에서 $\angle x + \angle a + \angle b = 180°$이므로

$\angle x + 55° = 180°$ ∴ $\angle x = 125°$

05 삼각형의 내각과 외각 사이의 관계
┤66쪽~67쪽├

01 135° / 합, 80, 135	**02** 115°	**03** 35°	**04** 50°
05 140, 40, 125	**06** 140°	**07** 125°	
08 80° / 180, 70, 35, 35, 80		**09** 95°	**10** 85°
11 30° / 60, 30, a, 30	**12** 40°		
13 126° / 42, 42, 84, 84, 84, 126		**14** 75°	**15** 40°

02 $\angle x=50°+65°=115°$

03 $\angle x+65°=100°$ $\therefore \angle x=35°$

04 $(\angle x+30°)+50°=3\angle x-20°$
$2\angle x=100°$ $\therefore \angle x=50°$

06 $\angle x=(180°-90°)+(180°-130°)=140°$

07 $\angle x=(180°-110°)+(180°-125°)=125°$

09 △ABC에서 $\angle CAB=180°-(65°+75°)=40°$
$\therefore \angle BAD=\dfrac{1}{2}\angle CAB=20°$
△DAB에서 $\angle x=20°+75°=95°$

10 △ABC에서 $\angle CBE=\angle C+\angle CAB$이므로
$140°=50°+\angle CAB$ $\therefore \angle CAB=90°$
$\therefore \angle CAD=\dfrac{1}{2}\angle CAB=45°$
△CAD에서 $\angle x=180°-(50°+45°)=85°$

12 $\angle ABD=\angle DBC=\angle a$, $\angle ACD=\angle DCE=\angle b$라 하면
△ABC에서 $2\angle b=80°+2\angle a$이므로
$\angle b=40°+\angle a$ ······ ㉠
△DBC에서 $\angle b=\angle x+\angle a$ ······ ㉡
㉠, ㉡에서 $\angle x=40°$

14 △DAB에서 $\angle DAB=\angle DBA=25°$
$\therefore \angle ADC=25°+25°=50°$
△ADC에서 $\angle ACD=\angle ADC=50°$
△ABC에서 $\angle x=25°+50°=75°$

15 △DBC에서 $\angle DCB=\angle DBC=\angle x$
$\therefore \angle CDA=\angle x+\angle x=2\angle x$
△CAD에서 $\angle CAD=\angle CDA=2\angle x$
△ABC에서 $2\angle x+\angle x=120°$
$3\angle x=120°$ $\therefore \angle x=40°$

10분 연산 TEST 1회
┤68쪽├

01 ×	**02** ○	**03** ×	**04** ○
05 $\angle x=50°$, $\angle y=150°$		**06** $\angle x=80°$, $\angle y=95°$	
07 정구각형	**08** 9	**09** 14	**10** 팔각형 **11** 십각형
12 70°	**13** 110°	**14** 30°	**15** 20°

01 선분과 곡선으로 둘러싸여 있으므로 다각형이 아니다.

03 입체도형이므로 다각형이 아니다.

05 $\angle x=180°-130°=50°$
$\angle y=180°-30°=150°$

06 $\angle x=180°-100°=80°$
$\angle y=180°-85°=95°$

07 조건 ㈎를 만족시키는 다각형은 구각형이고, 조건 ㈏, ㈐를 만족시키는 다각형은 정다각형이므로 구하는 다각형은 정구각형이다.

08 $\dfrac{6\times(6-3)}{2}=9$

09 $\dfrac{7\times(7-3)}{2}=14$

10 구하는 다각형을 n각형이라 하면
$\dfrac{n(n-3)}{2}=20$에서
$n(n-3)=40=8\times5$ $\therefore n=8$
따라서 구하는 다각형은 팔각형이다.

11 구하는 다각형을 n각형이라 하면
$\dfrac{n(n-3)}{2}=35$에서
$n(n-3)=70=10\times7$ $\therefore n=10$
따라서 구하는 다각형은 십각형이다.

12 $\angle x=180°-(70°+40°)=70°$

13 $\angle x=80°+30°=110°$

14 △ABD에서 $\angle BAD=180°-(40°+85°)=55°$
$\angle CAD=\angle BAD=55°$
△ADC에서 $85°=55°+\angle x$ $\therefore \angle x=30°$

15 $\angle CDA = 180° - 140° = 40°$이므로

$\triangle ACD$에서 $\angle CAD = \angle CDA = 40°$

$\therefore \ \angle ACB = 40° + 40° = 80°$

$\triangle ABC$에서 $\angle ABC = \angle ACB = 80°$

$\therefore \ \angle x = 180° - (80° + 80°) = 20°$

10분 연산 TEST 2회

69쪽

01 ○	**02** ×	**03** ○	**04** ×
05 $\angle x = 40°$, $\angle y = 145°$		**06** $\angle x = 75°$, $\angle y = 85°$	
07 정오각형	**08** 27	**09** 44	**10** 십이각형 **11** 십사각형
12 80°	**13** 125°	**14** 70°	**15** 40°

02 곡선으로 둘러싸여 있으므로 다각형이 아니다.

04 입체도형이므로 다각형이 아니다.

05 $\angle x = 180° - 140° = 40°$

$\angle y = 180° - 35° = 145°$

06 $\angle x = 180° - 105° = 75°$

$\angle y = 180° - 95° = 85°$

07 조건 ㈎를 만족시키는 다각형은 오각형이고, 조건 ㈏, ㈐를 만족시키는 다각형은 정다각형이므로 구하는 다각형은 정오각형이다.

08 $\dfrac{9 \times (9-3)}{2} = 27$

09 $\dfrac{11 \times (11-3)}{2} = 44$

10 구하는 다각형을 n각형이라 하면

$\dfrac{n(n-3)}{2} = 54$에서

$n(n-3) = 108 = 12 \times 9$ $\therefore \ n = 12$

따라서 구하는 다각형은 십이각형이다.

11 구하는 다각형을 n각형이라 하면

$\dfrac{n(n-3)}{2} = 77$에서

$n(n-3) = 154 = 14 \times 11$ $\therefore \ n = 14$

따라서 구하는 다각형은 십사각형이다.

12 $\angle x = 180° - (60° + 40°) = 80°$

13 $\angle x = 85° + 40° = 125°$

14 $\triangle ADC$에서 $80° = \angle CAD + 50°$ $\therefore \ \angle CAD = 30°$

$\angle BAD = \angle CAD = 30°$

$\triangle ABD$에서 $\angle x = 180° - (30° + 80°) = 70°$

15 $\angle CDA = 180° - 145° = 35°$이므로

$\triangle ACD$에서 $\angle CAD = \angle CDA = 35°$

$\therefore \ \angle ACB = 35° + 35° = 70°$

$\triangle ABC$에서 $\angle ABC = \angle ACB = 70°$

$\therefore \ \angle x = 180° - (70° + 70°) = 40°$

06 다각형의 내각의 크기의 합

70쪽~71쪽

01 (1) 2, 2 (2) 2, 360	**02** (1) 2, 5 (2) 5, 900	**03** 2, 720
04 1080°	**05** 1800°	**06** 구각형 / 2, 2, 9, 구각형
07 십각형	**08** 십오각형	**09** 55° / 2, 360, 360, 55
10 85°	**11** 110°	**12** 160°
13 102° / 360, 120, 360, 102		**14** 150°
15 90° / 540, 540, 90, 90, 90		**16** 85°

04 $180° \times (8-2) = 1080°$

05 $180° \times (12-2) = 1800°$

07 구하는 다각형을 n각형이라 하면

$180° \times (n-2) = 1440°$

$n - 2 = 8$ $\therefore \ n = 10$

따라서 구하는 다각형은 십각형이다.

08 구하는 다각형을 n각형이라 하면

$180° \times (n-2) = 2340°$

$n - 2 = 13$ $\therefore \ n = 15$

따라서 구하는 다각형은 십오각형이다.

10 사각형의 내각의 크기의 합은 $180° \times (4-2) = 360°$이므로

$\angle x + 110° + 75° + 90° = 360°$ $\therefore \ \angle x = 85°$

11 오각형의 내각의 크기의 합은 $180° \times (5-2) = 540°$이므로

$100° + 105° + 110° + \angle x + 115° = 540°$ $\therefore \ \angle x = 110°$

12 육각형의 내각의 크기의 합은 $180° \times (6-2) = 720°$이므로

$130° + 150° + 95° + \angle x + 85° + 100° = 720°$

$\therefore \ \angle x = 160°$

14 육각형의 내각의 크기의 합은 $720°$이므로

$110°+100°+120°+(180°-20°)+80°+\angle x=720°$

$\therefore \angle x=150°$

16 오른쪽 그림과 같이 $\overline{DF}$를 긋고
$\angle EDF=\angle a$, $\angle EFD=\angle b$라 하면
오각형의 내각의 크기의 합은 $540°$이
므로

$100°+90°+125°+(60°+\angle a)$
$+(\angle b+70°)=540°$

$\therefore \angle a+\angle b=95°$

따라서 △EDF에서 $\angle x+\angle a+\angle b=180°$이므로

$\angle x+95°=180°$ $\therefore \angle x=85°$

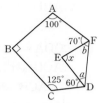

---

07 다각형의 외각의 크기의 합

72쪽~73쪽

01 $360°$	**02** $360°$	**03** $360°$	**04** $105°$ / $360, 105$
05 $85°$	**06** $102°$	**07** $76°$	**08** $60°$	**09** $65°$
10 $125°$ / $65, 360, 125$	**11** $90°$	**12** $80°$	**13** $95°$
14 $92°$	**15** $123°$		

05 $\angle x+120°+155°=360°$이므로 $\angle x=85°$

06 $\angle x+70°+98°+90°=360°$이므로 $\angle x=102°$

07 $85°+70°+\angle x+64°+65°=360°$이므로 $\angle x=76°$

08 $\angle x+70°+90°+80°+60°=360°$이므로 $\angle x=60°$

09 $60°+45°+55°+60°+75°+\angle x=360°$이므로 $\angle x=65°$

11 $(180°-100°)+95°+95°+\angle x=360°$

$80°+95°+95°+\angle x=360°$

$\therefore \angle x=90°$

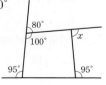

12 $80°+45°+\angle x$
$+(180°-110°)+85°=360°$

$80°+45°+\angle x+70°+85°=360°$

$\therefore \angle x=80°$

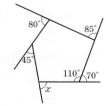

---

13 $50°+(180°-110°)$
$+(180°-\angle x)+70°+85°$
$=360°$

$50°+70°+(180°-\angle x)$
$+70°+85°=360°$

$\therefore \angle x=95°$

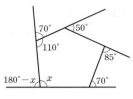

14 $70°+50°+55°+45°$
$+(180°-\angle x)+(180°-128°)$
$=360°$

$70°+50°+55°+45°$
$+(180°-\angle x)+52°=360°$

$\therefore \angle x=92°$

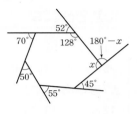

15 $56°+(180°-125°)+75°$
$+(180°-115°)+52°$
$+(180°-\angle x)=360°$

$56°+55°+75°+65°+52°$
$+(180°-\angle x)=360°$

$\therefore \angle x=123°$

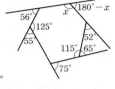

---

08 정다각형의 한 내각과 한 외각의 크기

74쪽~75쪽

01 $90°, 4, 4, 90$		**02** $135°$	**03** $144°$	**04** $162°$
05 정삼각형 / $60, 60, 120, 3$, 정삼각형		**06** 정육각형	**07** 정구각형
08 정십이각형		**09** $90°$ / $360, 360, 90$	**10** $45°$
11 $36°$	**12** $24°$	**13** $18°$	
14 정십팔각형 / $360, 18$, 정십팔각형		**15** 정십이각형
16 정구각형	**17** 정육각형	**18** 정삼각형	
19 정팔각형 / $1, 45, 45, 8$, 정팔각형		**20** 정오각형	**21** 정구각형

02 $\dfrac{180°\times(8-2)}{8}=135°$

03 $\dfrac{180°\times(10-2)}{10}=144°$

04 $\dfrac{180°\times(20-2)}{20}=162°$

06 구하는 정다각형을 정n각형이라 하면

$\dfrac{180°\times(n-2)}{n}=120°$에서

$180°\times n-360°=120°\times n$

$60°\times n=360°$ $\therefore n=6$

따라서 구하는 정다각형은 정육각형이다.

07 구하는 정다각형을 정n각형이라 하면

$\dfrac{180° \times (n-2)}{n} = 140°$에서

$180° \times n - 360° = 140° \times n$

$40° \times n = 360°$ $\therefore n = 9$

따라서 구하는 정다각형은 정구각형이다.

08 구하는 정다각형을 정n각형이라 하면

$\dfrac{180° \times (n-2)}{n} = 150°$에서

$180° \times n - 360° = 150° \times n$

$30° \times n = 360°$ $\therefore n = 12$

따라서 구하는 정다각형은 정십이각형이다.

10 $\dfrac{360°}{8} = 45°$

11 $\dfrac{360°}{10} = 36°$

12 $\dfrac{360°}{15} = 24°$

13 $\dfrac{360°}{20} = 18°$

15 구하는 정다각형을 정n각형이라 하면

$\dfrac{360°}{n} = 30°$에서 $n = 12$

따라서 구하는 정다각형은 정십이각형이다.

16 구하는 정다각형을 정n각형이라 하면

$\dfrac{360°}{n} = 40°$에서 $n = 9$

따라서 구하는 정다각형은 정구각형이다.

17 구하는 정다각형을 정n각형이라 하면

$\dfrac{360°}{n} = 60°$에서 $n = 6$

따라서 구하는 정다각형은 정육각형이다.

18 구하는 정다각형을 정n각형이라 하면

$\dfrac{360°}{n} = 120°$에서 $n = 3$

따라서 구하는 정다각형은 정삼각형이다.

20 (한 외각의 크기)$= 180° \times \dfrac{2}{3+2} = 72°$

구하는 정다각형을 정n각형이라 하면

$\dfrac{360°}{n} = 72°$ $\therefore n = 5$

따라서 구하는 정다각형은 정오각형이다.

21 (한 외각의 크기)$= 180° \times \dfrac{2}{7+2} = 40°$

구하는 정다각형을 정n각형이라 하면

$\dfrac{360°}{n} = 40°$ $\therefore n = 9$

따라서 구하는 정다각형은 정구각형이다.

10분 연산 TEST 1회

──76쪽

01 540° **02** 1260° **03** 1440° **04** 55° **05** 95°

06 70° **07** 130° **08** 70° **09** 80° **10** 120°

11 140° **12** 정오각형 **13** 정팔각형 **14** 60° **15** 30°

16 정팔각형 **17** 정오각형

01 $180° \times (5-2) = 540°$

02 $180° \times (9-2) = 1260°$

03 $180° \times (10-2) = 1440°$

04 사각형의 내각의 크기의 합은 $180° \times (4-2) = 360°$이므로

$120° + 85° + \angle x + 100° = 360°$ $\therefore \angle x = 55°$

05 오각형의 내각의 크기의 합은 $180° \times (5-2) = 540°$이므로

$100° + 150° + 90° + 105° + \angle x = 540°$ $\therefore \angle x = 95°$

06 육각형의 내각의 크기의 합은 $180° \times (6-2) = 720°$이므로

$110° + \angle x + 120° + 2\angle x + 2\angle x + 2\angle x = 720°$

$7\angle x = 490°$ $\therefore \angle x = 70°$

07 $80° + 75° + 70° + (180° - \angle x) + 85° = 360°$이므로

$\angle x = 130°$

08 $\angle x + 60° + 80° + (180° - 140°) + 50° + 60° = 360°$이므로

$\angle x = 70°$

09 $\angle x + (180° - 120°)$

$\qquad + (180° - 90°) + 60° + 70° = 360°$

$\angle x + 60° + 90° + 60° + 70° = 360°$

$\therefore \angle x = 80°$

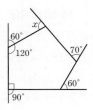

10 $\dfrac{180° \times (6-2)}{6} = 120°$

11 $\dfrac{180° \times (9-2)}{9} = 140°$

12 구하는 정다각형을 정n각형이라 하면
$\dfrac{180° \times (n-2)}{n} = 108°$에서
$180° \times n - 360° = 108° \times n$
$72° \times n = 360°$　∴ $n=5$
따라서 구하는 정다각형은 정오각형이다.

13 구하는 정다각형을 정n각형이라 하면
$\dfrac{180° \times (n-2)}{n} = 135°$에서
$180° \times n - 360° = 135° \times n$
$45° \times n = 360°$　∴ $n=8$
따라서 구하는 정다각형은 정팔각형이다.

14 $\dfrac{360°}{6} = 60°$

15 $\dfrac{360°}{12} = 30°$

16 구하는 정다각형을 정n각형이라 하면
$\dfrac{360°}{n} = 45°$에서 $n=8$
따라서 구하는 정다각형은 정팔각형이다.

17 구하는 정다각형을 정n각형이라 하면
$\dfrac{360°}{n} = 72°$에서 $n=5$
따라서 구하는 정다각형은 정오각형이다.

10분 연산 TEST 2회
77쪽

01 1620°	**02** 2160°	**03** 2340°	**04** 100°	**05** 80°
06 72°	**07** 140°	**08** 30°	**09** 95°	**10** 150°
11 156°	**12** 정사각형	**13** 정십각형	**14** 72°	**15** 40°
16 정십오각형		**17** 정십각형		

01 $180° \times (11-2) = 1620°$

02 $180° \times (14-2) = 2160°$

03 $180° \times (15-2) = 2340°$

04 사각형의 내각의 크기의 합은 $180° \times (4-2) = 360°$이므로
$\angle x + 90° + 75° + 95° = 360°$　∴ $\angle x = 100°$

05 오각형의 내각의 크기의 합은 $180° \times (5-2) = 540°$이므로
$110° + 140° + 90° + 120° + \angle x = 540°$　∴ $\angle x = 80°$

06 육각형의 내각의 크기의 합은 $180° \times (6-2) = 720°$이므로
$100° + \angle x + 130° + 2\angle x + 130° + 2\angle x = 720°$
$5\angle x = 360°$　∴ $\angle x = 72°$

07 $70° + 65° + 80° + (180° - \angle x) + 105° = 360°$이므로
$\angle x = 140°$

08 $\angle x + 80° + 70° + (180° - 120°) + 45° + 75° = 360°$이므로
$\angle x = 30°$

09 $85° + 50° + (180° - 90°)$
$\qquad + (180° - 140°) + \angle x = 360°$
$85° + 50° + 90° + 40° + \angle x = 360°$
∴ $\angle x = 95°$

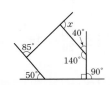

10 $\dfrac{180° \times (12-2)}{12} = 150°$

11 $\dfrac{180° \times (15-2)}{15} = 156°$

12 구하는 정다각형을 정n각형이라 하면
$\dfrac{180° \times (n-2)}{n} = 90°$에서
$180° \times n - 360° = 90° \times n$
$90° \times n = 360°$　∴ $n=4$
따라서 구하는 정다각형은 정사각형이다.

13 구하는 정다각형을 정n각형이라 하면
$\dfrac{180° \times (n-2)}{n} = 144°$에서
$180° \times n - 360° = 144° \times n$
$36° \times n = 360°$　∴ $n=10$
따라서 구하는 정다각형은 정십각형이다.

14 $\dfrac{360°}{5} = 72°$

15 $\dfrac{360^\circ}{9}=40^\circ$

16 구하는 정다각형을 정n각형이라 하면

$\dfrac{360^\circ}{n}=24^\circ$에서 $n=15$

따라서 구하는 정다각형은 정십오각형이다.

17 구하는 정다각형을 정n각형이라 하면

$\dfrac{360^\circ}{n}=36^\circ$에서 $n=10$

따라서 구하는 정다각형은 정십각형이다.

학교 시험 PREVIEW

78쪽~79쪽

스스로 개념 점검

(1) 다각형　　(2) 내각　　(3) 외각　　(4) 정다각형

(5) $n-3$　　(6) 합　　(7) $n-2$　　(8) 360°

(9) ① $n-2$, n　② 360°, n

01 ①, ④	**02** ③	**03** ⑤	**04** ③	**05** ②
06 ②	**07** ②	**08** ④	**09** ③	**10** ④
11 ③	**12** ①	**13** 54, 150°		

01 다각형은 3개 이상의 선분으로 둘러싸인 평면도형이므로 다각형이 아닌 것은 ①, ④이다.

02 구하는 다각형을 n각형이라 하면

$\dfrac{n(n-3)}{2}=90$에서

$n(n-3)=180=15\times12$　　∴ $n=15$

따라서 구하는 다각형은 십오각형이다.

03 주어진 다각형을 n각형이라 하면

$n-3=8$　　∴ $n=11$

따라서 십일각형의 대각선의 개수는

$\dfrac{11\times(11-3)}{2}=44$

04 $(\angle x+20^\circ)+2\angle x+(3\angle x+10^\circ)=180^\circ$이므로

$6\angle x=150^\circ$　　∴ $\angle x=25^\circ$

05 $(\angle x+15^\circ)+\angle x=105^\circ$이므로

$2\angle x=90^\circ$　　∴ $\angle x=45^\circ$

06 △ABC에서 $\angle ACB=\angle ABC=\angle x$이므로

$\angle CAD=\angle x+\angle x=2\angle x$

△ACD에서 $\angle CDA=\angle CAD=2\angle x$

△DBC에서 $2\angle x+\angle x=105^\circ$이므로

$3\angle x=105^\circ$　　∴ $\angle x=35^\circ$

07 ② 정다각형은 모든 변의 길이가 같고, 모든 내각의 크기가 같아야 한다.

08 주어진 다각형을 n각형이라 하면

$n-3=5$　　∴ $n=8$

따라서 팔각형의 내각의 크기의 합은

$180^\circ\times(8-2)=1080^\circ$

09 육각형의 내각의 크기의 합은 $180^\circ\times(6-2)=720^\circ$이므로

$\angle x+110^\circ+(180^\circ-30^\circ)+105^\circ$
$\qquad\qquad\qquad+(180^\circ-60^\circ)+140^\circ=720^\circ$

∴ $\angle x=95^\circ$

10 $48^\circ+\angle x+51^\circ+\angle x+65^\circ+52^\circ=360^\circ$이므로

$2\angle x=144^\circ$　　∴ $\angle x=72^\circ$

11 주어진 정다각형을 정n각형이라 하면

$180^\circ\times(n-2)=1440^\circ$에서 $n-2=8$　　∴ $n=10$

따라서 정십각형의 한 외각의 크기는

$\dfrac{360^\circ}{10}=36^\circ$

12 (한 외각의 크기)$=180^\circ\times\dfrac{1}{2+1}=60^\circ$

구하는 정다각형을 정n각형이라 하면

$\dfrac{360^\circ}{n}=60^\circ$에서 $n=6$

따라서 구하는 정다각형은 정육각형이다.

13 📝 서술형

주어진 정다각형을 정n각형이라 하면

$n-2=10$　　∴ $n=12$

즉, 주어진 정다각형은 정십이각형이다. ……❶

정십이각형의 대각선의 개수는

$\dfrac{12\times(12-3)}{2}=54$ ……❷

정십이각형의 한 내각의 크기는

$\dfrac{180^\circ\times(12-2)}{12}=150^\circ$ ……❸

채점 기준	비율
❶ 정다각형 구하기	20 %
❷ 정다각형의 대각선의 개수 구하기	40 %
❸ 정다각형의 한 내각의 크기 구하기	40 %

2 원과 부채꼴

01 원과 부채꼴
82쪽

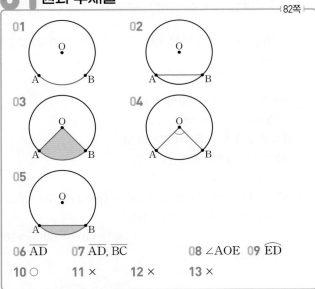

01 02 03 04 05

06 $\overline{\mathrm{AD}}$ 07 $\overline{\mathrm{AD}}$, $\overline{\mathrm{BC}}$ 08 ∠AOE 09 $\overparen{\mathrm{ED}}$

10 ○ 11 × 12 × 13 ×

11 부채꼴은 두 반지름과 호로 이루어진 도형이다.

12 활꼴은 현과 호로 이루어진 도형이다.

13 반원은 활꼴인 동시에 중심각의 크기가 180°인 부채꼴이다.

02 부채꼴의 중심각의 크기와 호의 길이
83쪽~84쪽

01 3 02 70 03 2 04 4

05 16 / 정비례, 100, 4, 16 06 8 07 40

08 60 09 $x=36$, $y=40$ / 20, 6, 36, 20, 12, 40

10 $x=6$, $y=60$ 11 $x=3$, $y=30$

12 $x=18$, $y=90$ 13 21 / 20, 20, 140, 140, 21

14 5 15 20 16 24

06 $35° : 175° = x : 40$ ∴ $x=8$

07 $20° : x° = 5 : 10$ ∴ $x=40$

08 $x° : 90° = 8 : 12$ ∴ $x=60$

10 $30° : 45° = 4 : x$ ∴ $x=6$
$30° : y° = 4 : 8$ ∴ $y=60$

11 $90° : 60° = 4.5 : x$ ∴ $x=3$
$90° : y° = 4.5 : 1.5$ ∴ $y=30$

12 $135° : 30° = x : 4$ ∴ $x=18$
$y° : 30° = 12 : 4$ ∴ $y=90$

14 $\overline{\mathrm{AD}} /\!/ \overline{\mathrm{OC}}$이므로
∠OAD=∠BOC=60° (동위각)
$\overline{\mathrm{OD}}$를 그으면 $\overline{\mathrm{OA}}=\overline{\mathrm{OD}}$이므로
∠ODA=∠OAD=60°
∴ ∠AOD=180°−(60°+60°)
=60°
중심각의 크기가 같으면 호의 길이가 같으므로 $x=5$

15 $\overline{\mathrm{AD}} /\!/ \overline{\mathrm{OC}}$이므로
∠OAD=∠BOC=40° (동위각)
$\overline{\mathrm{OD}}$를 그으면 $\overline{\mathrm{OA}}=\overline{\mathrm{OD}}$이므로
∠ODA=∠OAD=40°
∴ ∠AOD=180°−(40°+40°)
=100°
부채꼴의 호의 길이는 중심각의 크기에 정비례하므로
$100° : 40° = x : 8$ ∴ $x=20$

16 $\overline{\mathrm{AD}} /\!/ \overline{\mathrm{OC}}$이므로
∠OAD=∠BOC=30° (동위각)
$\overline{\mathrm{OD}}$를 그으면 $\overline{\mathrm{OA}}=\overline{\mathrm{OD}}$이므로
∠ODA=∠OAD=30°
∴ ∠AOD=180°−(30°+30°)
=120°
부채꼴의 호의 길이는 중심각의 크기에 정비례하므로
$120° : 30° = x : 6$ ∴ $x=24$

03 부채꼴의 중심각의 크기와 넓이
85쪽

01 8 02 35 03 80 / 120, 18, 80 04 30

05 96 06 8 07 14

04 $30° : 90° = 10 : x$ ∴ $x=30$

05 $x° : 64° = 24 : 16$ ∴ $x=96$

06 $90° : 60° = 12 : x$ ∴ $x=8$

07 $40° : 140° = 4 : x$ ∴ $x=14$

04 부채꼴의 중심각의 크기와 현의 길이

86쪽

01 =	02 <	03 =	04 2	05 65
06 ○	07 ×	08 ○	09 ×	10 ×

01 한 원에서 크기가 같은 중심각에 대한 현의 길이는 같으므로 $\overline{AB}=\overline{BC}$

02 $\overline{AB}=\overline{BC}$이므로
△ABC에서 $\overline{AC}<\overline{AB}+\overline{BC}=2\overline{AB}$

03 △AOB≡△COD (SAS 합동)이므로
△AOB=△COD

07 현의 길이는 중심각의 크기에 정비례하지 않는다.

09 크기가 같은 중심각에 대한 현의 길이는 같다.

10 부채꼴의 넓이는 호의 길이에 정비례한다.

05 원의 둘레의 길이와 넓이

87쪽

01 4, 8π, 4, 16π	02 18π cm, 81π cm²
03 10π cm, 25π cm²	04 12π cm, 36π cm²
05 3 cm / 2π, 3, 3	06 5 cm 07 13 cm
08 3 cm / π, 3, 3, 3	09 7 cm 10 8 cm

02 $l=2\pi\times 9=18\pi$ (cm)
$S=\pi\times 9^2=81\pi$ (cm²)

03 원의 반지름의 길이가 5 cm이므로
$l=2\pi\times 5=10\pi$ (cm)
$S=\pi\times 5^2=25\pi$ (cm²)

04 원의 반지름의 길이가 6 cm이므로
$l=2\pi\times 6=12\pi$ (cm)
$S=\pi\times 6^2=36\pi$ (cm²)

06 원의 반지름의 길이를 r cm라 하면
$2\pi\times r=10\pi$ ∴ $r=5$
따라서 구하는 반지름의 길이는 5 cm이다.

07 원의 반지름의 길이를 r cm라 하면
$2\pi\times r=26\pi$ ∴ $r=13$
따라서 구하는 반지름의 길이는 13 cm이다.

09 원의 반지름의 길이를 r cm라 하면
$\pi\times r^2=49\pi$, $r^2=49=7^2$ ∴ $r=7$
따라서 구하는 반지름의 길이는 7 cm이다.

10 원의 반지름의 길이를 r cm라 하면
$\pi\times r^2=64\pi$, $r^2=64=8^2$ ∴ $r=8$
따라서 구하는 반지름의 길이는 8 cm이다.

06 부채꼴의 호의 길이와 넓이

88쪽~90쪽

01 6, 60, 2π	02 2π cm	03 14π cm
04 4, 45, 2π	05 25π cm²	06 54π cm²
07 45° / 12, 3π, 45, 45	08 120°	09 60°
10 18 cm / 50, 5π, 18, 18		11 4 cm
12 90° / 2, π, 90, 90	13 30°	14 240°
15 2 cm / 90, π, 2, 2, 2	16 8 cm	17 4, 2π 18 16π cm²
19 9π cm² 20 60π cm²		21 15π cm²
22 4, 4π, 2π	23 4π cm	24 3π cm
25 3 cm / 2π, 3π, 3, 3	26 4 cm	27 14 cm

02 (부채꼴의 호의 길이)$=2\pi\times 4\times\dfrac{90}{360}=2\pi$ (cm)

03 (부채꼴의 호의 길이)$=2\pi\times 12\times\dfrac{210}{360}=14\pi$ (cm)

05 (부채꼴의 넓이)$=\pi\times 10^2\times\dfrac{90}{360}=25\pi$ (cm²)

06 (부채꼴의 넓이)$=\pi\times 9^2\times\dfrac{240}{360}=54\pi$ (cm²)

08 부채꼴의 중심각의 크기를 x°라 하면
$2\pi\times 6\times\dfrac{x}{360}=4\pi$ ∴ $x=120$
따라서 구하는 부채꼴의 중심각의 크기는 120°이다.

09 부채꼴의 중심각의 크기를 x°라 하면
$2\pi\times 3\times\dfrac{x}{360}=\pi$ ∴ $x=60$
따라서 구하는 부채꼴의 중심각의 크기는 60°이다.

11 부채꼴의 반지름의 길이를 r cm라 하면

$2\pi \times r \times \dfrac{45}{360} = \pi$ $\therefore r = 4$

따라서 구하는 부채꼴의 반지름의 길이는 4 cm이다.

13 부채꼴의 중심각의 크기를 $x°$라 하면

$\pi \times 6^2 \times \dfrac{x}{360} = 3\pi$ $\therefore x = 30$

따라서 구하는 부채꼴의 중심각의 크기는 30°이다.

14 부채꼴의 중심각의 크기를 $x°$라 하면

$\pi \times 3^2 \times \dfrac{x}{360} = 6\pi$ $\therefore x = 240$

따라서 구하는 부채꼴의 중심각의 크기는 240°이다.

16 부채꼴의 반지름의 길이를 r cm라 하면

$\pi \times r^2 \times \dfrac{135}{360} = 24\pi$, $r^2 = 64 = 8^2$ $\therefore r = 8$

따라서 구하는 부채꼴의 반지름의 길이는 8 cm이다.

18 (부채꼴의 넓이)$= \dfrac{1}{2} \times 8 \times 4\pi = 16\pi (\text{cm}^2)$

19 (부채꼴의 넓이)$= \dfrac{1}{2} \times 6 \times 3\pi = 9\pi (\text{cm}^2)$

20 (부채꼴의 넓이)$= \dfrac{1}{2} \times 12 \times 10\pi = 60\pi (\text{cm}^2)$

21 (부채꼴의 넓이)$= \dfrac{1}{2} \times 5 \times 6\pi = 15\pi (\text{cm}^2)$

23 $\dfrac{1}{2} \times 6 \times l = 12\pi$ $\therefore l = 4\pi (\text{cm})$

24 $\dfrac{1}{2} \times 12 \times l = 18\pi$ $\therefore l = 3\pi (\text{cm})$

26 부채꼴의 반지름의 길이를 r cm라 하면

$\dfrac{1}{2} \times r \times 5\pi = 10\pi$ $\therefore r = 4$

따라서 구하는 반지름의 길이는 4 cm이다.

27 부채꼴의 반지름의 길이를 r cm라 하면

$\dfrac{1}{2} \times r \times 3\pi = 21\pi$ $\therefore r = 14$

따라서 구하는 반지름의 길이는 14 cm이다.

07 색칠한 부분의 둘레의 길이와 넓이 구하기
91쪽~92쪽

01 (1) $6, 12\pi, 3, 6\pi, 18\pi$ (2) $6, 36\pi, 3, 9\pi, 36\pi, 9\pi, 27\pi$

02 24π cm, 48π cm^2 **03** 20π cm, 12π cm^2

04 14π cm, 12π cm^2 **05** (1) $3, 2, 6\pi$ (2) $2, 1, 3\pi$

06 16π cm, 16π cm^2

07 (1) $8, 90, 4\pi, 4, 4\pi, 8, 8\pi+8$

    (2) $8, 90, 16\pi, 4, 8\pi, 16\pi, 8\pi, 8\pi$

08 $(20\pi+20)$ cm, 50π cm^2 **09** $(2\pi+4)$ cm, 2π cm^2

10 $(3\pi+12)$ cm, $(36-9\pi)$ cm^2

11 4π cm, $(8\pi-16)$ cm^2

02 $l = 2\pi \times 8 + 2\pi \times 4$

$= 24\pi (\text{cm})$

$S = \pi \times 8^2 - \pi \times 4^2$

$= 48\pi (\text{cm}^2)$

03 $l = 2\pi \times 5 + 2\pi \times 3 + 2\pi \times 2$

$= 20\pi (\text{cm})$

$S = \pi \times 5^2 - \pi \times 3^2 - \pi \times 2^2$

$= 12\pi (\text{cm}^2)$

04 $l = \dfrac{1}{2} \times 2\pi \times 7 + \dfrac{1}{2} \times 2\pi \times 4 + \dfrac{1}{2} \times 2\pi \times 3$

$= 14\pi (\text{cm})$

$S = \dfrac{1}{2} \times \pi \times 7^2 - \dfrac{1}{2} \times \pi \times 4^2 - \dfrac{1}{2} \times \pi \times 3^2$

$= 12\pi (\text{cm}^2)$

06 $l = \dfrac{1}{2} \times 2\pi \times 8 + \dfrac{1}{2} \times 2\pi \times 6 + \dfrac{1}{2} \times 2\pi \times 2$

$= 16\pi (\text{cm})$

$S = \dfrac{1}{2} \times \pi \times 8^2 - \dfrac{1}{2} \times \pi \times 6^2 + \dfrac{1}{2} \times \pi \times 2^2$

$= 16\pi (\text{cm}^2)$

08 $l = 2\pi \times 20 \times \dfrac{90}{360} + \dfrac{1}{2} \times 2\pi \times 10 + 20$

$= 20\pi + 20 (\text{cm})$

$S = \pi \times 20^2 \times \dfrac{90}{360} - \dfrac{1}{2} \times \pi \times 10^2$

$= 50\pi (\text{cm}^2)$

09 $l = 2\pi \times 5 \times \dfrac{45}{360} + 2\pi \times 3 \times \dfrac{45}{360} + 2 \times 2$

$= 2\pi + 4 (\text{cm})$

$S = \pi \times 5^2 \times \dfrac{45}{360} - \pi \times 3^2 \times \dfrac{45}{360}$

$= 2\pi (\text{cm}^2)$

10 $l = 2\pi \times 6 \times \dfrac{90}{360} + 6 \times 2$

$\quad = 3\pi + 12 \,(\text{cm})$

$\quad S = 6^2 - \pi \times 6^2 \times \dfrac{90}{360}$

$\quad\quad = 36 - 9\pi \,(\text{cm}^2)$

11 $l = \left(2\pi \times 4 \times \dfrac{90}{360}\right) \times 2$

$\quad = 4\pi \,(\text{cm})$

$\quad S = \left(\pi \times 4^2 \times \dfrac{90}{360} - \dfrac{1}{2} \times 4 \times 4\right) \times 2$

$\quad\quad = 8\pi - 16 \,(\text{cm}^2)$

참고

---

06 현의 길이가 같으면 중심각의 크기가 같으므로

$\quad x = 30 \times 4 = 120$

07 $l = 2\pi \times 8 = 16\pi \,(\text{cm})$

$\quad S = \pi \times 8^2 = 64\pi \,(\text{cm}^2)$

08 원의 반지름의 길이가 $\dfrac{13}{2}$ cm이므로

$\quad l = 2\pi \times \dfrac{13}{2} = 13\pi \,(\text{cm})$

$\quad S = \pi \times \left(\dfrac{13}{2}\right)^2 = \dfrac{169}{4}\pi \,(\text{cm}^2)$

09 $l = 2\pi \times 6 \times \dfrac{120}{360} + 6 \times 2 = 4\pi + 12 \,(\text{cm})$

$\quad S = \pi \times 6^2 \times \dfrac{120}{360} = 12\pi \,(\text{cm}^2)$

10 $l = 4\pi + 5 \times 2 = 4\pi + 10 \,(\text{cm})$

$\quad S = \dfrac{1}{2} \times 5 \times 4\pi = 10\pi \,(\text{cm}^2)$

11 $l = \dfrac{1}{2} \times 2\pi \times 4 + \dfrac{1}{2} \times 2\pi \times 3 + \dfrac{1}{2} \times 2\pi \times 1$

$\quad = 8\pi \,(\text{cm})$

$\quad S = \dfrac{1}{2} \times \pi \times 4^2 - \dfrac{1}{2} \times \pi \times 3^2 + \dfrac{1}{2} \times \pi \times 1^2$

$\quad\quad = 4\pi \,(\text{cm}^2)$

12 $l = 2\pi \times 12 \times \dfrac{60}{360} + 2\pi \times 9 \times \dfrac{60}{360} + (12 - 9) \times 2$

$\quad = 7\pi + 6 \,(\text{cm})$

$\quad S = \pi \times 12^2 \times \dfrac{60}{360} - \pi \times 9^2 \times \dfrac{60}{360}$

$\quad\quad = \dfrac{21}{2}\pi \,(\text{cm}^2)$

10분 연산 TEST 1회

〉93쪽

01 4	**02** 160	**03** 45	**04** 6	**05** 8

06 120 **07** $l = 16\pi$ cm, $S = 64\pi$ cm²

08 $l = 13\pi$ cm, $S = \dfrac{169}{4}\pi$ cm²

09 $l = (4\pi + 12)$ cm, $S = 12\pi$ cm²

10 $l = (4\pi + 10)$ cm, $S = 10\pi$ cm²

11 $l = 8\pi$ cm, $S = 4\pi$ cm²

12 $l = (7\pi + 6)$ cm, $S = \dfrac{21}{2}\pi$ cm²

01 호의 길이는 중심각의 크기에 정비례하므로

$\quad 45° : 135° = x : 12 \qquad \therefore x = 4$

02 중심각의 크기는 호의 길이에 정비례하므로

$\quad 80° : x° = 3 : 6 \qquad \therefore x = 160$

03 중심각의 크기는 부채꼴의 넓이에 정비례하므로

$\quad 90° : x° = 8 : 4 \qquad \therefore x = 45$

04 부채꼴의 넓이는 중심각의 크기에 정비례하므로

$\quad 40° : 160° = x : 24 \qquad \therefore x = 6$

05 중심각의 크기가 같으면 현의 길이가 같으므로

$\quad x = 8$

10분 연산 TEST 2회

〉94쪽

01 10	**02** 65	**03** 40	**04** 20	**05** 7

06 135 **07** $l = 10\pi$ cm, $S = 25\pi$ cm²

08 $l = 8\pi$ cm, $S = 16\pi$ cm²

09 $l = (2\pi + 18)$ cm, $S = 9\pi$ cm²

10 $l = (5\pi + 12)$ cm, $S = 15\pi$ cm²

11 $l = 12\pi$ cm, $S = 12\pi$ cm²

12 $l = (4\pi + 16)$ cm, $S = 16\pi$ cm²

01 호의 길이는 중심각의 크기에 정비례하므로
$30° : 150° = 2 : x$ 　∴ $x=10$

02 중심각의 크기는 호의 길이에 정비례하므로
$x° : 130° = 4 : 8$ 　∴ $x=65$

03 중심각의 크기는 부채꼴의 넓이에 정비례하므로
$80° : x° = 12 : 6$ 　∴ $x=40$

04 부채꼴의 넓이는 중심각의 크기에 정비례하므로
$35° : 140° = 5 : x$ 　∴ $x=20$

05 중심각의 크기가 같으면 현의 길이가 같으므로
$x=7$

06 현의 길이가 같으면 중심각의 크기가 같으므로
$x=45 \times 3 = 135$

07 $l = 2\pi \times 5 = 10\pi$(cm)
$S = \pi \times 5^2 = 25\pi$(cm^2)

08 원의 반지름의 길이가 4 cm이므로
$l = 2\pi \times 4 = 8\pi$(cm)
$S = \pi \times 4^2 = 16\pi$(cm^2)

09 $l = 2\pi \times 9 \times \dfrac{40}{360} + 9 \times 2 = 2\pi + 18$(cm)
$S = \pi \times 9^2 \times \dfrac{40}{360} = 9\pi$(cm^2)

10 $l = 5\pi + 6 \times 2 = 5\pi + 12$(cm)
$S = \dfrac{1}{2} \times 6 \times 5\pi = 15\pi$(cm^2)

11 $l = \dfrac{1}{2} \times 2\pi \times 6 + \dfrac{1}{2} \times 2\pi \times 4 + \dfrac{1}{2} \times 2\pi \times 2$
$= 12\pi$(cm)
$S = \dfrac{1}{2} \times \pi \times 6^2 - \dfrac{1}{2} \times \pi \times 4^2 + \dfrac{1}{2} \times \pi \times 2^2$
$= 12\pi$(cm^2)

12 $l = 2\pi \times 12 \times \dfrac{45}{360} + 2\pi \times 4 \times \dfrac{45}{360} + (12-4) \times 2$
$= 4\pi + 16$(cm)
$S = \pi \times 12^2 \times \dfrac{45}{360} - \pi \times 4^2 \times \dfrac{45}{360}$
$= 16\pi$(cm^2)

스스로 개념 점검

(1) 호, $\widehat{AB}$ (2) 현 (3) 할선 (4) 부채꼴
(5) 중심각 (6) 활꼴 (7) 같다, 정비례한다
(8) 같다 (9) 정비례하지 않는다 (10) 원주율, π
(11) ① 2 ② r^2 (12) ① $2\pi r$ ② πr^2 (13) $\dfrac{1}{2}$

01 ⑤	02 ③	03 ③	04 ②	05 ②
06 ①	07 ⑤	08 ⑤	09 ①	10 ④
11 ③	12 ④	13 ⑤	14 ③	15 ⑤

16 $l = 12\pi$ cm, $S = 9\pi$ cm^2

01 ⑤ 원의 중심을 지나는 현은 항상 원의 지름이다.

02 $30° : 60° = 6 : x$ 　∴ $x=12$
$30° : y° = 6 : 9$ 　∴ $y=45$

03 원 O의 둘레의 길이를 x cm라 하면
$40° : 360° = 9 : x$ 　∴ $x=81$
따라서 구하는 원 O의 둘레의 길이는 81 cm이다.

04 $\overline{AD} /\!/ \overline{OC}$이므로
$\angle OAD = \angle BOC = 40°$ (동위각)
$\overline{OD}$를 그으면 $\overline{OA} = \overline{OD}$이므로
$\angle ODA = \angle OAD = 40°$
∴ $\angle AOD = 180° - (40° + 40°)$
$= 100°$
부채꼴의 호의 길이는 중심각의 크
기에 정비례하므로
$100° : 40° = \widehat{AD} : 6$ 　∴ $\widehat{AD} = 15$(cm)

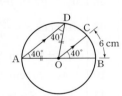

05 구하는 부채꼴의 넓이를 x cm^{2}라 하면
$100° : 20° = x : 10$ 　∴ $x=50$
따라서 구하는 부채꼴의 넓이는 50 cm^{2}이다.

06 부채꼴 AOB의 넓이를 x cm^{2}라 하면
$3 : 5 = x : 20$ 　∴ $x=12$
따라서 부채꼴 AOB의 넓이는 12 cm^{2}이다.

07 ⑤ 현의 길이는 중심각의 크기에 정비례하지 않는다.

08 ① $\overline{AB}$의 길이와 $\overline{OE}$의 길이는 같은지 알 수 없다.
② 현의 길이는 중심각의 크기에 정비례하지 않는다.
③ $\angle BOC$의 크기와 $\angle AOE$의 크기는 같은지 알 수 없다.
④ 삼각형의 넓이는 중심각의 크기에 정비례하지 않는다.
따라서 옳은 것은 ⑤이다.

09 원의 반지름의 길이를 r cm라 하면

$2\pi \times r = 16\pi$　　$\therefore r = 8$

따라서 구하는 원의 넓이는

$\pi \times 8^2 = 64\pi \, (\text{cm}^2)$

10 (부채꼴의 넓이) $= \pi \times 12^2 \times \dfrac{150}{360} = 60\pi \, (\text{cm}^2)$

11 부채꼴의 호의 길이를 l cm라 하면

$\dfrac{1}{2} \times 10 \times l = 20\pi$　　$\therefore l = 4\pi$

따라서 구하는 부채꼴의 호의 길이는 4π cm이다.

12 부채꼴의 반지름의 길이를 r cm라 하면

$\dfrac{1}{2} \times r \times 6\pi = 18\pi$　　$\therefore r = 6$

부채꼴의 중심각의 크기를 $x°$라 하면

$\pi \times 6^2 \times \dfrac{x}{360} = 18\pi$　　$\therefore x = 180$

따라서 구하는 부채꼴의 중심각의 크기는 $180°$이다.

13 (색칠한 부분의 둘레의 길이)

$= 2\pi \times 10 + 2\pi \times 5 = 30\pi \, (\text{cm})$

14 (색칠한 부분의 둘레의 길이)

$= 2\pi \times 12 \times \dfrac{120}{360} + 2\pi \times 6 \times \dfrac{120}{360} + 6 \times 2$

$= 12\pi + 12 \, (\text{cm})$

15 (색칠한 부분의 넓이) $= \left(6 \times 6 - \pi \times 6^2 \times \dfrac{90}{360}\right) \times 2$

$= 72 - 18\pi \, (\text{cm}^2)$

참고
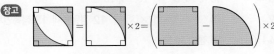

16 서술형

큰 반원의 반지름의 길이는 6 cm이고, 작은 반원의 반지름의 길이는 3 cm이다.

$l = \dfrac{1}{2} \times 2\pi \times 6 + \left(\dfrac{1}{2} \times 2\pi \times 3\right) \times 2$

　$= 12\pi \, (\text{cm})$　　　　　　……❶

$S = \dfrac{1}{2} \times \pi \times 6^2 - \left(\dfrac{1}{2} \times \pi \times 3^2\right) \times 2$

　$= 9\pi \, (\text{cm}^2)$　　　　　　……❷

채점 기준	비율
❶ 색칠한 부분의 둘레의 길이 구하기	50 %
❷ 색칠한 부분의 넓이 구하기	50 %

III. 입체도형의 성질

1　다면체와 회전체

01　기둥, 뿔, 구
102쪽

01 ㄱ, ㄹ	02 ㄴ	03 ㅂ	04 ㅁ	05 ㄷ

06	밑면의 모양	옆면의 모양	밑면의 개수	옆면의 개수
오각기둥	오각형	직사각형	2	5
오각뿔	오각형	삼각형	1	5

07 ○	08 ×	09 ○	10 ×	11 ○
12 ○				

08 기둥의 두 밑면은 서로 평행하고 합동이다.

참고 각기둥의 두 밑면은 서로 평행하고 합동인 다각형, 원기둥의 두 밑면은 서로 평행하고 합동인 원이다.

10 원기둥의 밑면의 개수는 2이다.

02　다면체
103쪽

01 ○	02 ○	03 ×	04 ×	05 ×
06 ○	07 ○	08 ×		

09			
다면체			
면의 개수	5	8	7
모서리의 개수	9	12	12
꼭짓점의 개수	6	6	7

10 5, 오	11 5, 오	12 6, 육	13 7, 칠

03 구는 곡면이 포함되어 있으므로 다면체가 아니다.

04 원기둥은 곡면이 포함되어 있으므로 다면체가 아니다.

05 오각형은 평면도형이므로 다면체가 아니다.

08 원뿔은 곡면이 포함되어 있으므로 다면체가 아니다.

03 다면체의 종류

104쪽~105쪽

01 삼각형, 삼각뿔대
02 오각형, 오각뿔대
03 육각형, 육각뿔대

04

다면체				
이름	오각기둥	오각뿔	오각뿔대	육각뿔대
옆면의 모양	직사각형	삼각형	사다리꼴	사다리꼴
면의 개수	7	6	7	8
모서리의 개수	15	10	15	18
꼭짓점의 개수	10	6	10	12

05 9, 21, 14
06 9, 16, 9
07 11, 27, 18
08 ㄱ, ㄷ, ㄹ, ㅁ
09 ㄱ, ㄷ
10 ㄷ, ㄹ
11 ㄴ, ㅂ
12 ㄱ, ㄴ, ㄷ
13 ㅁ
14 ㄱ, ㄷ, ㅂ
15 삼각기둥 / 각기둥, 삼각기둥
16 칠각뿔
17 사각뿔대

16 조건 ㈎, ㈏에서 밑면의 개수가 1이고 옆면의 모양이 삼각형
이므로 각뿔이다.
　　조건 ㈐에서 꼭짓점의 개수가 8이므로 칠각뿔이다.

17 조건 ㈎, ㈏에서 두 밑면이 서로 평행하고 옆면의 모양이
직사각형이 아닌 사다리꼴이므로 각뿔대이다.
　　조건 ㈐에서 모서리의 개수가 12이므로 사각뿔대이다.

04 정다면체

106쪽~108쪽

01

정다면체	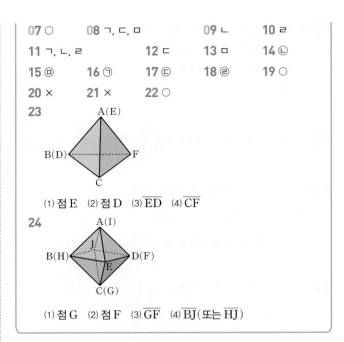				
이름	정사면체	정육면체	정팔면체	정십이면체	정이십면체
면의 모양	정삼각형	정사각형	정삼각형	정오각형	정삼각형
한 꼭짓점에 모인 면의 개수	3	3	4	3	5
면의 개수	4	6	8	12	20
꼭짓점의 개수	4	8	6	20	12
모서리의 개수	6	12	12	30	30

02 ○
03 ○
04 ×
05 ×
06 ○

07 ○
08 ㄱ, ㄷ, ㅁ
09 ㄴ
10 ㄹ
11 ㄱ, ㄴ, ㄹ
12 ㄷ
13 ㅁ
14 ⓒ
15 ⑩
16 ㉠
17 ㉢
18 ㉣
19 ○
20 ×
21 ×
22 ○

23

(1) 점 E　(2) 점 D　(3) $\overline{ED}$　(4) $\overline{CF}$

24

(1) 점 G　(2) 점 F　(3) $\overline{GF}$　(4) $\overline{BJ}$ (또는 $\overline{HJ}$)

04 정다면체는 5가지뿐이다.

05 면의 모양이 정육각형인 정다면체는 없다.
　　정다면체는 면의 모양이 정삼각형, 정사각형, 정오각형이다.

20 정육면체의 한 꼭짓점에 모인 면의 개수는 3이다.

21 정육면체의 꼭짓점의 개수는 8이다.

10분 연산 TEST 1회

109쪽

01 ㅁ, ㅇ
02 ㄱ, ㄹ, ㅅ, ㅈ
03 ㄱ, ㄴ
04 ㄷ, ㅈ
05 ㅂ, ㅅ
06 8, 14, 8
07 10, 24, 16
08 ○
09 ×
10 ○
11 ×
12 정팔면체
13 정육면체
14 $\overline{HG}$
15 점 I, 점 M

09 정다면체의 면의 모양은 정삼각형, 정사각형, 정오각형이다.

10 한 꼭짓점에 모인 면의 개수가 5인 정다면체는 정이십면체
뿐이다.

11 정사각형으로 이루어진 정다면체는 정육면체로 한 꼭짓점
에 모인 면의 개수는 3이다.

12 조건 ㈎, ㈏에서 면의 모양이 정삼각형인 정다면체이므로
정사면체, 정팔면체, 정이십면체이다.
　　조건 ㈐에서 꼭짓점의 개수가 6이므로 정팔면체이다.

13~15 주어진 전개도로 만들어지는 정다면체는 오른쪽 그림과 같은 정육면체이다.

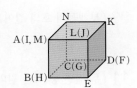

110쪽

10분 연산 TEST 2회

01 ㄴ, ㅂ **02** ㄹ, ㅅ **03** ㄷ, ㅇ **04** ㄹ, ㅈ **05** ㄱ, ㅁ
06 7, 12, 7 **07** 9, 21, 14 **08** ○ **09** ○ **10** ×
11 ○ **12** 정이십면체 **13** 정사면체 **14** 점 B
15 $\overline{AB}$

10 한 꼭짓점에 모인 면의 개수가 3인 정다면체는 정사면체, 정육면체, 정십이면체로 3가지이다.

11 정오각형으로 이루어진 정다면체는 정십이면체로 한 꼭짓점에 모인 면의 개수는 3이다.

12 조건 ㈎, ㈏에서 면의 모양이 정삼각형인 정다면체이므로 정사면체, 정팔면체, 정이십면체이다.
조건 ㈐에서 꼭짓점의 개수가 12이므로 정이십면체이다.

13~15 주어진 전개도로 만들어지는 정다면체는 오른쪽 그림과 같은 정사면체이다.

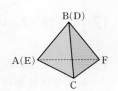

05 회전체

111쪽~112쪽

01 × **02** ○ **03** × **04** ○ **05** ×
06 ○ **07** **08**
09 **10**

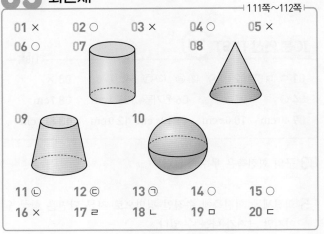

11 ㉡ **12** ㉢ **13** ㉠ **14** ○ **15** ○
16 × **17** ㄹ **18** ㄴ **19** ㅁ **20** ㄷ

16 주어진 평면도형을 직선 l을 회전축으로 하여 1회전 시킬 때 생기는 회전체는 오른쪽 그림과 같다.

06 회전체의 성질

113쪽~114쪽

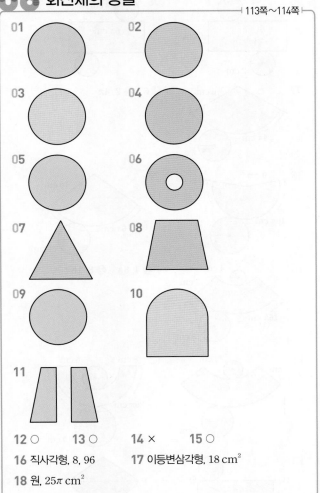

01 **02**
03 **04**
05 **06**
07 **08**
09 **10**
11
12 ○ **13** ○ **14** × **15** ○
16 직사각형, 8, 96 **17** 이등변삼각형, 18 cm²
18 원, 25π cm²

14 원뿔대를 회전축을 포함하는 평면으로 자른 단면은 사다리꼴이다.

17 단면은 밑변의 길이가 6 cm, 높이가 6 cm인 이등변삼각형이다.
따라서 구하는 넓이는 $\dfrac{1}{2} \times 6 \times 6 = 18\,(\text{cm}^2)$

참고 (삼각형의 넓이)$=\dfrac{1}{2} \times$ (밑변의 길이) $\times$ (높이)

18 단면은 반지름의 길이가 5 cm인 원이다.
따라서 구하는 넓이는 $\pi \times 5^2 = 25\pi\,(\text{cm}^2)$

참고 (원의 넓이)$=\pi \times$ (반지름의 길이)^2

07 회전체의 전개도

───── 115쪽~116쪽 ─────

01 원기둥   **02** 원뿔   **03** 원뿔대

04 / ❶ 10   ❷ 4, 8π

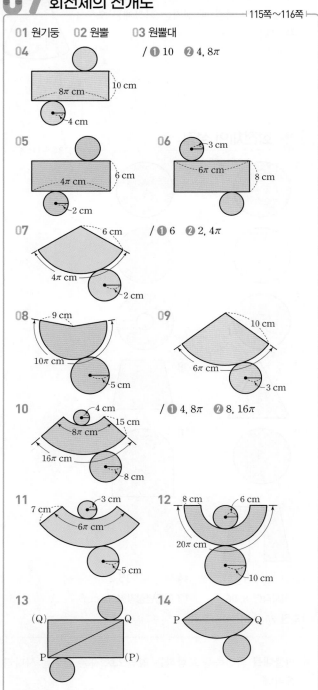

05 (직사각형의 가로의 길이)=(밑면인 원의 둘레의 길이)
$$=2\pi\times2=4\pi\,(\text{cm})$$

06 (직사각형의 가로의 길이)=(밑면인 원의 둘레의 길이)
$$=2\pi\times3=6\pi\,(\text{cm})$$

08 (부채꼴의 호의 길이)=(밑면인 원의 둘레의 길이)
$$=2\pi\times5=10\pi\,(\text{cm})$$

09 (부채꼴의 호의 길이)=(밑면인 원의 둘레의 길이)
$$=2\pi\times3=6\pi\,(\text{cm})$$

11 (두 밑면 중 작은 원의 둘레의 길이)$=2\pi\times3=6\pi\,(\text{cm})$

12 (두 밑면 중 큰 원의 둘레의 길이)$=2\pi\times10=20\pi\,(\text{cm})$

10분 연산 TEST 1회
───── 117쪽 ─────

01 ㄴ, ㄹ   **02** (1) ㉣ (2) ㉠ (3) ㉡ (4) ㉢   **03** ×
04 ×   **05** ○   **06** ○   **07** 원뿔   **08** 3 cm
09 5 cm   **10** 9π cm²   **11** 2π cm   **12** 4π cm   **13** 8 cm
14 64π cm²

03 구의 회전축은 무수히 많다.

04 원뿔대를 회전축을 포함하는 평면으로 자른 단면은 사다리꼴이다.

10 단면은 반지름의 길이가 3 cm인 원이다.
따라서 구하는 넓이는 $\pi\times3^2=9\pi\,(\text{cm}^2)$

11 $\overparen{\text{AD}}=2\pi\times1=2\pi\,(\text{cm})$

12 $\overparen{\text{BC}}=2\pi\times2=4\pi\,(\text{cm})$

13 주어진 전개도로 만들어지는 입체도형은 원뿔이다.
이때 밑면인 원의 반지름의 길이를 r cm라 하면
$2\pi\times r=16\pi$ ∴ $r=8$
따라서 구하는 반지름의 길이는 8 cm이다.

14 밑면인 원의 넓이는 $\pi\times8^2=64\pi\,(\text{cm}^2)$

10분 연산 TEST 2회
───── 118쪽 ─────

01 ㄷ, ㅁ   **02** (1) ㉡ (2) ㉣ (3) ㉠ (4) ㉢   **03** ×
04 ○   **05** ×   **06** 원기둥   **07** 4 cm   **08** 7 cm
09 40 cm²   **10** 6π cm   **11** 12π cm   **12** 9 cm   **13** 81π cm²

03 구의 회전축은 무수히 많다.

05 회전체를 회전축에 수직인 평면으로 자른 단면은 항상 원이지만 크기가 다를 수 있다.

09 단면은 밑변의 길이가 10 cm이고, 높이가 8 cm인 이등변 삼각형이다.

따라서 구하는 넓이는 $\frac{1}{2} \times 10 \times 8 = 40\,(\text{cm}^2)$

10 $\overarc{AD} = 2\pi \times 3 = 6\pi\,(\text{cm})$

11 $\overarc{BC} = 2\pi \times 6 = 12\pi\,(\text{cm})$

12 주어진 전개도로 만들어지는 입체도형은 원뿔이다.

이때 밑면인 원의 반지름의 길이를 r cm라 하면

$2\pi \times r = 18\pi$ ∴ $r = 9$

따라서 구하는 반지름의 길이는 9 cm이다.

13 밑면인 원의 넓이는 $\pi \times 9^2 = 81\pi\,(\text{cm}^2)$

학교 시험 PREVIEW

┤119쪽~120쪽├

스스로 개념 점검

(1) 다면체 (2) 각뿔대 (3) 정다면체

(4) 회전체, 회전축 (5) 원뿔대

01 ④	**02** ⑤	**03** ④	**04** ②	**05** ④
06 ③	**07** ④	**08** ⑤	**09** ③	**10** ④
11 ②	**12** ④	**13** $(6\pi + 10)$ cm		

01 다면체 : ㄱ, ㄴ, ㄹ, ㅂ, ㅅ, ㅈ

회전체 : ㄷ, ㅁ, ㅇ

따라서 다면체는 모두 6개이다.

02 각 다면체의 면의 개수는 다음과 같다.

① 사각기둥 - 6 ② 오각뿔 - 6

③ 오각뿔대 - 7 ④ 육각뿔 - 7

⑤ 육각기둥 - 8

따라서 면의 개수가 가장 많은 것은 ⑤이다.

03 ④ 삼각뿔대 - 사다리꼴

04 각 다면체의 꼭짓점의 개수는 다음과 같다.

① 직육면체 - 8 ② 사각뿔 - 5

③ 사각뿔대 - 8 ④ 사각기둥 - 8

⑤ 칠각뿔 - 8

따라서 꼭짓점의 개수가 나머지 넷과 다른 하나는 ②이다.

---

05 사각뿔대의 면의 개수는 6, 모서리의 개수는 12이므로

$a = 6,\ b = 12$

∴ $a + b = 6 + 12 = 18$

06 조건 (가), (나)에서 두 밑면이 서로 평행하고 옆면의 모양이 사다리꼴이므로 각뿔대이다.

조건 (다)에서 팔면체이므로 육각뿔대이다.

07 ② 정사면체의 꼭짓점의 개수는 4, 면의 개수도 4이다.

③ 정육면체의 모서리의 개수는 12, 정팔면체의 모서리의 개수는 12이다.

④ 한 꼭짓점에 모인 면의 개수가 3인 정다면체는 정사면체, 정육면체, 정십이면체로 3가지이다.

따라서 정다면체에 대한 설명으로 옳지 않은 것은 ④이다.

08 주어진 전개도로 만들어지는 입체도형은 정팔면체이다.

⑤ 한 꼭짓점에 모인 면의 개수는 4이다.

09 ③ 정이십면체는 다면체이다.

11 주어진 입체도형을 회전축을 포함하는 평면으로 자른 단면은 오른쪽 그림과 같은 사다리꼴이므로 구하는 넓이는

$\frac{1}{2} \times (4 + 6) \times 5 = 25\,(\text{cm}^2)$

참고 (사다리꼴의 넓이)

$= \frac{1}{2} \times \{(\text{윗변의 길이}) + (\text{아랫변의 길이})\} \times (\text{높이})$

12 ④ 회전축에 수직인 평면으로 자른 단면은 크기가 서로 다른 원이 된다.

즉, 합동이 아니다.

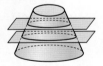

13 🖊 서술형

원뿔의 전개도는 오른쪽 그림과 같다. ⋯⋯❶

원뿔의 전개도에서 부채꼴의 호의 길이는 밑면인 원의 둘레의 길이와 같으므로

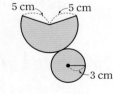

$2\pi \times 3 = 6\pi\,(\text{cm})$ ⋯⋯❷

따라서 옆면의 둘레의 길이는

$6\pi + 5 + 5 = 6\pi + 10\,(\text{cm})$ ⋯⋯❸

채점 기준	비율
❶ 전개도 그리기	30 %
❷ 전개도에서 부채꼴의 호의 길이 구하기	50 %
❸ 옆면의 둘레의 길이 구하기	20 %

2 입체도형의 겉넓이와 부피

01 기둥의 겉넓이

122쪽~124쪽

01 6, 14　(1) 6, 24　(2) 10, 14, 336　(3) 24, 336, 384

02 (1) 24 cm²　(2) 160 cm²　(3) 208 cm²

03 (1) 18 cm²　(2) 180 cm²　(3) 216 cm²　　**04** 280 cm²

05 60 cm²　**06** 360 cm²　　　　**07** 224 cm²

08 3, 3, 5　(1) 3, 9π　(2) 3, 5, 30π　(3) 9π, 30π, 48π

09 (1) 16π cm²　(2) 96π cm²　(3) 128π cm²　　**10** 78π cm²

11 36π cm²

12 4, 6　(1) 4, 90, 4π　(2) 4, 4, 2π+8　(3) 2π+8, 12π+48

　　(4) 4π, 12π+48, 20π+48

13 (1) 12π cm²　(2) (4π+12) cm　(3) (32π+96) cm²

　　(4) (56π+96) cm²

14 (24π+40) cm²

15 5, 2, 8　(1) 5, 2, 21π　(2) 5, 8, 80π　(3) 2, 8, 32π

　　(4) 21π, 80π, 32π, 154π

16 (1) 24 cm²　(2) 140 cm²　(3) 100 cm²　(4) 288 cm²

17 280π cm²

02 (1) (밑넓이)$=6 \times 4 = 24\,(\text{cm}^2)$

　　(2) (옆넓이)$=(4+6+4+6) \times 8 = 160\,(\text{cm}^2)$

　　(3) (겉넓이)$=24 \times 2 + 160 = 208\,(\text{cm}^2)$

03 (1) (밑넓이)$=\dfrac{1}{2} \times (3+6) \times 4 = 18\,(\text{cm}^2)$

　　(2) (옆넓이)$=(3+4+6+5) \times 10 = 180\,(\text{cm}^2)$

　　(3) (겉넓이)$=18 \times 2 + 180 = 216\,(\text{cm}^2)$

04 (밑넓이)$=6 \times 5 = 30\,(\text{cm}^2)$

　(옆넓이)$=(6+5+6+5) \times 10 = 220\,(\text{cm}^2)$

　∴ (겉넓이)$=30 \times 2 + 220 = 280\,(\text{cm}^2)$

05 (밑넓이)$=\dfrac{1}{2} \times 4 \times 3 = 6\,(\text{cm}^2)$

　(옆넓이)$=(4+3+5) \times 4 = 48\,(\text{cm}^2)$

　∴ (겉넓이)$=6 \times 2 + 48 = 60\,(\text{cm}^2)$

06 (밑넓이)$=\dfrac{1}{2} \times 12 \times 5 = 30\,(\text{cm}^2)$

　(옆넓이)$=(5+12+13) \times 10 = 300\,(\text{cm}^2)$

　∴ (겉넓이)$=30 \times 2 + 300 = 360\,(\text{cm}^2)$

07 (밑넓이)$=\dfrac{1}{2} \times (4+7) \times 4 = 22\,(\text{cm}^2)$

　(옆넓이)$=(4+4+7+5) \times 9 = 180\,(\text{cm}^2)$

　∴ (겉넓이)$=22 \times 2 + 180 = 224\,(\text{cm}^2)$

09 (1) (밑넓이)$=\pi \times 4^2 = 16\pi\,(\text{cm}^2)$

　　(2) (옆넓이)$=(2\pi \times 4) \times 12 = 96\pi\,(\text{cm}^2)$

　　(3) (겉넓이)$=16\pi \times 2 + 96\pi = 128\pi\,(\text{cm}^2)$

10 (밑넓이)$=\pi \times 3^2 = 9\pi\,(\text{cm}^2)$

　(옆넓이)$=(2\pi \times 3) \times 10 = 60\pi\,(\text{cm}^2)$

　∴ (겉넓이)$=9\pi \times 2 + 60\pi = 78\pi\,(\text{cm}^2)$

11 (밑넓이)$=\pi \times 2^2 = 4\pi\,(\text{cm}^2)$

　(옆넓이)$=(2\pi \times 2) \times 7 = 28\pi\,(\text{cm}^2)$

　∴ (겉넓이)$=4\pi \times 2 + 28\pi = 36\pi\,(\text{cm}^2)$

13 (1) (밑넓이)$=\pi \times 6^2 \times \dfrac{120}{360} = 12\pi\,(\text{cm}^2)$

　　(2) (옆면의 가로의 길이)

　　　$=\left(2\pi \times 6 \times \dfrac{120}{360}\right) + 6 + 6$

　　　$=4\pi + 12\,(\text{cm})$

　　(3) (옆넓이)$=(4\pi + 12) \times 8$

　　　　　　$=32\pi + 96\,(\text{cm}^2)$

　　(4) (겉넓이)$=12\pi \times 2 + (32\pi + 96)$

　　　　　　$=56\pi + 96\,(\text{cm}^2)$

> **참고** 반지름의 길이가 r, 중심각의 크기가 $x°$인 부채꼴의 호의 길이를
> l, 넓이를 S라 하면
> ① $l = 2\pi r \times \dfrac{x}{360}$
> ② $S = \pi r^2 \times \dfrac{x}{360} = \dfrac{1}{2} r l$

14 (밑넓이)$=\pi \times 2^2 \times \dfrac{180}{360} = 2\pi\,(\text{cm}^2)$

　(옆면의 가로의 길이)$=2\pi \times 2 \times \dfrac{180}{360} + 4$

　　　　　　　　　$=2\pi + 4\,(\text{cm})$

　(옆넓이)$=(2\pi + 4) \times 10 = 20\pi + 40\,(\text{cm}^2)$

　∴ (겉넓이)$=2\pi \times 2 + (20\pi + 40)$

　　　　　　$=24\pi + 40\,(\text{cm}^2)$

16 (1) (밑넓이)

　　　$=8 \times 6 - 6 \times 4 = 24\,(\text{cm}^2)$

　　(2) (바깥쪽의 옆넓이)

　　　$=(8+6+8+6) \times 5 = 140\,(\text{cm}^2)$

　　(3) (안쪽의 옆넓이)

　　　$=(6+4+6+4) \times 5 = 100\,(\text{cm}^2)$

　　(4) (구멍이 뚫린 사각기둥의 겉넓이)

　　　$=24 \times 2 + 140 + 100 = 288\,(\text{cm}^2)$

17 (밑넓이)
$=\pi\times 7^2-\pi\times 3^2=40\pi\,(\text{cm}^2)$
(바깥쪽의 옆넓이)
$=(2\pi\times 7)\times 10=140\pi\,(\text{cm}^2)$
(안쪽의 옆넓이)
$=(2\pi\times 3)\times 10=60\pi\,(\text{cm}^2)$
$\therefore$ (구멍이 뚫린 원기둥의 겉넓이)
$\quad=40\pi\times 2+140\pi+60\pi=280\pi\,(\text{cm}^2)$

02 기둥의 부피

125쪽~127쪽

01 (1) 6, 24　(2) 9　(3) 24, 9, 216
02 (1) $6\,\text{cm}^2$　(2) $4\,\text{cm}$　(3) $24\,\text{cm}^3$
03 $36\,\text{cm}^3$　　**04** $90\,\text{cm}^3$　　**05** $70\,\text{cm}^3$
06 $36\pi\,\text{cm}^3$ / 3, 9π, 4, 9π, 4, 36π　**07** $90\pi\,\text{cm}^3$
08 $125\pi\,\text{cm}^3$
09 (1) $24\pi\,\text{cm}^3$　(2) $48\pi\,\text{cm}^3$　(3) $72\pi\,\text{cm}^3$
10 (1) 3, 120, 3π　(2) 5　(3) 3π, 5, 15π
11 (1) $6\pi\,\text{cm}^2$　(2) $7\,\text{cm}$　(3) $42\pi\,\text{cm}^3$　**12** $12\pi\,\text{cm}^3$
13 (1) 4, 5, 80π　(2) 2, 5, 20π　(3) 80π, 20π, 60π
14 (1) $150\,\text{cm}^3$　(2) $54\,\text{cm}^3$　(3) $96\,\text{cm}^3$　**15** $210\pi\,\text{cm}^3$
16
　3 cm
　6 cm
17 $54\pi\,\text{cm}^2$ / 3, 9π, 3, 6, 36π, 9π, 36π, 54π
18 $54\pi\,\text{cm}^3$ / 9π, 54π　**19** (1) $130\pi\,\text{cm}^2$　(2) $200\pi\,\text{cm}^3$

02 (1) (밑넓이)$=2\times 3=6\,(\text{cm}^2)$
(2) (높이)$=4\,\text{cm}$
(3) (부피)$=6\times 4=24\,(\text{cm}^3)$

03 (밑넓이)$=\dfrac{1}{2}\times 4\times 3=6\,(\text{cm}^2)$
(높이)$=6\,\text{cm}$
$\therefore$ (부피)$=6\times 6=36\,(\text{cm}^3)$

04 (밑넓이)$=\dfrac{1}{2}\times(3+6)\times 4=18\,(\text{cm}^2)$
(높이)$=5\,\text{cm}$
$\therefore$ (부피)$=18\times 5=90\,(\text{cm}^3)$

05 (밑넓이)$=\dfrac{1}{2}\times(2+5)\times 5=\dfrac{35}{2}\,(\text{cm}^2)$
(높이)$=4\,\text{cm}$
$\therefore$ (부피)$=\dfrac{35}{2}\times 4=70\,(\text{cm}^3)$

07 (밑넓이)$=\pi\times 3^2=9\pi\,(\text{cm}^2)$
(높이)$=10\,\text{cm}$
$\therefore$ (부피)$=9\pi\times 10=90\pi\,(\text{cm}^3)$

08 (밑넓이)$=\pi\times 5^2=25\pi\,(\text{cm}^2)$
(높이)$=5\,\text{cm}$
$\therefore$ (부피)$=25\pi\times 5=125\pi\,(\text{cm}^3)$

09 (1) (밑넓이)$=\pi\times 2^2=4\pi\,(\text{cm}^2)$
$\therefore$ (부피)$=4\pi\times 6=24\pi\,(\text{cm}^3)$
(2) (밑넓이)$=\pi\times 4^2=16\pi\,(\text{cm}^2)$
$\therefore$ (부피)$=16\pi\times 3=48\pi\,(\text{cm}^3)$
(3) (입체도형의 부피)
$=$ (위쪽 원기둥의 부피)$+$(아래쪽 원기둥의 부피)
$=24\pi+48\pi=72\pi\,(\text{cm}^3)$

11 (1) (밑넓이)$=\pi\times 3^2\times\dfrac{240}{360}=6\pi\,(\text{cm}^2)$
(2) (높이)$=7\,\text{cm}$
(3) (부피)$=6\pi\times 7=42\pi\,(\text{cm}^3)$

12 (밑넓이)$=\pi\times 2^2\times\dfrac{180}{360}=2\pi\,(\text{cm}^2)$
(높이)$=6\,\text{cm}$
$\therefore$ (부피)$=2\pi\times 6=12\pi\,(\text{cm}^3)$

14 (1) (큰 사각기둥의 부피)
$=5\times 5\times 6=150\,(\text{cm}^3)$
(2) (빈 부분의 사각기둥의 부피)
$=3\times 3\times 6=54\,(\text{cm}^3)$
(3) (구멍이 뚫린 사각기둥의 부피)
$=150-54=96\,(\text{cm}^3)$

15 (큰 원기둥의 부피)
$=(\pi\times 5^2)\times 10=250\pi\,(\text{cm}^3)$
(빈 부분의 원기둥의 부피)
$=(\pi\times 2^2)\times 10=40\pi\,(\text{cm}^3)$
$\therefore$ (구멍이 뚫린 원기둥의 부피)
$=250\pi-40\pi=210\pi\,(\text{cm}^3)$

19 (1) (밑넓이)$=\pi\times 5^2=25\pi\,(\text{cm}^2)$
(옆넓이)$=(2\pi\times 5)\times 8=80\pi\,(\text{cm}^2)$
$\therefore$ (겉넓이)$=25\pi\times 2+80\pi$
$=130\pi\,(\text{cm}^2)$

　5 cm
　8 cm
(2) (부피)$=25\pi\times 8=200\pi\,(\text{cm}^3)$

03 뿔의 겉넓이

128쪽~129쪽

01 10, 8, 8 (1) 8, 8, 64 (2) 8, 4, 160 (3) 64, 160, 224
02 (1) 36 cm² (2) 96 cm² (3) 132 cm² **03** 64 cm²
04 400 cm² **05** 245 cm²
06 6, 3, 3 (1) 3, 9π (2) 6, 3, 18π (3) 9π, 18π, 27π
07 (1) 25π cm² (2) 65π cm² (3) 90π cm² **08** 12π cm²
09 36π cm² / 9, 120, 3, 3, 9, 3, 9π, 27π, 36π **10** 40π cm²
11 56π cm² / 144, 4, 10, 4, 10, 4, 16π, 40π, 56π **12** 20π cm²

02 (1) (밑넓이)$=6\times6=36\,(\text{cm}^2)$

(2) (옆넓이)$=\left(\dfrac{1}{2}\times6\times8\right)\times4=96\,(\text{cm}^2)$

(3) (겉넓이)$=36+96=132\,(\text{cm}^2)$

03 (밑넓이)$=4\times4=16\,(\text{cm}^2)$

(옆넓이)$=\left(\dfrac{1}{2}\times4\times6\right)\times4=48\,(\text{cm}^2)$

∴ (겉넓이)$=16+48=64\,(\text{cm}^2)$

04 (밑넓이)$=10\times10=100\,(\text{cm}^2)$

(옆넓이)$=\left(\dfrac{1}{2}\times10\times15\right)\times4=300\,(\text{cm}^2)$

∴ (겉넓이)$=100+300=400\,(\text{cm}^2)$

05 (밑넓이)$=7\times7=49\,(\text{cm}^2)$

(옆넓이)$=\left(\dfrac{1}{2}\times7\times14\right)\times4=196\,(\text{cm}^2)$

∴ (겉넓이)$=49+196=245\,(\text{cm}^2)$

07 (1) (밑넓이)$=\pi\times5^2=25\pi\,(\text{cm}^2)$

(2) (옆넓이)$=\dfrac{1}{2}\times13\times(2\pi\times5)=65\pi\,(\text{cm}^2)$

(3) (겉넓이)$=25\pi+65\pi=90\pi\,(\text{cm}^2)$

08 (밑넓이)$=\pi\times2^2=4\pi\,(\text{cm}^2)$

(옆넓이)$=\dfrac{1}{2}\times4\times(2\pi\times2)=8\pi\,(\text{cm}^2)$

∴ (겉넓이)$=4\pi+8\pi=12\pi\,(\text{cm}^2)$

10 밑면인 원의 반지름의 길이를 r cm라 하면

$2\pi\times6\times\dfrac{240}{360}=2\pi r$ ∴ $r=4$

따라서 원뿔의 겉넓이는

$\pi\times4^2+\dfrac{1}{2}\times6\times(2\pi\times4)=16\pi+24\pi=40\pi\,(\text{cm}^2)$

12 원뿔의 모선의 길이를 l cm라 하면

$2\pi\times l\times\dfrac{90}{360}=2\pi\times2$

∴ $l=8$

따라서 원뿔의 겉넓이는

$\pi\times2^2+\dfrac{1}{2}\times8\times(2\pi\times2)=4\pi+16\pi=20\pi\,(\text{cm}^2)$

04 뿔의 부피

130쪽~131쪽

01 (1) 4, 16 (2) 6 (3) 16, 6, 32
02 (1) 21 cm² (2) 8 cm (3) 56 cm³
03 384 cm³ **04** 20 cm³ **05** 30 cm³
06 48π cm³ / 6, 36π, 4, 36π, 4, 48π
07 8π cm³ **08** 75π cm³
09 (1) 9π cm³ (2) 12π cm³ (3) 21π cm³
10 (1) 6, 18 (2) 7 (3) 18, 7, 42
11 (1) 36 cm² (2) 9 cm (3) 108 cm³ **12** 12 cm³

02 (1) (밑넓이)$=\dfrac{1}{2}\times7\times6=21\,(\text{cm}^2)$

(2) (높이)$=8$ cm

(3) (부피)$=\dfrac{1}{3}\times21\times8=56\,(\text{cm}^3)$

03 (밑넓이)$=12\times12=144\,(\text{cm}^2)$

(높이)$=8$ cm

∴ (부피)$=\dfrac{1}{3}\times144\times8=384\,(\text{cm}^3)$

04 (밑넓이)$=\dfrac{1}{2}\times5\times4=10\,(\text{cm}^2)$

(높이)$=6$ cm

∴ (부피)$=\dfrac{1}{3}\times10\times6=20\,(\text{cm}^3)$

05 (밑넓이)$=\dfrac{1}{2}\times5\times6=15\,(\text{cm}^2)$

(높이)$=6$ cm

∴ (부피)$=\dfrac{1}{3}\times15\times6=30\,(\text{cm}^3)$

07 (밑넓이)$=\pi\times2^2=4\pi\,(\text{cm}^2)$

(높이)$=6$ cm

∴ (부피)$=\dfrac{1}{3}\times4\pi\times6=8\pi\,(\text{cm}^3)$

08 $(밑넓이)=\pi\times5^2=25\pi\,(\mathrm{cm}^2)$

$(높이)=9\,\mathrm{cm}$

$\therefore\ (부피)=\dfrac{1}{3}\times25\pi\times9=75\pi\,(\mathrm{cm}^3)$

09 (1) $(위쪽\ 원뿔의\ 부피)=\dfrac{1}{3}\times(\pi\times3^2)\times3=9\pi\,(\mathrm{cm}^3)$

(2) $(아래쪽\ 원뿔의\ 부피)=\dfrac{1}{3}\times(\pi\times3^2)\times4=12\pi\,(\mathrm{cm}^3)$

(3) $(입체도형의\ 부피)=9\pi+12\pi=21\pi\,(\mathrm{cm}^3)$

11 (1) $\triangle\mathrm{BCD}=\dfrac{1}{2}\times9\times8=36\,(\mathrm{cm}^2)$

(2) $\overline{\mathrm{CG}}=9\,\mathrm{cm}$

(3) $(부피)=\dfrac{1}{3}\times36\times9=108\,(\mathrm{cm}^3)$

12 $\triangle\mathrm{BCD}=\dfrac{1}{2}\times6\times3=9\,(\mathrm{cm}^2)$

$\overline{\mathrm{CG}}=4\,\mathrm{cm}$

$\therefore\ (부피)=\dfrac{1}{3}\times9\times4=12\,(\mathrm{cm}^3)$

10분 연산 TEST 1회

─┤132쪽├─

01 $150\,\mathrm{cm}^2$	**02** $42\pi\,\mathrm{cm}^2$
03 $(36\pi+144)\,\mathrm{cm}^2$	**04** $440\,\mathrm{cm}^3$
05 $112\pi\,\mathrm{cm}^3$	**06** $20\pi\,\mathrm{cm}^3$
07 겉넓이 : $176\pi\,\mathrm{cm}^2$, 부피 : $144\pi\,\mathrm{cm}^3$	**08** $56\,\mathrm{cm}^2$
09 $144\pi\,\mathrm{cm}^2$	**10** $16\pi\,\mathrm{cm}^2$ **11** $24\,\mathrm{cm}^3$ **12** $15\pi\,\mathrm{cm}^3$

01 $(밑넓이)=5\times5=25\,(\mathrm{cm}^2)$

$(옆넓이)=(5+5+5+5)\times5=100\,(\mathrm{cm}^2)$

$\therefore\ (겉넓이)=25\times2+100=150\,(\mathrm{cm}^2)$

02 $(밑넓이)=\pi\times3^2=9\pi\,(\mathrm{cm}^2)$

$(옆넓이)=(2\pi\times3)\times4=24\pi\,(\mathrm{cm}^2)$

$\therefore\ (겉넓이)=9\pi\times2+24\pi=42\pi\,(\mathrm{cm}^2)$

03 $(밑넓이)=\pi\times6^2\times\dfrac{60}{360}=6\pi\,(\mathrm{cm}^2)$

$(옆넓이)=\left(2\pi\times6\times\dfrac{60}{360}+6+6\right)\times12$

$\qquad=24\pi+144\,(\mathrm{cm}^2)$

$\therefore\ (겉넓이)=6\pi\times2+(24\pi+144)$

$\qquad\qquad=36\pi+144\,(\mathrm{cm}^2)$

04 $(밑넓이)=\dfrac{1}{2}\times(14+8)\times4=44\,(\mathrm{cm}^2)$

$(높이)=10\,\mathrm{cm}$

$\therefore\ (부피)=44\times10=440\,(\mathrm{cm}^3)$

05 $(밑넓이)=\pi\times4^2=16\pi\,(\mathrm{cm}^2)$

$(높이)=7\,\mathrm{cm}$

$\therefore\ (부피)=16\pi\times7=112\pi\,(\mathrm{cm}^3)$

06 $(밑넓이)=\pi\times2^2\times\dfrac{180}{360}=2\pi\,(\mathrm{cm}^2)$

$(높이)=10\,\mathrm{cm}$

$\therefore\ (부피)=2\pi\times10=20\pi\,(\mathrm{cm}^3)$

07 $(밑넓이)=\pi\times5^2-\pi\times3^2=16\pi\,(\mathrm{cm}^2)$

$(바깥쪽의\ 옆넓이)=(2\pi\times5)\times9=90\pi\,(\mathrm{cm}^2)$

$(안쪽의\ 옆넓이)=(2\pi\times3)\times9=54\pi\,(\mathrm{cm}^2)$

$\therefore\ (구멍이\ 뚫린\ 원기둥의\ 겉넓이)$

$\quad=16\pi\times2+90\pi+54\pi=176\pi\,(\mathrm{cm}^2)$

$(큰\ 원기둥의\ 부피)=(\pi\times5^2)\times9=225\pi\,(\mathrm{cm}^3)$

$(빈\ 부분의\ 원기둥의\ 부피)=(\pi\times3^2)\times9=81\pi\,(\mathrm{cm}^3)$

$\therefore\ (구멍이\ 뚫린\ 원기둥의\ 부피)$

$\quad=(큰\ 원기둥의\ 부피)-(빈\ 부분의\ 원기둥의\ 부피)$

$\quad=225\pi-81\pi=144\pi\,(\mathrm{cm}^3)$

08 $(밑넓이)=4\times4=16\,(\mathrm{cm}^2)$

$(옆넓이)=\left(\dfrac{1}{2}\times4\times5\right)\times4=40\,(\mathrm{cm}^2)$

$\therefore\ (겉넓이)=16+40=56\,(\mathrm{cm}^2)$

09 $(밑넓이)=\pi\times8^2=64\pi\,(\mathrm{cm}^2)$

$(옆넓이)=\dfrac{1}{2}\times10\times(2\pi\times8)=80\pi\,(\mathrm{cm}^2)$

$\therefore\ (겉넓이)=64\pi+80\pi=144\pi\,(\mathrm{cm}^2)$

10 밑면인 원의 반지름의 길이를 $r\,\mathrm{cm}$라 하면

$2\pi\times6\times\dfrac{120}{360}=2\pi r$

$\therefore\ r=2$

따라서 원뿔의 겉넓이는

$\pi\times2^2+\dfrac{1}{2}\times6\times(2\pi\times2)=4\pi+12\pi=16\pi\,(\mathrm{cm}^2)$

11 $(밑넓이)=3\times4=12\,(\mathrm{cm}^2)$

$(높이)=6\,\mathrm{cm}$

$\therefore\ (부피)=\dfrac{1}{3}\times12\times6=24\,(\mathrm{cm}^3)$

12 (밑넓이)$=\pi\times3^2=9\pi\,(\mathrm{cm}^2)$

(높이)$=5\,\mathrm{cm}$

$\therefore$ (부피)$=\dfrac{1}{3}\times9\pi\times5=15\pi\,(\mathrm{cm}^3)$

10분 연산 TEST 2회

┤133쪽├

01 $96\,\mathrm{cm}^2$	**02** $32\pi\,\mathrm{cm}^2$	**03** $(14\pi+24)\,\mathrm{cm}^2$
04 $120\,\mathrm{cm}^3$	**05** $80\pi\,\mathrm{cm}^3$	**06** $8\pi\,\mathrm{cm}^3$
07 겉넓이 : $154\pi\,\mathrm{cm}^2$, 부피 : $70\,\mathrm{cm}^3$		**08** $120\,\mathrm{cm}^2$
09 $70\pi\,\mathrm{cm}^2$	**10** $84\pi\,\mathrm{cm}^2$	**11** $80\,\mathrm{cm}^3$
12 $100\pi\,\mathrm{cm}^3$		

01 (밑넓이)$=4\times4=16\,(\mathrm{cm}^2)$

(옆넓이)$=(4+4+4+4)\times4=64\,(\mathrm{cm}^2)$

$\therefore$ (겉넓이)$=16\times2+64=96\,(\mathrm{cm}^2)$

02 (밑넓이)$=\pi\times2^2=4\pi\,(\mathrm{cm}^2)$

(옆넓이)$=(2\pi\times2)\times6=24\pi\,(\mathrm{cm}^2)$

$\therefore$ (겉넓이)$=4\pi\times2+24\pi=32\pi\,(\mathrm{cm}^2)$

03 (밑넓이)$=\pi\times3^2\times\dfrac{120}{360}=3\pi\,(\mathrm{cm}^2)$

(옆넓이)$=\left(2\pi\times3\times\dfrac{120}{360}+3+3\right)\times4$

$=8\pi+24\,(\mathrm{cm}^2)$

$\therefore$ (겉넓이)$=3\pi\times2+(8\pi+24)$

$=14\pi+24\,(\mathrm{cm}^2)$

04 (밑넓이)$=\dfrac{1}{2}\times(2+8)\times4=20\,(\mathrm{cm}^2)$

(높이)$=6\,\mathrm{cm}$

$\therefore$ (부피)$=20\times6=120\,(\mathrm{cm}^3)$

05 (밑넓이)$=\pi\times4^2=16\pi\,(\mathrm{cm}^2)$

(높이)$=5\,\mathrm{cm}$

$\therefore$ (부피)$=16\pi\times5=80\pi\,(\mathrm{cm}^3)$

06 (밑넓이)$=\pi\times2^2\times\dfrac{180}{360}=2\pi\,(\mathrm{cm}^2)$

(높이)$=4\,\mathrm{cm}$

$\therefore$ (부피)$=2\pi\times4=8\pi\,(\mathrm{cm}^3)$

07 (밑넓이)$=\pi\times4^2-\pi\times3^2=7\pi\,(\mathrm{cm}^2)$

(바깥쪽의 옆넓이)$=(2\pi\times4)\times10=80\pi\,(\mathrm{cm}^2)$

(안쪽의 옆넓이)$=(2\pi\times3)\times10=60\pi\,(\mathrm{cm}^2)$

$\therefore$ (구멍이 뚫린 원기둥의 겉넓이)

$=7\pi\times2+80\pi+60\pi=154\pi\,(\mathrm{cm}^2)$

(큰 원기둥의 부피)$=(\pi\times4^2)\times10=160\pi\,(\mathrm{cm}^3)$

(빈 부분의 원기둥의 부피)$=(\pi\times3^2)\times10=90\pi\,(\mathrm{cm}^3)$

$\therefore$ (구멍이 뚫린 원기둥의 부피)

$=$ (큰 원기둥의 부피)$-$(빈 부분의 원기둥의 부피)

$=160\pi-90\pi=70\pi\,(\mathrm{cm}^3)$

08 (밑넓이)$=6\times6=36\,(\mathrm{cm}^2)$

(옆넓이)$=\left(\dfrac{1}{2}\times6\times7\right)\times4=84\,(\mathrm{cm}^2)$

$\therefore$ (겉넓이)$=36+84=120\,(\mathrm{cm}^2)$

09 (밑넓이)$=\pi\times5^2=25\pi\,(\mathrm{cm}^2)$

(옆넓이)$=\dfrac{1}{2}\times9\times(2\pi\times5)=45\pi\,(\mathrm{cm}^2)$

$\therefore$ (겉넓이)$=25\pi+45\pi=70\pi\,(\mathrm{cm}^2)$

10 밑면인 원의 반지름의 길이를 $r\,\mathrm{cm}$라 하면

$2\pi\times8\times\dfrac{270}{360}=2\pi r$ $\therefore$ $r=6$

따라서 원뿔의 겉넓이는

$\pi\times6^2+\dfrac{1}{2}\times8\times(2\pi\times6)=36\pi+48\pi=84\pi\,(\mathrm{cm}^2)$

11 (밑넓이)$=6\times5=30\,(\mathrm{cm}^2)$, (높이)$=8\,\mathrm{cm}$

$\therefore$ (부피)$=\dfrac{1}{3}\times30\times8=80\,(\mathrm{cm}^3)$

12 (밑넓이)$=\pi\times5^2=25\pi\,(\mathrm{cm}^2)$, (높이)$=12\,\mathrm{cm}$

$\therefore$ (부피)$=\dfrac{1}{3}\times25\pi\times12=100\pi\,(\mathrm{cm}^3)$

05 뿔대의 겉넓이

┤134쪽~135쪽├

01 3, 5, 6, 3 (1) 3, 6, 45 (2) 3, 6, 5, 4, 90 (3) 45, 90, 135			
02 (1) $89\,\mathrm{cm}^2$ (2) $156\,\mathrm{cm}^2$ (3) $245\,\mathrm{cm}^2$			**03** $85\,\mathrm{cm}^2$
04 $194\,\mathrm{cm}^2$			
05 5, 5, 3, 6 (1) 3, 6, 45π (2) 10, 6, 5, 3, 15π, 45π			
(3) 45π, 45π, 90π			
06 (1) $5\pi\,\mathrm{cm}^2$ (2) $9\pi\,\mathrm{cm}^2$ (3) $14\pi\,\mathrm{cm}^2$			
07 $117\pi\,\mathrm{cm}^2$	**08** $34\pi\,\mathrm{cm}^2$		**09** $28\pi\,\mathrm{cm}^2$
10 $66\pi\,\mathrm{cm}^2$			

02 (1) (두 밑넓이의 합)$=5\times5+8\times8=89\,(\mathrm{cm}^2)$

(2) (옆넓이)$=\left\{\dfrac{1}{2}\times(5+8)\times6\right\}\times4=156\,(\mathrm{cm}^2)$

(3) (겉넓이)$=89+156=245\,(\mathrm{cm}^2)$

03 (두 밑넓이의 합)$=2\times2+5\times5=29\,(\mathrm{cm}^2)$

(옆넓이)$=\left\{\dfrac{1}{2}\times(2+5)\times4\right\}\times4=56\,(\mathrm{cm}^2)$

$\therefore$ (겉넓이)$=29+56=85\,(\mathrm{cm}^2)$

04 (두 밑넓이의 합)$=5\times5+7\times7=74\,(\mathrm{cm}^2)$

(옆넓이)$=\left\{\dfrac{1}{2}\times(5+7)\times5\right\}\times4=120\,(\mathrm{cm}^2)$

$\therefore$ (겉넓이)$=74+120=194\,(\mathrm{cm}^2)$

06 (1) (두 밑넓이의 합)$=\pi\times1^2+\pi\times2^2$
$\qquad\qquad\qquad\quad =\pi+4\pi=5\pi\,(\mathrm{cm}^2)$

(2) (옆넓이)$=\dfrac{1}{2}\times6\times(2\pi\times2)-\dfrac{1}{2}\times3\times(2\pi\times1)$
$\qquad\qquad =12\pi-3\pi=9\pi\,(\mathrm{cm}^2)$

(3) (겉넓이)$=5\pi+9\pi=14\pi\,(\mathrm{cm}^2)$

07 (두 밑넓이의 합)$=\pi\times3^2+\pi\times6^2$
$\qquad\qquad\qquad\quad =9\pi+36\pi=45\pi\,(\mathrm{cm}^2)$

(옆넓이)$=\dfrac{1}{2}\times16\times(2\pi\times6)-\dfrac{1}{2}\times8\times(2\pi\times3)$
$\qquad\quad =96\pi-24\pi=72\pi\,(\mathrm{cm}^2)$

$\therefore$ (겉넓이)$=45\pi+72\pi=117\pi\,(\mathrm{cm}^2)$

08 (두 밑넓이의 합)$=\pi\times1^2+\pi\times3^2$
$\qquad\qquad\qquad\quad =\pi+9\pi=10\pi\,(\mathrm{cm}^2)$

(옆넓이)$=\dfrac{1}{2}\times9\times(2\pi\times3)-\dfrac{1}{2}\times3\times(2\pi\times1)$
$\qquad\quad =27\pi-3\pi=24\pi\,(\mathrm{cm}^2)$

$\therefore$ (겉넓이)$=10\pi+24\pi=34\pi\,(\mathrm{cm}^2)$

09 (두 밑넓이의 합)$=\pi\times2^2+\pi\times3^2$
$\qquad\qquad\qquad\quad =4\pi+9\pi=13\pi\,(\mathrm{cm}^2)$

(옆넓이)$=\dfrac{1}{2}\times9\times(2\pi\times3)-\dfrac{1}{2}\times6\times(2\pi\times2)$
$\qquad\quad =27\pi-12\pi=15\pi\,(\mathrm{cm}^2)$

$\therefore$ (겉넓이)$=13\pi+15\pi=28\pi\,(\mathrm{cm}^2)$

10 (두 밑넓이의 합)$=\pi\times3^2+\pi\times5^2$
$\qquad\qquad\qquad\quad =9\pi+25\pi=34\pi\,(\mathrm{cm}^2)$

(옆넓이)$=\dfrac{1}{2}\times10\times(2\pi\times5)-\dfrac{1}{2}\times6\times(2\pi\times3)$
$\qquad\quad =50\pi-18\pi=32\pi\,(\mathrm{cm}^2)$

$\therefore$ (겉넓이)$=34\pi+32\pi=66\pi\,(\mathrm{cm}^2)$

06 뿔대의 부피

136쪽~137쪽

01 (1) 8, 128 　 (2) 4, 16 　 (3) 128, 16, 112

02 (1) $\dfrac{160}{3}\,\mathrm{cm}^3$ 　 (2) $\dfrac{20}{3}\,\mathrm{cm}^3$ 　 (3) $\dfrac{140}{3}\,\mathrm{cm}^3$ 　 **03** 56 cm³

04 104 cm³

05 (1) 6, 8, 96π 　 (2) 3, 4, 12π 　 (3) 96π, 12π, 84π

06 (1) 324π cm³ 　 (2) 12π cm³ 　 (3) 312π cm³

07 228π cm³ 　　　 **08** 252π cm³

09 6, 10 　 (1) 400π cm³ 　 (2) 50π cm³ 　 (3) 350π cm³

02 (1) (큰 각뿔의 부피)$=\dfrac{1}{3}\times(4\times4)\times10=\dfrac{160}{3}\,(\mathrm{cm}^3)$

(2) (작은 각뿔의 부피)$=\dfrac{1}{3}\times(2\times2)\times5=\dfrac{20}{3}\,(\mathrm{cm}^3)$

(3) (부피)$=\dfrac{160}{3}-\dfrac{20}{3}=\dfrac{140}{3}\,(\mathrm{cm}^3)$

03 (큰 각뿔의 부피)$=\dfrac{1}{3}\times(6\times4)\times8=64\,(\mathrm{cm}^3)$

(작은 각뿔의 부피)$=\dfrac{1}{3}\times(3\times2)\times4=8\,(\mathrm{cm}^3)$

$\therefore$ (부피)$=64-8=56\,(\mathrm{cm}^3)$

04 (큰 각뿔의 부피)$=\dfrac{1}{3}\times(6\times6)\times9=108\,(\mathrm{cm}^3)$

(작은 각뿔의 부피)$=\dfrac{1}{3}\times(2\times2)\times3=4\,(\mathrm{cm}^3)$

$\therefore$ (부피)$=108-4=104\,(\mathrm{cm}^3)$

06 (1) (큰 원뿔의 부피)$=\dfrac{1}{3}\times(\pi\times9^2)\times12=324\pi\,(\mathrm{cm}^3)$

(2) (작은 원뿔의 부피)$=\dfrac{1}{3}\times(\pi\times3^2)\times4=12\pi\,(\mathrm{cm}^3)$

(3) (부피)$=324\pi-12\pi=312\pi\,(\mathrm{cm}^3)$

07 (큰 원뿔의 부피)$=\dfrac{1}{3}\times(\pi\times9^2)\times12=324\pi\,(\mathrm{cm}^3)$

(작은 원뿔의 부피)$=\dfrac{1}{3}\times(\pi\times6^2)\times8=96\pi\,(\mathrm{cm}^3)$

$\therefore$ (부피)$=324\pi-96\pi=228\pi\,(\mathrm{cm}^3)$

08 (큰 원뿔의 부피)$=\dfrac{1}{3}\times(\pi\times8^2)\times12=256\pi\,(\mathrm{cm}^3)$

(작은 원뿔의 부피)$=\dfrac{1}{3}\times(\pi\times2^2)\times3=4\pi\,(\mathrm{cm}^3)$

$\therefore$ (부피)$=256\pi-4\pi=252\pi\,(\mathrm{cm}^3)$

09 (1) (큰 원뿔의 부피)$=\dfrac{1}{3}\times(\pi\times10^2)\times12=400\pi\,(\text{cm}^3)$

(2) (작은 원뿔의 부피)$=\dfrac{1}{3}\times(\pi\times5^2)\times6=50\pi\,(\text{cm}^3)$

(3) (부피)$=400\pi-50\pi=350\pi\,(\text{cm}^3)$

07 구의 겉넓이

138쪽~139쪽

01 $36\pi\,\text{cm}^2$ / 3, 3, 36π　**02** $64\pi\,\text{cm}^2$　　**03** $100\pi\,\text{cm}^2$

04 $144\pi\,\text{cm}^2$　　　　**05** $256\pi\,\text{cm}^2$

06 $196\pi\,\text{cm}^2$　　　　**07** $400\pi\,\text{cm}^2$

08 (1) 4, 3, 36π　(2) 3, 9π　(3) 36π, 9π, 27π

09 (1) $100\pi\,\text{cm}^2$　(2) $25\pi\,\text{cm}^2$　(3) $75\pi\,\text{cm}^2$

10 (1) $144\pi\,\text{cm}^2$　(2) $36\pi\,\text{cm}^2$　(3) $108\pi\,\text{cm}^2$

11 (1) 4, 4, 64π　(2) 4, 8π　(3) 64π, 8π, 64π

12 (1) $16\pi\,\text{cm}^2$　(2) $2\pi\,\text{cm}^2$　(3) $16\pi\,\text{cm}^2$

02 구의 반지름의 길이가 4 cm이므로
(겉넓이)$=4\pi\times4^2=64\pi\,(\text{cm}^2)$

03 구의 반지름의 길이가 5 cm이므로
(겉넓이)$=4\pi\times5^2=100\pi\,(\text{cm}^2)$

04 구의 반지름의 길이가 6 cm이므로
(겉넓이)$=4\pi\times6^2=144\pi\,(\text{cm}^2)$

05 구의 반지름의 길이가 8 cm이므로
(겉넓이)$=4\pi\times8^2=256\pi\,(\text{cm}^2)$

06 구의 반지름의 길이가 7 cm이므로
(겉넓이)$=4\pi\times7^2=196\pi\,(\text{cm}^2)$

07 구의 반지름의 길이가 10 cm이므로
(겉넓이)$=4\pi\times10^2=400\pi\,(\text{cm}^2)$

09 (1) (반지름의 길이가 5 cm인 구의 겉넓이)
$=4\pi\times5^2=100\pi\,(\text{cm}^2)$

(2) (반지름의 길이가 5 cm인 원의 넓이)
$=\pi\times5^2=25\pi\,(\text{cm}^2)$

(3) (반구의 겉넓이)$=$(구의 겉넓이)$\times\dfrac{1}{2}+$(원의 넓이)

$=100\pi\times\dfrac{1}{2}+25\pi$

$=50\pi+25\pi=75\pi\,(\text{cm}^2)$

10 (1) (반지름의 길이가 6 cm인 구의 겉넓이)
$=4\pi\times6^2=144\pi\,(\text{cm}^2)$

(2) (반지름의 길이가 6 cm인 원의 넓이)
$=\pi\times6^2=36\pi\,(\text{cm}^2)$

(3) (반구의 겉넓이)$=$(구의 겉넓이)$\times\dfrac{1}{2}+$(원의 넓이)

$=144\pi\times\dfrac{1}{2}+36\pi$

$=72\pi+36\pi=108\pi\,(\text{cm}^2)$

12 (1) (반지름의 길이가 2 cm인 구의 겉넓이)
$=4\pi\times2^2=16\pi\,(\text{cm}^2)$

(2) (반지름의 길이가 2 cm인 반원의 넓이)

$=(\pi\times2^2)\times\dfrac{1}{2}=2\pi\,(\text{cm}^2)$

(3) (입체도형의 겉넓이)

$=$(구의 겉넓이)$\times\dfrac{3}{4}+$(반원의 넓이)$\times2$

$=16\pi\times\dfrac{3}{4}+2\pi\times2$

$=12\pi+4\pi=16\pi\,(\text{cm}^2)$

08 구의 부피

140쪽~141쪽

01 $36\pi\,\text{cm}^3$ / 3, 3, 36π　　　　　**02** $288\pi\,\text{cm}^3$

03 $\dfrac{500}{3}\pi\,\text{cm}^3$　　　　　**04** $\dfrac{256}{3}\pi\,\text{cm}^3$

05 $\dfrac{128}{3}\pi\,\text{cm}^3$　　　　**06** $9\pi\,\text{cm}^3$　**07** $252\pi\,\text{cm}^3$

08 (1) $18\pi\,\text{cm}^3$　(2) $45\pi\,\text{cm}^3$　(3) $63\pi\,\text{cm}^3$

09 (1) $144\pi\,\text{cm}^3$　(2) $96\pi\,\text{cm}^3$　(3) $240\pi\,\text{cm}^3$

10 (1) $\dfrac{16}{3}\pi\,\text{cm}^3$　(2) $16\pi\,\text{cm}^3$　(3) $\dfrac{80}{3}\pi\,\text{cm}^3$

11 (1) $\dfrac{16}{3}\pi\,\text{cm}^3$　(2) $\dfrac{32}{3}\pi\,\text{cm}^3$　(3) $16\pi\,\text{cm}^3$　(4) 1 : 2 : 3

02 구의 반지름의 길이가 6 cm이므로
(부피)$=\dfrac{4}{3}\pi\times6^3=288\pi\,(\text{cm}^3)$

03 구의 반지름의 길이가 5 cm이므로
(부피)$=\dfrac{4}{3}\pi\times5^3=\dfrac{500}{3}\pi\,(\text{cm}^3)$

04 구의 반지름의 길이가 4 cm이므로
(부피)$=\dfrac{4}{3}\pi\times4^3=\dfrac{256}{3}\pi\,(\text{cm}^3)$

05 $(\text{부피})=\left(\dfrac{4}{3}\pi \times 4^3\right) \times \dfrac{1}{2}=\dfrac{128}{3}\pi\,(\text{cm}^3)$

06 $(\text{부피})=\left(\dfrac{4}{3}\pi \times 3^3\right) \times \dfrac{1}{4}=9\pi\,(\text{cm}^3)$

07 $(\text{부피})=\left(\dfrac{4}{3}\pi \times 6^3\right) \times \dfrac{7}{8}=252\pi\,(\text{cm}^3)$

08 (1) $(\text{반구의 부피})=\left(\dfrac{4}{3}\pi \times 3^3\right) \times \dfrac{1}{2}=18\pi\,(\text{cm}^3)$

   (2) $(\text{원기둥의 부피})=(\pi \times 3^2) \times 5=45\pi\,(\text{cm}^3)$

   (3) $(\text{입체도형의 부피})=(\text{반구의 부피})+(\text{원기둥의 부피})$
$$=18\pi+45\pi=63\pi\,(\text{cm}^3)$$

09 (1) $(\text{반구의 부피})=\left(\dfrac{4}{3}\pi \times 6^3\right) \times \dfrac{1}{2}=144\pi\,(\text{cm}^3)$

   (2) $(\text{원뿔의 부피})=\dfrac{1}{3} \times (\pi \times 6^2) \times 8=96\pi\,(\text{cm}^3)$

   (3) $(\text{입체도형의 부피})=(\text{반구의 부피})+(\text{원뿔의 부피})$
$$=144\pi+96\pi=240\pi\,(\text{cm}^3)$$

10 (1) $(\text{반구의 부피})=\left(\dfrac{4}{3}\pi \times 2^3\right) \times \dfrac{1}{2}=\dfrac{16}{3}\pi\,(\text{cm}^3)$

   (2) $(\text{원기둥의 부피})=(\pi \times 2^2) \times 4=16\pi\,(\text{cm}^3)$

   (3) (입체도형의 부피)
$$=(\text{반구의 부피}) \times 2+(\text{원기둥의 부피})$$
$$=\dfrac{16}{3}\pi \times 2+16\pi=\dfrac{80}{3}\pi\,(\text{cm}^3)$$

11 (1) $(\text{원뿔의 부피})=\dfrac{1}{3} \times (\pi \times 2^2) \times 4=\dfrac{16}{3}\pi\,(\text{cm}^3)$

   (2) $(\text{구의 부피})=\dfrac{4}{3}\pi \times 2^3=\dfrac{32}{3}\pi\,(\text{cm}^3)$

   (3) $(\text{원기둥의 부피})=(\pi \times 2^2) \times 4=16\pi\,(\text{cm}^3)$

   (4) $(\text{원뿔의 부피}) : (\text{구의 부피}) : (\text{원기둥의 부피})$
$$=\dfrac{16}{3}\pi : \dfrac{32}{3}\pi : 16\pi$$
$$=1 : 2 : 3$$

10분 연산 TEST 1회

142쪽

01 $320\,\text{cm}^2$ 02 $360\pi\,\text{cm}^2$ 03 $112\,\text{cm}^3$

04 $105\pi\,\text{cm}^3$

05 겉넓이 : $100\pi\,\text{cm}^2$, 부피 : $\dfrac{500}{3}\pi\,\text{cm}^3$ 06 $48\pi\,\text{cm}^2$

07 $36\pi\,\text{cm}^3$ 08 $36\pi\,\text{cm}^3$ 09 $\dfrac{224}{3}\pi\,\text{cm}^3$

---

01 $(\text{두 밑넓이의 합})=4 \times 4+8 \times 8=80\,(\text{cm}^2)$

   $(\text{옆넓이})=\left\{\dfrac{1}{2} \times (4+8) \times 10\right\} \times 4=240\,(\text{cm}^2)$

   $\therefore (\text{겉넓이})=80+240=320\,(\text{cm}^2)$

02 $(\text{두 밑넓이의 합})=\pi \times 6^2+\pi \times 12^2=180\pi\,(\text{cm}^2)$

   $(\text{옆넓이})=\dfrac{1}{2} \times 20 \times (2\pi \times 12)-\dfrac{1}{2} \times 10 \times (2\pi \times 6)$
$$=240\pi-60\pi=180\pi\,(\text{cm}^2)$$

   $\therefore (\text{겉넓이})=180\pi+180\pi=360\pi\,(\text{cm}^2)$

03 $(\text{큰 각뿔의 부피})=\dfrac{1}{3} \times (8 \times 8) \times 6=128\,(\text{cm}^3)$

   $(\text{작은 각뿔의 부피})=\dfrac{1}{3} \times (4 \times 4) \times 3=16\,(\text{cm}^3)$

   $\therefore (\text{부피})=128-16=112\,(\text{cm}^3)$

04 $(\text{큰 원뿔의 부피})=\dfrac{1}{3} \times (\pi \times 6^2) \times 10=120\pi\,(\text{cm}^3)$

   $(\text{작은 원뿔의 부피})=\dfrac{1}{3} \times (\pi \times 3^2) \times 5=15\pi\,(\text{cm}^3)$

   $\therefore (\text{부피})=120\pi-15\pi=105\pi\,(\text{cm}^3)$

05 구의 반지름의 길이가 $5\,\text{cm}$이므로
   $(\text{겉넓이})=4\pi \times 5^2=100\pi\,(\text{cm}^2)$

   $(\text{부피})=\dfrac{4}{3}\pi \times 5^3=\dfrac{500}{3}\pi\,(\text{cm}^3)$

06 $(\text{반구의 겉넓이})=(4\pi \times 4^2) \times \dfrac{1}{2}+\pi \times 4^2$
$$=32\pi+16\pi=48\pi\,(\text{cm}^2)$$

07 주어진 평면도형을 직선 l을 회전축으로 하여 1회전 시킬 때 생기는 입체도형은 오른쪽 그림과 같이 반지름의 길이가 $3\,\text{cm}$인 구이다.

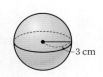

   $\therefore (\text{구의 부피})=\dfrac{4}{3}\pi \times 3^3=36\pi\,(\text{cm}^3)$

08 $(\text{부피})=\left(\dfrac{4}{3}\pi \times 6^3\right) \times \dfrac{1}{8}=36\pi\,(\text{cm}^3)$

09 $(\text{반구의 부피})=\left(\dfrac{4}{3}\pi \times 4^3\right) \times \dfrac{1}{2}=\dfrac{128}{3}\pi\,(\text{cm}^3)$

   $(\text{원기둥의 부피})=(\pi \times 4^2) \times 2=32\pi\,(\text{cm}^3)$

   $\therefore (\text{입체도형의 부피})=\dfrac{128}{3}\pi+32\pi=\dfrac{224}{3}\pi\,(\text{cm}^3)$

10분 연산 TEST 2회

143쪽

01 68 cm² 　02 152π cm² 　　03 84 cm³

04 76π cm³

05 겉넓이 : 64π cm², 부피 : $\frac{256}{3}\pi$ cm³

06 147π cm² 　　　　07 $\frac{500}{3}\pi$ cm³

08 $\frac{9}{2}\pi$ cm³ 　　　　09 288π cm³

01 (두 밑넓이의 합)=2×2+4×4=20 (cm²)

(옆넓이)=$\left\{\frac{1}{2}\times(2+4)\times4\right\}\times4=48$ (cm²)

∴ (겉넓이)=20+48=68 (cm²)

02 (두 밑넓이의 합)=$\pi\times4^2+\pi\times8^2=80\pi$ (cm²)

(옆넓이)=$\frac{1}{2}\times12\times(2\pi\times8)-\frac{1}{2}\times6\times(2\pi\times4)$

　　　　=96π−24π=72π (cm²)

∴ (겉넓이)=80π+72π=152π (cm²)

03 (큰 각뿔의 부피)=$\frac{1}{3}\times(6\times6)\times8=96$ (cm³)

(작은 각뿔의 부피)=$\frac{1}{3}\times(3\times3)\times4=12$ (cm³)

∴ (부피)=96−12=84 (cm³)

04 (큰 원뿔의 부피)=$\frac{1}{3}\times(\pi\times6^2)\times9=108\pi$ (cm³)

(작은 원뿔의 부피)=$\frac{1}{3}\times(\pi\times4^2)\times6=32\pi$ (cm³)

∴ (부피)=108π−32π=76π (cm³)

05 구의 반지름의 길이가 4 cm이므로

(겉넓이)=$4\pi\times4^2=64\pi$ (cm²)

(부피)=$\frac{4}{3}\pi\times4^3=\frac{256}{3}\pi$ (cm³)

06 (반구의 겉넓이)=$(4\pi\times7^2)\times\frac{1}{2}+\pi\times7^2$

　　　　　　　　　=98π+49π=147π (cm²)

07 주어진 평면도형을 직선 l을 회전축으로 하여 1회전 시킬 때 생기는 입체도형은 오른쪽 그림과 같이 반지름의 길이가 5 cm인 구이다.

∴ (구의 부피)=$\frac{4}{3}\pi\times5^3=\frac{500}{3}\pi$ (cm³)

08 (부피)=$\left(\frac{4}{3}\pi\times3^3\right)\times\frac{1}{8}=\frac{9}{2}\pi$ (cm³)

09 (반구의 부피)=$\left(\frac{4}{3}\pi\times6^3\right)\times\frac{1}{2}=144\pi$ (cm³)

(원기둥의 부피)=$(\pi\times6^2)\times4=144\pi$ (cm³)

∴ (입체도형의 부피)=144π+144π=288π (cm³)

학교 시험 PREVIEW

144쪽~145쪽

스스로 개념 점검

(1) 2 　　(2) 높이 　　(3) 옆넓이 　　(4) $\frac{1}{3}$

(5) 4, $\frac{4}{3}$

01 ③	02 ④	03 ③	04 ③	05 ①
06 ⑤	07 ③	08 ④	09 ②	10 ③
11 ⑤	12 ②	13 6 cm		

01 (겉넓이)=$\left(\frac{1}{2}\times12\times5\right)\times2+(12+13+5)\times12$

　　　　=60+360=420 (cm²)

02 (겉넓이)=$(\pi\times3^2)\times2+(2\pi\times3)\times8$

　　　　=18π+48π=66π (cm²)

03 (옆넓이)=$\left\{(2\pi\times2)\times\frac{1}{2}+4\right\}\times5$

　　　　=10π+20 (cm²)

04 전개도로 만들어지는 입체도형은 오른쪽 그림과 같으므로

(부피)=$\left\{\frac{1}{2}\times(3+6)\times4\right\}\times6$

　　　=18×6=108 (cm³)

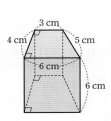

05 (밑넓이)=$\pi\times3^2\times\frac{120}{360}=3\pi$ (cm²)

∴ (부피)=3π×4=12π (cm³)

06 주어진 직사각형을 직선 l을 회전축으로 하여 1회전 시킬 때 생기는 입체도형은 오른쪽 그림과 같다.

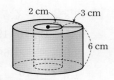

∴ (구멍이 뚫린 원기둥의 부피)
= (큰 원기둥의 부피) − (빈 부분의 원기둥의 부피)
= $(\pi \times 5^2 \times 6) - (\pi \times 2^2 \times 6)$
= $150\pi - 24\pi = 126\pi \, (\text{cm}^3)$

07 (겉넓이) = $10 \times 10 + \left(\dfrac{1}{2} \times 10 \times 13\right) \times 4$
$\qquad = 100 + 260 = 360 \, (\text{cm}^2)$

08 밑면인 원의 반지름의 길이를 r cm라 하면
$2\pi \times 12 \times \dfrac{150}{360} = 2\pi r$
∴ $r = 5$
따라서 원뿔의 겉넓이는
$\pi \times 5^2 + \dfrac{1}{2} \times 12 \times (2\pi \times 5) = 25\pi + 60\pi = 85\pi \, (\text{cm}^2)$

09 원뿔의 높이를 h cm라 하면
$\dfrac{1}{3} \times (\pi \times 3^2) \times h = 12\pi$
$3h = 12$ ∴ $h = 4$
따라서 구하는 원뿔의 높이는 4 cm이다.

10 (겉넓이) = $(3 \times 3 + 6 \times 6) + \left\{\dfrac{1}{2} \times (3+6) \times 4\right\} \times 4$
$\qquad = 45 + 72 = 117 \, (\text{cm}^2)$

11 (겉넓이) = $(4\pi \times 6^2) \times \dfrac{7}{8} + \left(\pi \times 6^2 \times \dfrac{1}{4}\right) \times 3$
$\qquad = 126\pi + 27\pi = 153\pi \, (\text{cm}^2)$

12 (부피) = $\dfrac{1}{3} \times (\pi \times 3^2) \times 4 + \left(\dfrac{4}{3}\pi \times 3^3\right) \times \dfrac{1}{2}$
$\qquad = 12\pi + 18\pi = 30\pi \, (\text{cm}^3)$

13 서술형

(구의 부피) = $\dfrac{4}{3}\pi \times 6^3 = 288\pi \, (\text{cm}^3)$ ······❶

원뿔의 높이를 h cm라 하면
$\dfrac{1}{3} \times (\pi \times 12^2) \times h = 288\pi$ ······❷

$48h = 288$ ∴ $h = 6$
따라서 구하는 원뿔의 높이는 6 cm이다. ······❸

채점 기준	비율
❶ 구의 부피 구하기	40 %
❷ 원뿔의 높이를 h cm라 하고 식 세우기	40 %
❸ 원뿔의 높이 구하기	20 %

Ⅳ. 자료의 정리와 해석

1 자료의 정리와 해석

01 대푯값과 평균

02 (평균) = $\dfrac{4+5+8+13+15}{5}$
$\qquad = \dfrac{45}{5} = 9$

03 (평균) = $\dfrac{10+30+20+40+50+60}{6}$
$\qquad = \dfrac{210}{6} = 35$

04 (평균) = $\dfrac{12+13+14+24+37}{5}$
$\qquad = \dfrac{100}{5} = 20$

05 (평균) = $\dfrac{8+11+19+12+21+7+20}{7}$
$\qquad = \dfrac{98}{7} = 14$

07 (평균) = $\dfrac{x+5+8+4+7}{5} = 6$이므로
$x+5+8+4+7 = 30$
$x+24 = 30$
∴ $x = 6$

08 (평균) = $\dfrac{5+8+10+14+x}{5} = 10$이므로
$5+8+10+14+x = 50$
$37+x = 50$
∴ $x = 13$

09 (평균) = $\dfrac{20+12+x+15+18+19}{6} = 18$이므로
$20+12+x+15+18+19 = 108$
$84+x = 108$
∴ $x = 24$

02 중앙값

151쪽~152쪽

01 8 / 8, 8, 9, 8		02 4	03 6	04 10
05 16	06 20	07 30	08 6 / 5, 7, 8, 9, 5, 7, 6	
09 30	10 6	11 14	12 15	13 20
14 5 / 2, 12, 5		15 10	16 6	17 7
18 16				

02 변량을 작은 값부터 크기순으로 나열하면
1, 2, 4, 5, 6
변량의 개수가 5이므로 중앙값은 3번째 변량인 4이다.

03 변량을 작은 값부터 크기순으로 나열하면
2, 4, 6, 8, 10
변량의 개수가 5이므로 중앙값은 3번째 변량인 6이다.

04 변량을 작은 값부터 크기순으로 나열하면
8, 9, 10, 12, 13
변량의 개수가 5이므로 중앙값은 3번째 변량인 10이다.

05 변량을 작은 값부터 크기순으로 나열하면
7, 12, 13, 16, 16, 18, 19
변량의 개수가 7이므로 중앙값은 4번째 변량인 16이다.

06 변량을 작은 값부터 크기순으로 나열하면
11, 14, 15, 20, 21, 22, 26
변량의 개수가 7이므로 중앙값은 4번째 변량인 20이다.

07 변량을 작은 값부터 크기순으로 나열하면
10, 10, 20, 30, 30, 50, 60
변량의 개수가 7이므로 중앙값은 4번째 변량인 30이다.

09 변량을 작은 값부터 크기순으로 나열하면
20, 24, 36, 45
변량의 개수가 4이므로 중앙값은 2번째와 3번째 변량의 평균인 $\dfrac{24+36}{2}=30$

10 변량을 작은 값부터 크기순으로 나열하면
2, 4, 5, 7, 8, 9
변량의 개수가 6이므로 중앙값은 3번째와 4번째 변량의 평균인 $\dfrac{5+7}{2}=6$

11 변량을 작은 값부터 크기순으로 나열하면
6, 11, 12, 16, 19, 20
변량의 개수가 6이므로 중앙값은 3번째와 4번째 변량의 평균인 $\dfrac{12+16}{2}=14$

12 변량을 작은 값부터 크기순으로 나열하면
12, 13, 15, 15, 19, 26
변량의 개수가 6이므로 중앙값은 3번째와 4번째 변량의 평균인 $\dfrac{15+15}{2}=15$

13 변량을 작은 값부터 크기순으로 나열하면
10, 10, 20, 20, 20, 30, 40, 50
변량의 개수가 8이므로 중앙값은 4번째와 5번째 변량의 평균인 $\dfrac{20+20}{2}=20$

15 (중앙값)$=\dfrac{6+x}{2}=8$이므로
$6+x=16$ $\therefore x=10$

16 (중앙값)$=\dfrac{x+8}{2}=7$이므로
$x+8=14$ $\therefore x=6$

17 (중앙값)$=\dfrac{x+9}{2}=8$이므로
$x+9=16$ $\therefore x=7$

18 (중앙값)$=\dfrac{12+x}{2}=14$이므로
$12+x=28$ $\therefore x=16$

03 최빈값

153쪽~154쪽

01 2 / 2, 2	02 5	03 16, 17	04 20, 30, 40
05 A형	06 축구	07 독서, 춤	08 17초	09 20초
10 21초	11 76점	12 77점	13 78점	14 17회
15 15회	16 9회, 15회		17 8점	18 8점
19 8점	20 3편	21 3편	22 2편	23 3권
24 3권	25 4권			

02 5가 2개, 4, 6, 7, 8, 11이 각각 1개이므로 자료에서 가장 많이 나타나는 값은 5이다.
따라서 최빈값은 5이다.

03 16이 2개, 17이 2개, 19가 1개이므로 자료에서 가장 많이 나타나는 값은 16, 17이다.
따라서 최빈값은 16, 17이다.

04 20이 2개, 30이 2개, 40이 2개, 10, 50, 60이 각각 1개이므로 자료에서 가장 많이 나타나는 값은 20, 30, 40이다.
따라서 최빈값은 20, 30, 40이다.

05 A형의 도수가 7명으로 가장 크므로 최빈값은 A형이다.

06 축구의 도수가 8명으로 가장 크므로 최빈값은 축구이다.

07 독서와 춤의 도수가 각각 9명으로 가장 크므로 최빈값은 독서, 춤이다.

08 $(평균) = \dfrac{17+21+21+15+1+24+20}{7}$
$= \dfrac{119}{7} = 17(초)$

09 변량을 작은 값부터 크기순으로 나열하면
1, 15, 17, 20, 21, 21, 24
변량의 개수가 7이므로 중앙값은 4번째 변량인 20초이다.

10 21이 2개, 1, 15, 17, 20, 24가 각각 1개이므로 자료에서 가장 많이 나타나는 값은 21이다.
따라서 최빈값은 21초이다.

11 $(평균) = \dfrac{60+78+82+65+88+69+70+94+76+78}{10}$
$= \dfrac{760}{10} = 76(점)$

12 변량을 작은 값부터 크기순으로 나열하면
60, 65, 69, 70, 76, 78, 78, 82, 88, 94
변량의 개수가 10이므로 중앙값은 5번째와 6번째 변량의 평균인 $\dfrac{76+78}{2} = 77(점)$

13 78이 2개, 60, 65, 69, 70, 76, 82, 88, 94가 각각 1개이므로 자료에서 가장 많이 나타나는 값은 78이다.
따라서 최빈값은 78점이다.

14 $(평균) = \dfrac{10+28+9+8+15+9+33+15+26}{9}$
$= \dfrac{153}{9} = 17(회)$

15 변량을 작은 값부터 크기순으로 나열하면
8, 9, 9, 10, 15, 15, 26, 28, 33
변량의 개수가 9이므로 중앙값은 5번째 변량인 15회이다.

16 9가 2개, 15가 2개, 8, 10, 26, 28, 33이 각각 1개이므로 자료에서 가장 많이 나타나는 값은 9, 15이다.
따라서 최빈값은 9회, 15회이다.

17 $(평균) = \dfrac{6 \times 1 + 7 \times 1 + 8 \times 4 + 9 \times 1 + 10 \times 1}{8}$
$= \dfrac{64}{8} = 8(점)$

18 변량을 작은 값부터 크기순으로 나열하면
6, 7, 8, 8, 8, 8, 9, 10
변량의 개수가 8이므로 중앙값은 4번째와 5번째 변량의 평균인 $\dfrac{8+8}{2} = 8(점)$

19 8점의 도수가 4명으로 가장 크므로 최빈값은 8점이다.

20 $(평균) = \dfrac{1 \times 1 + 2 \times 3 + 3 \times 2 + 4 \times 1 + 5 \times 2}{9}$
$= \dfrac{27}{9} = 3(편)$

21 변량을 작은 값부터 크기순으로 나열하면
1, 2, 2, 2, 3, 3, 4, 5, 5
변량의 개수가 9이므로 중앙값은 5번째 변량인 3편이다.

22 2편의 도수가 3명으로 가장 크므로 최빈값은 2편이다.

23 $(평균) = \dfrac{1 \times 4 + 2 \times 4 + 3 \times 3 + 4 \times 6 + 5 \times 3}{20}$
$= \dfrac{60}{20} = 3(권)$

24 변량을 작은 값부터 크기순으로 나열하면
1, 1, 1, 1, 2, 2, 2, 2, 3, 3, 3, 4, 4, 4, 4, 4, 4, 5, 5, 5
변량의 개수가 20이므로 중앙값은 10번째와 11번째 변량의 평균인 $\dfrac{3+3}{2} = 3(권)$

25 4권의 도수가 6명으로 가장 크므로 최빈값은 4권이다.

└ 155쪽 ┤

01 9	02 19	03 6	04 6.5	05 24
06 6, 8	07 특별상	08 25	09 20	10 15
11 19회	12 23회			

01 (평균)$=\dfrac{10+12+9+6+8}{5}$

$\quad\quad\quad=\dfrac{45}{5}=9$

02 (평균)$=\dfrac{2+8+x+4+6+9}{6}=8$이므로

$2+8+x+4+6+9=48$

$29+x=48$ $\quad\therefore x=19$

03 변량을 작은 값부터 크기순으로 나열하면

3, 4, 6, 8, 9

변량의 개수가 5이므로 중앙값은 3번째 변량인 6이다.

04 변량을 작은 값부터 크기순으로 나열하면

5, 6, 6, 7, 8, 9

변량의 개수가 6이므로 중앙값은 3번째와 4번째 변량의 평

균인 $\dfrac{6+7}{2}=\dfrac{13}{2}=6.5$

05 (중앙값)$=\dfrac{20+x}{2}=22$이므로

$20+x=44$ $\quad\therefore x=24$

06 변량을 작은 값부터 크기순으로 나열하면

3, 5, 6, 6, 8, 8, 9

6이 2개, 8이 2개, 3, 5, 9가 각각 1개이므로 자료에서 가

장 많이 나타나는 값은 6, 8이다.

따라서 최빈값은 6, 8이다.

07 특별상의 도수가 9점으로 가장 크므로 최빈값은 특별상이다.

08 (평균)$=\dfrac{35+20+25+15+15+15+50}{7}$

$\quad\quad\quad=\dfrac{175}{7}=25$

09 변량을 작은 값부터 크기순으로 나열하면

15, 15, 15, 20, 25, 35, 50

변량의 개수가 7이므로 중앙값은 4번째 변량인 20이다.

10 15가 3개, 20, 25, 35, 50이 각각 1개이므로 자료에서 가

장 많이 나타나는 값은 15이다.

따라서 최빈값은 15이다.

11 변량을 작은 값부터 크기순으로 나열하면

8, 12, 14, 16, 18, 20, 20, 23, 23, 23

변량의 개수가 10이므로 중앙값은 5번째와 6번째 변량의

평균인 $\dfrac{18+20}{2}=19$(회)

12 23이 3개, 20이 2개, 8, 12, 14, 16, 18이 각각 1개이므로

자료에서 가장 많이 나타나는 값은 23이다.

따라서 최빈값은 23회이다.

└ 156쪽 ┤

01 20	02 15	03 6	04 37	05 26
06 3, 4	07 3명	08 16	09 15	10 15
11 12권	12 16권			

01 (평균)$=\dfrac{13+15+24+36+12}{5}$

$\quad\quad\quad=\dfrac{100}{5}=20$

02 (평균)$=\dfrac{4+12+x+6+10+13}{6}=10$이므로

$4+12+x+6+10+13=60$

$45+x=60$ $\quad\therefore x=15$

03 변량을 작은 값부터 크기순으로 나열하면

2, 3, 6, 12, 15

변량의 개수가 5이므로 중앙값은 3번째 변량인 6이다.

04 변량을 작은 값부터 크기순으로 나열하면

16, 23, 33, 41, 50, 52

변량의 개수가 6이므로 중앙값은 3번째와 4번째 변량의 평

균인 $\dfrac{33+41}{2}=\dfrac{74}{2}=37$

05 (중앙값)$=\dfrac{24+x}{2}=25$이므로

$24+x=50$ $\quad\therefore x=26$

06 변량을 작은 값부터 크기순으로 나열하면

1, 2, 3, 3, 4, 4, 5

3이 2개, 4가 2개, 1, 2, 5가 각각 1개이므로 자료에서 가

장 많이 나타나는 값은 3, 4이다.

따라서 최빈값은 3, 4이다.

07 3명의 도수가 10명으로 가장 크므로 최빈값은 3명이다.

08 $(평균)=\dfrac{12+23+15+22+15+14+11}{7}$

$=\dfrac{112}{7}=16$

09 변량을 작은 값부터 크기순으로 나열하면
11, 12, 14, 15, 15, 22, 23
변량의 개수가 7이므로 중앙값은 4번째 변량인 15이다.

10 15가 2개, 11, 12, 14, 22, 23이 각각 1개이므로 자료에서
가장 많이 나타나는 값은 15이다.
따라서 최빈값은 15이다.

11 변량을 작은 값부터 크기순으로 나열하면
5, 7, 10, 11, 11, 13, 16, 16, 16, 23
변량의 개수가 10이므로 중앙값은 5번째와 6번째 변량의
평균인 $\dfrac{11+13}{2}=12(권)$

12 16이 3개, 11이 2개, 5, 7, 10, 13, 23이 각각 1개이므로
자료에서 가장 많이 나타나는 값은 16이다.
따라서 최빈값은 16권이다.

04 줄기와 잎 그림 그리기
ㅓ157쪽ㅏ

01 십, 일　　**02** 1, 2, 3, 4　　**03** 7, 0, 6, 3, 4, 5

04 줄기, 잎　　**05** 1, 2, 3, 4

06

줄기	잎					
1	2	7				
2	5	5	6	7	9	
3	0	1	2	2	3	6
4	1	1	3			

05 줄기와 잎 그림 이해하기
ㅓ158쪽ㅏ

01 15개 / 4, 6, 15　　**02** 1, 1, 2, 6, 7, 8　　**03** 5

04 4개　　**05** 63 g　　**06** 20명　　**07** 6　　**08** 7명

09 33점　　**10** 89점

06 전체 학생 수는 잎의 총 개수와 같으므로
3+5+8+4=20(명)

09 점수가 가장 높은 학생의 점수는 95점이고, 가장 낮은 학생
의 점수는 62점이므로 구하는 차는
95-62=33(점)

06 도수분포표 만들기
ㅓ159쪽ㅏ

01

국어 점수(점)		학생 수(명)
60 이상 ~ 70 미만	//	2
70 ~ 80	////	4
80 ~ 90	/	1
90 ~ 100	/	1
합계		8

02

키(cm)		학생 수(명)
155 이상 ~ 160 미만	////	4
160 ~ 165	卌	5
165 ~ 170	////	4
170 ~ 175	///	3
합계		16

03

기록(회)	학생 수(명)
0 이상 ~ 10 미만	3
10 ~ 20	4
20 ~ 30	6
30 ~ 40	8
40 ~ 50	3
합계	24

04

사용량(GB)	학생 수(명)
0 이상 ~ 1 미만	2
1 ~ 2	10
2 ~ 3	4
합계	16

07 도수분포표 이해하기
ㅓ160쪽~161쪽ㅏ

01 2개 / 2, 6, 2　　**02** 4　　**03** 30명 / 14, 4, 30

04 4명　　**05** 2개 이상 4개 미만　　**06** 4개 이상 6개 미만

07 5세　　**08** 6　　**09** 17명 / 10, 7, 10, 7, 17

10 45세 이상 50세 미만 / 1, 7, 45, 50　　**11** 10 / 7, 5, 10

12 16명　　**13** 4　　**14** 5명　　**15** 17초 이상 18초 미만

16 7명　　**17** 28 % / 7, 7, 28　　**18** 12　　**19** 21명

20 70 %

07 $30-25=35-30=\cdots=55-50=5$(세)

12 $10+5+1=16$(명)

13 전체 학생이 20명이므로
$1+A+10+3+2=20$
$\therefore A=20-(1+10+3+2)=4$

14 $1+4=5$(명)

다른 풀이
$20-(10+3+2)=5$(명)

15 기록이 16초 이상 17초 미만인 학생은 1명,
기록이 17초 이상 18초 미만인 학생은 4명이므로
달리기 기록이 3번째로 빠른 학생이 속하는 계급은
17초 이상 18초 미만이다.

18 전체 회원이 30명이므로
$3+A+9+4+2=30$
$\therefore A=30-(3+9+4+2)=12$

19 $12+9=21$(명)

20 전체 회원은 30명이고, 찍은 사진이 60장 이상 80장 미만인 회원은 21명이므로
$\dfrac{21}{30}\times100=70$(%)

08 히스토그램 그리기
163쪽~164쪽

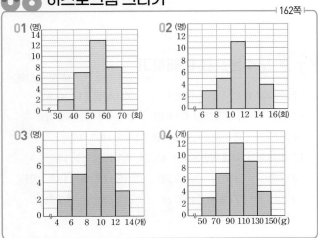

09 히스토그램 이해하기
163쪽~164쪽

01 4회 / 9, 21, 4	**02** 5	**03** 30명 / 9, 2, 30
04 9명	**05** 30 %	**06** 20분	**07** 5	**08** 25명
09 10명	**10** 40 %	**11** ○	**12** ×	**13** ×
14 ○	**15** ×	**16** ○	**17** 20개
18 180 / 9, 20, 9, 180	**19** 30명	**20** 600 / 20, 30, 600
21 10세	**22** 40	**23** 50명	**24** 500

05 전체 학생은 30명이고, 영화 관람 횟수가 13회 이상 17회 미만인 학생은 9명이므로
$\dfrac{9}{30}\times100=30$(%)

06 $30-10=50-30=\cdots=110-90=20$(분)

08 $2+4+10+6+3=25$(명)

09 도수가 가장 큰 계급은 50분 이상 70분 미만으로 구하는 계급의 도수는 10명이다.

10 전체 학생은 25명이고, 도수가 가장 큰 계급에 속하는 학생은 10명이므로
$\dfrac{10}{25}\times100=40$(%)

11 $10-5=15-10=\cdots=30-25=5$(회)

12 계급의 개수는 5이다.

13 도수가 가장 작은 계급은 5회 이상 10회 미만이다.

14 $8+2=10$(명)

15 전체 직원은 $1+4+5+8+2=20$(명)이고, 손 씻는 횟수가 15회 이상 20회 미만인 직원은 5명이므로
$\dfrac{5}{20}\times100=25$(%)

16 손 씻는 횟수가 25회 이상 30회 미만인 직원은 2명,
손 씻는 횟수가 20회 이상 25회 미만인 직원은 8명이므로
손 씻는 횟수가 많은 쪽에서 5번째인 직원이 속하는 계급은
20회 이상 25회 미만이다.

17 $40-20=60-40=\cdots=120-100=20$(개)

19 $3+9+13+4+1=30$(명)

21 $20-10=30-20=\cdots=60-50=10$(세)

22 도수가 가장 작은 계급은 50세 이상 60세 미만이고, 이 계급의 도수는 4명이므로 구하는 넓이는
$10 \times 4 = 40$

23 $9+14+13+10+4=50$(명)

24 (직사각형의 넓이의 합) $=$ (계급의 크기) $\times$ (도수의 총합)
$=10 \times 50 = 500$

10 도수분포다각형 그리기
165쪽

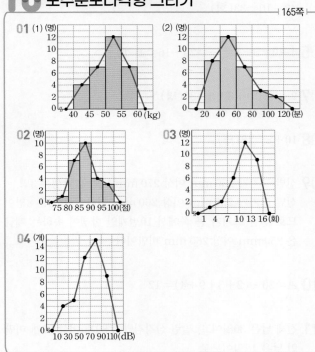

11 도수분포다각형 이해하기
166쪽~167쪽

01 5회 / 80, 5		02 5	03 25명 / 4, 11, 6, 25	
04 1명	05 4 %	06 10분	07 6	08 50편
09 5편	10 10 %	11 ×	12 ×	13 ○
14 ×	15 ○	16 ○	17 2 cm	18 30명
19 60 / 2, 30, 60		20 10세	21 100명	22 1000

04 도수가 가장 작은 계급은 70회 이상 75회 미만으로 구하는 계급의 도수는 1명이다.

05 전체 학생은 25명이고, 도수가 가장 작은 계급의 도수는 1명이므로
$\dfrac{1}{25} \times 100 = 4$(%)

06 $90-80=100-90=\cdots=140-130=10$(분)

08 $2+3+8+18+13+6=50$(편)

09 $2+3=5$(편)

10 전체 영화는 50편이고, 상영 시간이 100분 미만인 영화는 5편이므로
$\dfrac{5}{50} \times 100 = 10$(%)

11 $10-5=15-10=\cdots=35-30=5$(분)

12 계급의 개수는 6이다.

14 $1+5=6$(명)

15 전체 회원은 $1+5+12+7+6+4=35$(명)이고,
준비 운동 시간이 20분 이상 25분 미만인 회원은 7명이므로
$\dfrac{7}{35} \times 100 = 20$(%)

16 준비 운동 시간이 5분 이상 10분 미만인 회원은 1명,
준비 운동 시간이 10분 이상 15분 미만인 회원은 5명,
준비 운동 시간이 15분 이상 20분 미만인 회원은 12명이므로 준비 운동 시간이 짧은 쪽에서 10번째인 회원이 속하는 계급은 15분 이상 20분 미만이다.

17 $4-2=6-4=\cdots=14-12=2$(cm)

18 $2+6+11+7+3+1=30$(명)

20 $15-5=25-15=\cdots=65-55=10$(세)

21 $5+25+40+15+10+5=100$(명)

22 (도수분포다각형과 가로축으로 둘러싸인 부분의 넓이)
$=$ (계급의 크기) $\times$ (도수의 총합)
$=10 \times 100 = 1000$

참고 (도수분포다각형과 가로축으로 둘러싸인 부분의 넓이)
= (히스토그램의 각 직사각형의 넓이의 합)
= (계급의 크기) × (도수의 총합)

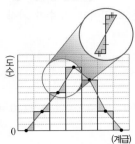

12 일부가 보이지 않는 그래프

─── 168쪽 ───

01 9명 / 30, 6, 9	**02** 10편	**03** 7명	**04** 10명
05 40 %	**06** 8명	**07** 20 %	**08** 25 %	

02 도수의 총합이 30편이므로 구하는 계급의 도수는
$$30-(2+4+8+6)=10(편)$$

03 도수의 총합이 25명이므로 구하는 계급의 도수는
$$25-(5+9+3+1)=7(명)$$

04 도수의 총합이 25명이므로 구하는 계급의 도수는
$$25-(3+6+4+2)=10(명)$$

05 전체 학생은 25명이고, 용돈이 3만 원 이상 4만 원 미만인 학생은 10명이므로
$$\frac{10}{25}\times100=40(\%)$$

06 도수의 총합이 40명이므로 구하는 계급의 도수는
$$40-(3+16+11+2)=8(명)$$

07 전체 고객은 40명이고, 대기 시간이 20분 이상 25분 미만인 고객은 8명이므로
$$\frac{8}{40}\times100=20(\%)$$

08 전체 고객은 40명이고, 대기 시간이 20분 이상인 고객은
$8+2=10(명)$이므로
$$\frac{10}{40}\times100=25(\%)$$

10분 연산 TEST 1회

─── 169쪽~170쪽 ───

01 4	**02** 8명	**03** 33회		
04 $A=1, B=3, C=6, D=16$			**05** 4개	**06** 5
07 30명	**08** 18명	**09** 250 mm 이상 260 mm 미만		
10 12	**11** 40 %	**12** 20점	**13** 45명	**14** 180
15 900	**16** 5권	**17** 6	**18** 20명	**19** 100
20 8명	**21** 32 %	**22** ×	**23** ○	**24** ×

02 줄기가 3인 변량이 6개, 줄기가 4인 변량이 2개이므로 팔 굽혀 펴기 기록이 30회 이상인 학생은
$$6+2=8(명)$$

03 팔 굽혀 펴기 기록이 가장 많은 학생의 기록은 43회이고, 가장 적은 학생의 기록은 10회이므로 구하는 차는
$$43-10=33(회)$$

05 $4-0=8-4=\cdots=20-16=4(개)$

07 $2+7+10+8+3=30(명)$

08 $10+8=18(명)$

09 신발 크기가 260 mm 이상 270 mm 미만인 학생은 3명, 신발 크기가 250 mm 이상 260 mm 미만인 학생은 8명이므로 신발 크기가 큰 쪽에서 10번째인 학생이 속하는 계급은 250 mm 이상 260 mm 미만이다.

10 $A=30-(2+3+9+4)=12$

11 전체 날은 30일이고, 팔린 삼각김밥이 80개 이상 90개 미만인 날은 12일이므로
$$\frac{12}{30}\times100=40(\%)$$

12 $150-130=170-150=\cdots=230-210=20(점)$

13 $4+9+12+15+5=45(명)$

14 (직사각형의 넓이) = (계급의 크기) × (계급의 도수)
$$=20\times9=180$$

15 (직사각형의 넓이의 합) = (계급의 크기) × (도수의 총합)
$$=20\times45=900$$

16 $10-5=15-10=\cdots=35-30=5$(권)

18 $1+5+7+4+2+1=20$(명)

19 (도수분포다각형과 가로축으로 둘러싸인 부분의 넓이)
　$=($계급의 크기$)\times($도수의 총합$)$
　$=5\times20=100$

20 도수의 총합이 25명이므로 구하는 계급의 도수는
　$25-(3+5+7+2)=8$(명)

21 전체 학생은 25명이고, 여행 횟수가 5회 이상 7회 미만인 학생은 8명이므로
　$\dfrac{8}{25}\times100=32(\%)$

22 계급의 개수는 6이다.

23 도수의 총합이 50명이므로 나이가 30세 이상 40세 미만인 선수는
　$50-(8+12+7+4+2)=17$(명)

24 전체 선수는 50명이고, 나이가 30세 이상 40세 미만인 선수는 17명이므로
　$\dfrac{17}{50}\times100=34(\%)$

10분 연산 TEST 2회

171쪽~172쪽

01 2	**02** 6개	**03** 28 g
04 $A=1, B=3, C=5, D=12$	**05** 10점	**06** 5
07 20명	**08** 14명	**09** 30권 이상 40권 미만　**10** 5
11 25 %	**12** 5 m	**13** 29명　**14** 30　**15** 145
16 20분	**17** 6	**18** 20명　**19** 400　**20** 9명
21 36 %	**22** ○	**23** ○　**24** ×

02 줄기가 3인 변량이 3개, 줄기가 4인 변량이 3개이므로 무게가 30 g 이상인 달걀은
　$3+3=6$(개)

03 무게가 가장 무거운 달걀의 무게는 44 g이고, 가장 가벼운 달걀의 무게는 16 g이므로 구하는 차는
　$44-16=28$(g)

05 $60-50=70-60=\cdots=100-90=10$(점)

07 $1+4+9+5+1=20$(명)

08 $9+5=14$(명)

09 독서량이 40권 이상 50권 미만인 학생은 1명,
독서량이 30권 이상 40권 미만인 학생은 5명이므로
독서량이 많은 쪽에서 4번째인 학생이 속하는 계급은
30권 이상 40권 미만이다.

10 $A=20-(3+2+7+3)=5$

11 전체 학생은 20명이고, 턱걸이 기록이 16회 이상 18회 미만인 학생은 5명이므로
　$\dfrac{5}{20}\times100=25(\%)$

12 $25-20=30-25=\cdots=50-45=5$(m)

13 $1+4+6+10+5+3=29$(명)

14 (직사각형의 넓이)$=($계급의 크기$)\times($계급의 도수$)$
　　　　　　　　　$=5\times6=30$

15 (직사각형의 넓이의 합)$=($계급의 크기$)\times($도수의 총합$)$
　　　　　　　　　　$=5\times29=145$

16 $40-20=60-40=\cdots=140-120=20$(분)

18 $1+2+5+6+4+2=20$(명)

19 (도수분포다각형과 가로축으로 둘러싸인 부분의 넓이)
　$=($계급의 크기$)\times($도수의 총합$)$
　$=20\times20=400$

20 도수의 총합이 25명이므로 구하는 계급의 도수는
　$25-(4+7+3+2)=9$(명)

21 전체 학생은 25명이고, 등교하는 데 걸리는 시간이 15분 이상 20분 미만인 학생은 9명이므로
　$\dfrac{9}{25}\times100=36(\%)$

23 도수의 총합이 50개이므로 유통기한이 8개월 이상 10개월 미만으로 남은 과자는
　$50-(1+3+8+13+7)=18$(개)

24 전체 과자는 50개이고, 유통 기한이 8개월 미만으로 남은 과자는 $1+3+8=12$(개)이므로

$$\frac{12}{50}\times100=24(\%)$$

13 상대도수

173쪽~175쪽

01 0.2	**02** 0.06	**03** 0.25	**04** 0.38	**05** ×
06 ×	**07** ○	**08** ○		

09

여가 시간(분)	도수(명)	상대도수
30 이상 ~ 40 미만	4	0.2
40 ~ 50	8	0.4
50 ~ 60	5	0.25
60 ~ 70	2	0.1
70 ~ 80	1	0.05
합계	20	1

10

등산 횟수(회)	도수(명)	상대도수
0 이상 ~ 5 미만	4	0.08
5 ~ 10	7	0.14
10 ~ 15	20	0.4
15 ~ 20	10	0.2
20 ~ 25	9	0.18
합계	50	1

11

안타 수(개)	도수(명)	상대도수
0 이상 ~ 10 미만	2	0.1
10 ~ 20	5	0.25
20 ~ 30	8	0.4
30 ~ 40	4	0.2
40 ~ 50	1	0.05
합계	20	1

12 50일 / 5, 50

13

입장객 수(명)	도수(일)	상대도수
20 이상 ~ 30 미만	5	0.1
30 ~ 40	10	0.2
40 ~ 50	17	0.34
50 ~ 60	15	0.3
60 ~ 70	3	0.06
합계	50	1

14 10 / 0.4, 10 **15** 12 **16** 160

17 10 % / 0.1, 10 **18** 5 % **19** 30 % / 0.2, 30

20 15 % **21** 1 **22** 50 / 0.16, 50

23 0.04 / 50, 0.04 **24** 10 / 50, 0.2, 10 **25** 0.04

26 60 % **27** 0.35 **28** 54명 **29** 1 **30** 120

31 24 **32** 0.4 **33** 48그루 **34** 0.15

---

03 $\frac{1}{4}=0.25$

04 $\frac{38}{100}=0.38$

05 상대도수의 총합은 항상 1이다.

06 상대도수는 0 이상 1 이하이다.

> **참고** ① 상대도수의 총합은 항상 1이고, 상대도수는 0 이상 1 이하인 수이다.
> ② 각 계급의 상대도수는 그 계급의 도수에 정비례한다.
> ③ 도수의 총합이 다른 두 집단의 분포 상태를 비교할 때, 상대도수를 이용하면 편리하다.

09

여가 시간(분)	도수(명)	상대도수
30 이상 ~ 40 미만	4	$\frac{4}{20}=0.2$
40 ~ 50	8	$\frac{8}{20}=0.4$
50 ~ 60	5	$\frac{5}{20}=0.25$
60 ~ 70	2	$\frac{2}{20}=0.1$
70 ~ 80	1	$\frac{1}{20}=0.05$
합계	20	1

10

등산 횟수(회)	도수(명)	상대도수
0 이상 ~ 5 미만	4	$\frac{4}{50}=0.08$
5 ~ 10	7	$\frac{7}{50}=0.14$
10 ~ 15	20	$\frac{20}{50}=0.4$
15 ~ 20	10	$\frac{10}{50}=0.2$
20 ~ 25	9	$\frac{9}{50}=0.18$
합계	50	1

11

안타 수(개)	도수(명)	상대도수
0 이상 ~ 10 미만	$20\times0.1=2$	0.1
10 ~ 20	$20\times0.25=5$	0.25
20 ~ 30	$20\times0.4=8$	0.4
30 ~ 40	$20\times0.2=4$	0.2
40 ~ 50	$20\times0.05=1$	0.05
합계	20	1

13

입장객 수(명)	도수(일)	상대도수
20 이상 ~ 30 미만	5	0.1
30 ~ 40	$50 \times 0.2 = 10$	0.2
40 ~ 50	$50 \times 0.34 = 17$	0.34
50 ~ 60	$50 \times 0.3 = 15$	0.3
60 ~ 70	$50 \times 0.06 = 3$	0.06
합계	50	1

15 $100 \times 0.12 = 12$

16 $\dfrac{8}{0.05} = 160$

18 $0.05 \times 100 = 5(\%)$

20 $(0.1 + 0.05) \times 100 = 15(\%)$

25 도수가 가장 작은 계급은 180 g 이상 190 g 미만이므로 구하는 상대도수는 0.04이다.

26 $(0.28 + 0.32) \times 100 = 60(\%)$

27 $A = 1 - (0.15 + 0.18 + 0.27 + 0.05) = 0.35$

28 (어떤 계급의 도수) = (도수의 총합) × (그 계급의 상대도수)
$$= 200 \times 0.27$$
$$= 54(명)$$

30 $(도수의 총합) = \dfrac{(그\ 계급의\ 도수)}{(어떤\ 계급의\ 상대도수)}$ 이므로
$$C = \dfrac{12}{0.1} = 120$$

31 (어떤 계급의 도수) = (도수의 총합) × (그 계급의 상대도수)
이므로
$$A = 120 \times 0.2 = 24$$

32 $(어떤\ 계급의\ 상대도수) = \dfrac{(그\ 계급의\ 도수)}{(도수의\ 총합)}$ 이므로
$$B = \dfrac{48}{120} = 0.4$$

다른 풀이
$$B = 1 - (0.1 + 0.2 + 0.15 + 0.1 + 0.05) = 0.4$$

33 상대도수가 가장 큰 계급은 3 m 이상 4 m 미만이므로 구하는 도수는 48그루이다.

34 키가 4 m 이상 5 m 미만인 계급의 도수는
$$120 \times 0.15 = 18(그루)$$
따라서 키가 30번째로 큰 나무가 속하는 계급은 4 m 이상 5 m 미만이므로 구하는 상대도수는 0.15이다.

14 상대도수의 분포를 나타낸 그래프

176쪽~177쪽

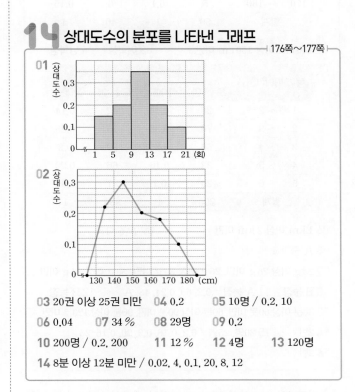

03 20권 이상 25권 미만 **04** 0.2 **05** 10명 / 0.2, 10

06 0.04 **07** 34 % **08** 29명 **09** 0.2

10 200명 / 0.2, 200 **11** 12 % **12** 4명 **13** 120명

14 8분 이상 12분 미만 / 0.02, 4, 0.1, 20, 8, 12

06 도수가 가장 작은 계급은 상대도수도 가장 작으므로 구하는 상대도수는 0.04이다.

07 $(0.26 + 0.08) \times 100 = 34(\%)$

08 $50 \times (0.32 + 0.26) = 29(명)$

11 $(0.02 + 0.1) \times 100 = 12(\%)$

12 도수가 가장 작은 계급은 4분 이상 8분 미만이고, 이 계급의 상대도수가 0.02이므로 구하는 환자는
$$200 \times 0.02 = 4(명)$$

13 대기 시간이 16분 이상 20분 미만, 20분 이상 24분 미만, 24분 이상 28분 미만인 계급의 상대도수의 합은
$$0.24 + 0.2 + 0.16 = 0.6$$
따라서 대기 시간이 16분 이상인 환자는
$$200 \times 0.6 = 120(명)$$

15 도수의 총합이 다른 두 집단의 비교

178쪽~179쪽

01

키(cm)	남학생		여학생	
	도수(명)	상대도수	도수(명)	상대도수
130 이상 ~ 140 미만	2	0.04	4	0.1
140 ~ 150	10	0.2	8	0.2
150 ~ 160	13	0.26	14	0.35
160 ~ 170	20	0.4	8	0.2
170 ~ 180	5	0.1	6	0.15
합계	50	1	40	1

02 140 cm 이상 150 cm 미만   **03** 여학생   **04** 남학생

05

통학 거리(km)	A 중학교		B 중학교	
	도수(명)	상대도수	도수(명)	상대도수
1 이상 ~ 2 미만	28	0.14	42	0.14
2 ~ 3	70	0.35	75	0.25
3 ~ 4	50	0.25	90	0.3
4 ~ 5	32	0.16	66	0.22
5 ~ 6	20	0.1	27	0.09
합계	200	1	300	1

06 1 km 이상 2 km 미만   **07** A 중학교

08 A 중학교

09 22 g 이상 26 g 미만, 26 g 이상 30 g 미만, 30 g 이상 34 g 미만

10 B 농장   **11** A 농장 / 0.2, 60, 0.24, 48, A   **12** B 농장

13 30분 이상 60분 미만, 60분 이상 90분 미만, 90분 이상 120분 미만

14 2반   **15** 20명, 25명 / 0.2, 0.16, 0.2, 20, 0.16, 25

16 2반

03 키가 150 cm 이상 160 cm 미만인 계급의 상대도수는 남학생이 0.26, 여학생이 0.35이므로 여학생의 비율이 더 높다.

04 키가 160 cm 이상인 학생의 비율은 각각 다음과 같다.
남학생 : 0.4+0.1=0.5
여학생 : 0.2+0.15=0.35
따라서 남학생의 비율이 더 높다.

07 통학 거리가 5 km 이상 6 km 미만인 계급의 상대도수는 A 중학교가 0.1, B 중학교가 0.09이므로 A 중학교의 비율이 더 높다.

08 통학 거리가 3 km 미만인 학생의 비율은 각각 다음과 같다.
A 중학교 : 0.14+0.35=0.49
B 중학교 : 0.14+0.25=0.39
따라서 A 중학교의 비율이 더 높다.

10 무게가 34 g 이상 38 g 미만인 계급의 상대도수는 A 농장이 0.2, B 농장이 0.24이므로 B 농장의 비율이 더 높다.

12 B 농장의 그래프가 A 농장의 그래프보다 전체적으로 오른쪽으로 치우쳐 있으므로 B 농장의 딸기의 무게가 상대적으로 더 무겁다고 할 수 있다.

14 스마트폰 사용 시간이 150분 이상인 학생의 비율은 각각 다음과 같다.
1반 : 0.15+0.05=0.2
2반 : 0.2+0.08=0.28
따라서 2반의 비율이 더 높다.

16 2반의 그래프가 1반의 그래프보다 전체적으로 오른쪽으로 치우쳐 있으므로 2반의 스마트폰 사용 시간이 상대적으로 더 많다고 할 수 있다.

10분 연산 TEST 1회

180쪽

01 0.2   **02** 0.4

03 $A=300$, $B=1$, $C=45$, $D=0.18$, $E=30$, $F=0.25$

04 33 %   **05** 30명   **06** 0.2   **07** 24 %   **08** 30명

09 48명   **10** 80점 이상 90점 미만, 90점 이상 100점 미만

11 1반 : 20명, 2반 : 25명   **12** 2반

01 $\dfrac{5}{25}=0.2$

02 도수가 가장 큰 계급은 8시간 이상 10시간 미만이므로 구하는 상대도수는 $\dfrac{10}{25}=0.4$

03 (도수의 총합)$=\dfrac{(그\ 계급의\ 도수)}{(어떤\ 계급의\ 상대도수)}$ 이므로
$A=\dfrac{60}{0.2}=300$
상대도수의 총합은 항상 1이므로 $B=1$
(어떤 계급의 도수)=(도수의 총합)×(그 계급의 상대도수)
이므로 $C=300×0.15=45$, $E=300×0.1=30$
(어떤 계급의 상대도수)$=\dfrac{(그\ 계급의\ 도수)}{(도수의\ 총합)}$ 이므로
$D=\dfrac{54}{300}=0.18$, $F=\dfrac{75}{300}=0.25$

04 $(0.15+0.18)×100=33(\%)$

05 상대도수가 가장 작은 계급은 21세 이상 31세 미만이므로 구하는 계급의 도수는 30명이다.

06 나이가 51세 이상 61세 미만인 입장객은 36명,
나이가 41세 이상 51세 미만인 입장객은 60명이므로
나이가 많은 쪽에서 50번째인 입장객이 속하는 계급은
41세 이상 51세 미만이고 그 계급의 상대도수는 0.2이다.

07 $(0.08+0.16)\times100=24(\%)$

08 $150\times0.2=30(명)$

09 $150\times(0.3+0.02)=48(명)$

11 1반 : $\dfrac{4}{0.2}=20(명)$

2반 : $\dfrac{3}{0.12}=25(명)$

12 2반의 그래프가 1반의 그래프보다 전체적으로 오른쪽으로
치우쳐 있으므로 2반 학생들의 점수가 상대적으로 더 높다
고 할 수 있다.

04 $(0.16+0.2)\times100=36(\%)$

05 상대도수가 가장 큰 계급은 80점 이상 90점 미만이므로 구
하는 계급의 도수는 13명이다.

06 점수가 90점 이상 100점 미만인 학생은 7명,
점수가 80점 이상 90점 미만인 학생은 13명이므로
점수가 높은 쪽에서 10번째인 학생이 속하는 계급은
80점 이상 90점 미만이고 그 계급의 상대도수는 0.26이다.

07 $(0.12+0.16)\times100=28(\%)$

08 $150\times0.24=36(명)$

09 $150\times(0.16+0.04)=30(명)$

11 A 중학교 : $\dfrac{22}{0.22}=100(명)$

B 중학교 : $\dfrac{6}{0.04}=150(명)$

12 B 중학교의 그래프가 A 중학교의 그래프보다 전체적으로
오른쪽으로 치우쳐 있으므로 B 중학교 학생들의 독서량이
상대적으로 더 많다고 할 수 있다.

10분 연산 TEST 2회

181쪽

01 0.1　　**02** 0.05
03 $A=50$, $B=1$, $C=8$, $D=0.2$, $E=12$, $F=0.26$
04 36 %　　**05** 13명　　**06** 0.26　　**07** 28 %　　**08** 36명
09 30명　　**10** 20권 이상 25권 미만, 25권 이상 30권 미만
11 A 중학교 : 100명, B 중학교 : 150명　　　　**12** B 중학교

01 $\dfrac{2}{20}=0.1$

02 도수가 가장 작은 계급은 40 kg 이상 45 kg 미만이므로 구
하는 상대도수는 $\dfrac{1}{20}=0.05$

03 (도수의 총합)$=\dfrac{(\text{그 계급의 도수})}{(\text{어떤 계급의 상대도수})}$이므로

$A=\dfrac{7}{0.14}=50$

상대도수의 총합은 항상 1이므로 $B=1$
(어떤 계급의 도수)$=$(도수의 총합)$\times$(그 계급의 상대도수)
이므로 $C=50\times0.16=8$, $E=50\times0.24=12$
(어떤 계급의 상대도수)$=\dfrac{(\text{그 계급의 도수})}{(\text{도수의 총합})}$이므로

$D=\dfrac{10}{50}=0.2$, $F=\dfrac{13}{50}=0.26$

학교 시험 PREVIEW

182쪽~184쪽

스스로 개념 점검

(1) 변량　　(2) 대푯값　　(3) 중앙값　　(4) 최빈값

(5) 줄기와 잎 그림

(6) 도수분포표, 계급, 계급의 크기, 도수　　　　(7) 히스토그램

(8) 도수분포다각형　　　　(9) 상대도수

---

01 ③　　**02** ④　　**03** ③　　**04** ③　　**05** ②
06 ④, ⑤　　**07** ④　　**08** ③　　**09** ④　　**10** ②
11 ⑤　　**12** ②　　**13** ④, ⑤　　**14** ④　　**15** ②
16 ②　　**17** ④　　**18** 42일

01 (평균)$=\dfrac{8+12+5+4+6+7}{6}=\dfrac{42}{6}=7(\text{시간})$

02 (평균)$=\dfrac{82+88+x+94+96+97}{6}=92$이므로

$82+88+x+94+96+97=552$

$457+x=552$　　∴ $x=95$

IV. 자료의 정리와 해석　**67**

03 세 변량 a, b, c의 총합이 18이므로
$a+b+c=18$
따라서 a, b, c, 8, 9의 평균은
$$\frac{a+b+c+8+9}{5}=\frac{18+8+9}{5}$$
$$=\frac{35}{5}=7$$

04 변량의 개수가 6이므로 중앙값은 3번째와 4번째 변량의 평균인 $\frac{9+13}{2}=11$
이때 평균과 중앙값이 같으므로
$$\frac{4+8+9+13+x+17}{6}=11$$
$4+8+9+13+x+17=66$
$51+x=66$ $\therefore x=15$

05 (평균)$=\dfrac{2+2+2+4+4+5+5+8}{8}$
$\qquad\quad=\dfrac{32}{8}=4$
$\therefore a=4$
(중앙값)$=\dfrac{4+4}{2}=4$ $\therefore b=4$
최빈값은 2이므로 $c=2$
$\therefore abc=4\times4\times2=32$

06 ① 자료가 문자나 기호인 경우에도 사용할 수 있는 것은 최빈값이다.
② 최빈값과 중앙값의 크기 비교는 자료에 따라 다르다.
③ 최빈값은 자료에 따라 2개 이상일 수도 있다.
따라서 옳은 것은 ④, ⑤이다.

07 $4+3=7$(회)

08 ㄴ. $(4+6+2)+(7+4+1)=24$(명)
ㄷ. 2단 줄넘기 기록이 가장 많은 학생은 여학생이다.
따라서 옳은 것은 ㄱ, ㄴ이다.

09 ④ 각 계급에 속하는 자료의 개수를 도수라 한다.

10 $A=25-(2+6+7+1)=9$

11 도수가 가장 큰 계급은 8초 이상 9초 미만이므로
$a=9$
도수가 가장 작은 계급은 10초 이상 11초 미만이므로
$b=1$
$\therefore a-b=9-1=8$

12 달리기 기록이 6초 이상 7초 미만인 학생은 2명,
달리기 기록이 7초 이상 8초 미만인 학생은 6명이므로
달리기 기록이 빠른 쪽에서 3번째인 학생이 속하는 계급은
7초 이상 8초 미만이다.

13 ② $20-10=30-20=\cdots=60-50=10$(회)
③ $2+3+6+11+8=30$(명)
④ $11+8=19$(명)
⑤ (직사각형의 넓이의 합)=(계급의 크기)$\times$(도수의 총합)
$\qquad\qquad\qquad\qquad\quad=10\times30=300$
따라서 옳지 않은 것은 ④, ⑤이다.

14 도수의 총합이 30잔이므로 구하는 계급의 도수는
$30-(4+6+5+2+1)=12$(잔)

15 가격이 4천 원 이상 5천 원 미만인 음료는 12잔이므로
$$\frac{12}{30}\times100=40(\%)$$

16 (도수의 총합)$=\dfrac{(\text{그 계급의 도수})}{(\text{어떤 계급의 상대도수})}$이므로
$$D=\frac{16}{0.4}=40$$
(어떤 계급의 도수)=(도수의 총합)$\times$(그 계급의 상대도수)
이므로 $A=40\times0.25=10$, $C=40\times0.1=4$
(어떤 계급의 상대도수)$=\dfrac{(\text{그 계급의 도수})}{(\text{도수의 총합})}$이므로
$$B=\frac{8}{40}=0.2$$
상대도수의 총합은 항상 1이므로 $E=1$
따라서 옳지 않은 것은 ②이다.

17 ㄴ. 상대도수의 분포를 나타낸 그래프만으로는 전체 학생 수를 알 수 없다.
따라서 옳은 것은 ㄱ, ㄷ이다.

18 📝 서술형
미세 먼지 농도가 $50\,\mu g/m^3$ 이상 $70\,\mu g/m^3$ 미만인 계급의 상대도수는 0.2이다.   ……❶
(도수의 총합)$=\dfrac{(\text{그 계급의 도수})}{(\text{어떤 계급의 상대도수})}$
$\qquad\qquad\quad=\dfrac{60}{0.2}=300$(일)   ……❷
이때 미세 먼지 농도가 $30\,\mu g/m^3$ 미만인 계급의 상대도수는 0.14이므로 미세 먼지 농도가 $30\,\mu g/m^3$ 미만인 날은
$300\times0.14=42$(일)   ……❸

채점 기준	비율
❶ 미세 먼지 농도가 $50\,\mu g/m^3$ 이상 $70\,\mu g/m^3$ 미만인 계급의 상대도수 구하기	20 %
❷ 도수의 총합 구하기	40 %
❸ 미세 먼지 농도가 $30\,\mu g/m^3$ 미만인 날수 구하기	40 %